石油和化工行业“十四五”规划教材

国家级一流本科专业建设成果教材

高等学校制药工程专业系列教材

制药工程技术概论

第四版

ZHIYAO GONGCHENG JISHU GAILUN

姚 舜 宋 航 主编

彭代银 黄文才 叶 萍 副主编

化学工业出版社

·北京·

内容简介

《制药工程技术概论》（第四版）介绍了制药工程技术学科的发展、现状和展望，重点对化学药物、中药与天然药物、生物药物、制药技术、药品生产质量管理以及新药研发等制药产业各主要方向和环节，进行了系统、全面的概述，最后对制药行业的智能制造作了简要的介绍。

本书可作为高等院校制药有关专业教学用书和参考书，也可供制药领域的管理和技术人员阅读参考。

图书在版编目（CIP）数据

制药工程技术概论 / 姚舜，宋航主编；彭代银，黄文才，叶萍副主编. -- 4 版. -- 北京 ：化学工业出版社，2025. 9. --（石油和化工行业“十四五”规划教材）（国家级一流本科专业建设成果教材）. -- ISBN 978-7-122-48774-2

I. TQ46

中国国家版本馆 CIP 数据核字第 2025W4N929 号

责任编辑：马泽林 杜进祥　　文字编辑：郑金慧 朱 允

责任校对：李雨函　　装帧设计：刘丽华

出版发行：化学工业出版社（北京市东城区青年湖南街 13 号 邮政编码 100011）

印　　装：三河市君旺印务有限公司

787mm×1092mm 1/16 印张 16 字数 358 千字

2026 年 1 月北京第 4 版第 1 次印刷

购书咨询：010-64518888　　售后服务：010-64518899

网　　址：http://www.cip.com.cn

凡购买本书，如有缺损质量问题，本社销售中心负责调换。

定　　价：45.00 元

前言

本书自 2006 年出版以来，被全国多所高等院校采用，基本满足了有关教学的需求。由于我国不同层次高等教育近年的快速发展，已有超过 200 所高校设立了制药工程专业。有的高校将“制药工程技术概论”作为面向全校多个专业开设的文化素质课程，长期选修该课程的包括制药及药学、化学及化工、生物技术及工程、轻工食品、医学等多个专业。读者和使用对象的范围显著扩大。

在过去的近二十年，国际上尤其是我国医药行业有较大的发展变化。我国进一步修改和完善了与制药相关的主要规范，包括于 2011 年颁布了《药品生产质量管理规范（2010 年修订）》（GMP），对于制药生产过程中的工艺技术、设备性能以及质量管理等，提出了更为科学和严格的要求。作为制药产业发展基础的制药工程学科，也有新的发展。这些变化发展，有必要在第三版教材基础上作相应的修改和补充，使之保持教材的系统性和先进性，同时具有更好的可读性。

基于上述考虑，我们对第三版教材进行了修订。本书保留了第三版教材的整体编排和大部分适合的内容。对于部分章节作了较大的优化及文字图表方面的修订，具体为:

1. 更新、优化了第 1 章绪论，使读者能够对于全球及我国医药行业的产业及市场的变化有全面的概览，知晓我国医药三大子产业（化学药类、中药类及生物制剂类）的比例及增长趋势，了解我国医药产业发展的主要特征及新药研发的趋势。

2. 对于第三版教材的第 2 章化学制药技术与工程，作了优化调整和修改，使之更全面地反映化学制药行业及相关工程技术的发展，有助于学生更好地理解现代药物化学合成制药技术的现状和发展。对于“第 5 章 药物制剂工程”和“第 8 章 药物研究与开发”的结构作了适当调整，在内容上进行优化和完善。

3. 为适应我国 2010 版 GMP 的实施，对于与药品生产质量相关的“第 6 章 药品生产过程质量检验与控制”“第 7 章 药品生产质量管理与保证”，作了进一步的调整和完善。有利于读者系统了解药品生产质量检验和控制技术，并对包括生产过程在内的药品质量保障的全过程和体系，能够有清晰的认识。

4. 本版教材的其余章节，尤其是与广义或狭义生物制药直接相关的章节，结构和内容作了优化，有意识地培养学生重视正蓬勃发展中的生物制药领域方向，为后续学习和职业发展做一些铺垫。

5. 本版教材特别新增了一章“智能制造及其在制药行业中的应用”，期望有兴趣的读者能认识智能制造的重要性，引导读者在以后学习中更多关注药物智能制造技术及产业。

6. 本版教材各章均新增了拓展阅读电子资源材料，涉及制药生产和研发的主要相关领域，内容丰富、主题新颖，拓展读者的视野与思路，有助于学生创新意识和能力的培养。读者可扫码获取。

全书除了整体结构优化和内容修改完善外，考虑到读者群体较广，尽量减少过于专业化的内容和表述，增加更易于理解的图表，注意尽可能用深入浅出的方式来表述。

全书共 10 章，姚舜、宋航任主编，彭代银、黄文才和叶萍任副主编。各章主要撰写人员分别为：第 1 章，宋航；第 2 章，黄文才、石开云、侯长军；第 3 章，李延芳、刘梁、徐燃；第 4 章，曹宇、兰先秋；第 5 章，巨晓洁、张洪斌、马丽芳；第 6 章，姚舜、梁冰、徐海星；第 7 章，承强、聂久胜、马凤余；第 8 章，李子成、彭代银；第 9 章，林奉儒；第 10 章，叶萍、承强、向畅、尹其斌、何洁莎。本书在编写中引用了一些文献，由于篇幅有限，本书仅列出其中的一部分，在此谨向所有著作权者表示诚挚的感谢。

在本次编写工作中，尽可能总结和汲取了近 10 年来的教学经验，并听取和采纳了一些读者和教师的意见和建议，尤其是获得了制药工程行业有关专业人士包括中国医药集团联合工程有限公司的“石化医药行业工程设计大师”刘元先生、高级工程师朱寅生及其团队的支持和指导，对此表示衷心感谢。同时，衷心感谢四川大学国家级一流专业建设项目、四川省一流课程“制药工程导论”建设项目提供的资助及化学工业出版社的大力支持。

由于编者水平有限，难免存在不足和疏漏，热忱欢迎读者指正。

编　者

2025 年 3 月

第一版前言

医药作为国际化产品，是世界贸易增长最快的5类产品之一，同时也是高技术、高投入、高效益、高风险的产业。因此医药工业也成为世界医药经济强国激烈竞争的焦点，是社会发展的重要领域。而医药工业的发展是与制药工程的水平紧密相关的。随着我国医药工业的发展，我国的制药工程技术也取得了可喜的进展。应该说医药工业的发展带动了制药工程技术的进步，制药工程技术的进步回过来又促进了医药工业的发展。

制药工程技术在药物研究开发的产业化、商品化的过程中，具有关键的作用和地位。药品不断增长地消费需求，又促进和推动药物探索研究、制药工程技术等的发展。任何药物的探索与研究成果，只有通过制药工程技术，将其制成符合规范的药品，才能实现其价值。

制药工程技术是奠定在药学、生物技术、化学、工程学以及管理学等基础上的交叉学科，是化学工程和制药类的前沿学科领域，是应用化学、生物技术、药学、工程学、管理学及相关科学理论和技术手段解决制造药物的实践工程的一门综合性的新兴学科。而工程问题是制药领域人员最终面临的问题，涉及药物从开发到产品上市的全过程。制药工程技术是研究、设计和选用最安全、最经济和最简捷的药物工业生产途径的一门学科，也是研究、选用适宜的中间体和确定优质、高产的药物生产路线、工艺原理和工业生产过程，实现药物生产过程最优化的一门学科。制药工程是将制药技术研究的成果工程化、产业化的技术实践。

现代制药工业的发展要求制药工程学科的支撑，对制药工程学科发展提出了迫切的要求。而另一方面，原有的由药学、工程技术和管理等院系分别培养的、掌握单一学科门类知识的人才已不能适应现代制药业对制药人才的需求。现代制药业需要掌握制药过程和产品双向定位，具有多种能力和交叉学科知识，了解密集工业信息，熟悉全球和本国政策法规的复合型制药人才。他们将集成各种知识，有效地优化药物的开发和制造过程。在这样的背景下，制药工程技术专业人才成为当今社会的急需人才，制药工程技术专业的教育也由此应运而生。

为满足我国制药工程与技术领域专业人才培养的需要，以及使更多的读者能较全面、正确的认识制药工程与技术的重要作用和基本内容，我们编写了《制药工程技术概论》这本书，并力求使本书具有如下特点。

1. 强调基本原理和方法，拓宽知识面

药物的生产制造涉及化学制药、中药和天然药物制药、生物制药、药物制剂等不同的方向，也涉及药物研究开发、生产、品质检测和控制以及质量管理等一系列环节。为了满足培养“基础厚、专业宽、能力强、素质高”的制药工程技术专业人才的要求，本教材对于上述有关的方向尽可能做了全面的介绍，使侧重不同专业方向的读者也能对其有基本的认识，拓宽知识面，以适应社会对人才的需要。

2. 介绍学科的新发展，体现内容的先进性

制药工程技术是多学科相互渗透发展形成的一门交叉性应用学科，集中体现了当代工程技术、药学、化学以及生物科学的新进展，是 21 世纪发展最快的领域之一。本书将力求将有关新进展在教材中反映出来，保持内容的新颖性和先进性。

3. 各章可相互独立，又具有内在联系

教材按制药工程技术的不同方向以及制药过程的不同环节编排各章节。例如，尽管第 2 章主要介绍化学制药工程技术，但其中涉及的小试研究、中试放大、分离纯化技术以及优化工艺技术的方法等，对于中药与天然药物制药、微生物制药和现代生物技术制药等方向均有共性。对于侧重于其中某个或某些制药方向的读者，建议也应选学其他制药方向章节的相关内容，以获得较为完整的认识。

4. 注重启发式教学，便于学生自学

教材的内容丰富，但课内学时可能较少。为了适合教学需要和便于自学，本书各章均附有思考题，便于启发思路、引导自学，供读者巩固和加深学习选用。

本书的主要内容已在国内几所高等院校教学中讲授。该书可作为高等院校制药类以及化工类、化学和生物类等与药物相关或相近专业的本科生、大专生的教材或教学参考书，也适合在制药领域从事经营管理、生产和质量管理、研究开发等人员作为参考书。

全书共由 8 个章节构成，宋航主编，彭代银，侯长军和兰先秋副主编。各章编写人员如下：第 1 章为宋航；第 2 章为侯长军，罗有福，石开云；第 3 章为李延芳，宋航；第 4 章为兰先秋，宋航；第 5 章为张洪斌，马丽芳；第 6 章为梁冰；第 7 章为聂久胜，马凤余；第 8 章为彭代银，李子成。本书在编写中引用了一些文献，由于篇幅有限，本书仅列出其中的一部分，在此谨向著作权者表示诚挚的感谢。

制药工程是我国新设立的制药领域的工程技术专业，制药工程技术属发展中的学科，还有待于进一步研究和探讨，加之作者的经验和水平有限，书中可能存在一些疏漏之处，敬请读者提出宝贵意见。

编　者

2006 年 2 月

目录

第 10 章

智能制造及其在制药行业中的应用 227

第1章

绪论

1.1 制药产业的发展及趋势

1.1.1 现代制药工业的形成及发展

医药是高技术、高投入、高效益、高风险的产业。因此医药工业也成为世界医药经济强国激烈竞争的焦点，是社会发展的重要领域。

现代制药工业体系是随着19世纪中期以后化学、生物学、医学等现代科学的发展而逐步形成的，根据生产性质分为原料药生产和制剂生产两大类。在原料药生产中，又根据药物来源和生产技术的性质不同，分为化学合成制药、天然药物（包括中草药有效成分提取）生产、微生物发酵制药及生化和现代生物技术制药几大类。化学合成制药是由化工原料通过化学合成的方法制取各种药物；天然药物生产主要是从动植物中分离和提取有效成分；微生物发酵制药是通过微生物发酵的方法生产抗生素和其他药物；生化和现代生物技术制药是通过生物化学方法和现代生物工程技术生产药物，这是近年来迅速发展起来的一个新的制药领域，一些用化学合成方法难以制取的复杂结构药物，已能用现代生物技术方便地制取，具有广阔的前景。在制剂生产中，按药物的来源可分为西药制剂、中药制剂、中西药复方制剂。

人们对化学药物的研究最初是从植物开始的。19世纪初，人们从植物中分离出一些有效成分，如从鸦片中分离出吗啡，从金鸡纳树的皮中分离得到奎宁，从颠茄中分离出阿托品，从茶叶中分离得到咖啡因等。在20世纪初，由于植物化学和有机合成化学的发展，根据植物有效成分的结构及其构效关系合成出许多化学药物，促进了药物合成的发展。例如，根据柳树叶中的水杨苷和某些植物的挥发油中的水杨酸甲酯合成了阿司匹林（乙酰水杨酸）和水杨酸苯酯；根据毒扁豆碱合成了新斯的明；根据吗啡合成了哌替啶和美沙酮。在这种情况下，许多草药的有效成分成为合成化学药物的模型，即先导化合物。根据天然化合物的构效关系，对其进行结构的简化或修饰，合成了大量自然界不存在的人工合成药物。

这些合成药物成为近代药物的重要来源之一。另外，由于19世纪末染料化学工业的发展和化学治疗学说的创立，药物合成突破了仿制和改造天然药物的范围，转向了合成与天然产物完全无关的人工合成药物，如对乙酰氨基酚、磺胺类药物等，这类合成药物在20世纪以来发展特别快，临床应用已占有很大比重。1940年，青霉素的疗效得到肯定，β-内酰胺类抗生素得到飞速发展。各种类型的抗生素不断涌现，化学药物治疗的范围日益扩大，已不限于细菌感染所致的疾病。1940年，Woods和Fides抗代谢学说的建立，不仅阐明了抗菌药物的作用机制，也为寻找新药开拓了新的途径。例如，根据抗代谢学说发现了抗肿瘤药、利尿药和抗疟药等。

进入20世纪50年代后，发现了氯丙嗪，使得精神神经疾病的治疗取得了突破性进展，甾体类药物、维生素类药物实现工业化生产。20世纪60年代，新型半合成抗生素工业崛起。20世纪70年代，钙拮抗剂、血管紧张素转化酶（ACE）抑制剂和羟甲戊二酰辅酶A还原酶抑制剂的出现，为临床治疗心血管疾病提供了许多有效药物。20世纪80年代初诺氟沙星用于临床后，迅速掀起喹诺酮类抗菌药的研究热潮，相继合成了一系列抗菌药物。这类抗菌药物的问世，被认为是合成抗菌药物发展史上的重要里程碑。20世纪70～90年代，新试剂、新技术、新理论的应用，特别是生物技术的应用，使创新药物向疗效高、毒副作用小、剂量少的方向发展，对化学制药工业发展有着深远的影响。

近几十年来，随着电子工业的发展，生产机械化、自动化的程度越来越高，制剂工业也有了突飞猛进的发展。以西药为原料的制剂学经历了四个时期、四代制剂的发展进程:

第一代制剂为一般常规制剂，这个时期的特点是以工艺学为主，属技术工艺范畴，生产以手工为主，质量以定性评价为主。

第二代为一般缓释长效制剂，这个时期将单纯的工艺学提高到以物理化学为基础理论指导的水平，生产机械化为主，质量控制定量、定性结合。

第三代为控释制剂，其特点是评价制剂质量优劣，不仅要有体外的物理化学指标，而且还应有制剂体内的生物学指标，既要解决体外的成型、稳定、使用方便、质量可控问题，又要解决体内的安全、有效问题。

第四代为靶向制剂，其特点是将有效药物通过制剂学方法导向病变部位（靶区），防止与正常的细胞作用，以降低毒性，获得最佳治疗效果，这个时期是把临床药学的知识和理论落实到剂型的设计与用药方案的个体化上。

制剂的发展时期与分代不是绝对的，从药剂学和制剂的发展现状与趋势看，在一个相当长的时期内，不是后者完全代替、淘汰前者，而是利用近期的发展成果提高一代、二代的水平，促进三代、四代的发展，以达到制剂研究的宗旨——安全、有效、稳定、方便，使用药理想化、科学化，获得最佳治疗效果。

1.1.2 全球医药市场及产业发展概况

医药产业的发展与公众的生命健康息息相关，保障国民的生命健康是各国政府的重要职责。随着生活水平的不断改善，人们对医药健康的要求也不断提高。社会逐渐走向老龄化以及疾病谱的不断发展变化，也对医药的发展提出了新的更高要求。此外，医药产业是一个朝阳产业，医药经济在国民经济中占有重要地位。

1.1.2.1 全球医药市场发展趋势

多年来，全球医药市场以很快的速度发展。1970 年世界医药工业产值仅为 217 亿美元，到 2001 年猛增至 3930 亿美元，2005 年为 6050 亿美元。2001—2005 年的年均增长率为 11.4%，2017—2021 年全球医药市场的规模由 12084 亿美元增加至 14012 亿美元，2021 年同比增长 7.88%。2022 年全球药品销售额已达到 14747 亿美元，预计到 2027 年全球医药市场将达到 19000 亿美元，复合增长率预计为 3%～6%，显著高于同期全球经济年均增长率。近 20 年来，全球医药市场仍然保持持续增长的发展趋势（图 1-1）。随着全球经济社会快速发展，人口老龄化程度和疾病发病率不断提升，推动了制药市场的需求。预计到 2028 年全球制药市场规模将突破 20000 亿美元，2022—2028 年年复增长率将达到 4.8%左右。

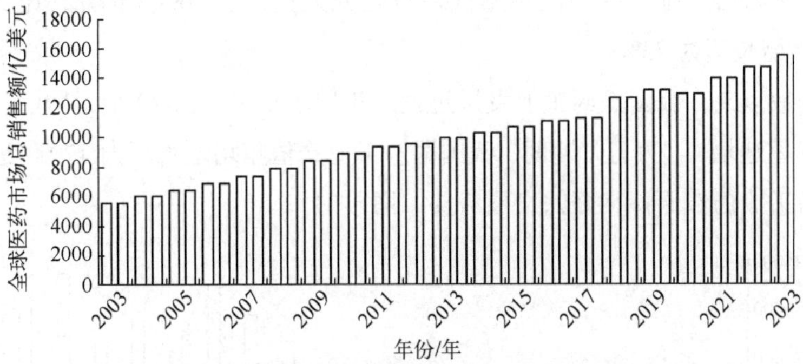

图 1-1 全球药品市场规模情况

1.1.2.2 全球医药市场分布及变化

2006 年左右，发达国家或地区的医药市场占主导地位，其中北美最大，欧洲次之，而占有世界人口最多的亚洲（不包括日韩）、非洲和澳大利亚的市场份额（即新兴市场国家或地区）总和高于日韩［图 1-2（a）］。但是，这些市场份额尚较低的国家或地区，其增长的速率却显著高于市场份额较高的国家或地区，如图 1-2（b）所示，其中新兴市场国家或地区的占比由 2006 年的 14%上升至 2016 年的 30%。可见，在全球医药市场持续增长过程中，人口众多的第三世界国家的发展趋势更为突出。

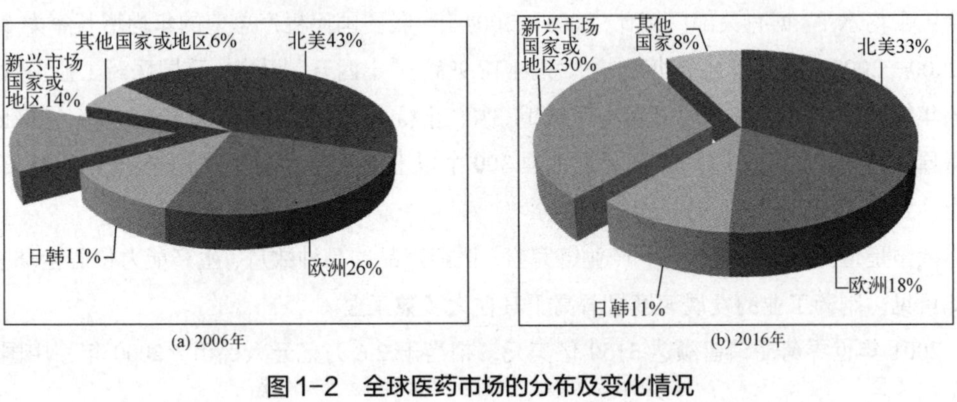

图 1-2 全球医药市场的分布及变化情况

近 10 年来，全球药业市场集中度提高的趋势有所加强，企业并购愈演愈烈。在《财富》（*FORTUNE*）杂志发布的 2024 年度世界 500 强排行榜中，共有 14 家公司上榜；其中，2023 年度曾经位居制药榜第一的辉瑞位居制药榜第四名，强生重夺榜首位置。中国医药公司中有 4 家上榜，分别是华润、国药集团、上药集团、广药集团。近年，世界排名前 20 的制药企业的市场集中度达到 66%左右。

1.1.3 中国医药市场发展概况

1.1.3.1 总体发展趋势

1978 年，我国医药工业总产值仅 66 亿元。20 世纪 80 年代以来，在改革开放和发展市场经济的推动下，我国医药工业生产发展迅速，医药工业总产值由 1978 年的 64 亿元增加到 2000 年的 2330 亿元，到 2009 年已突破 10000 亿元大关，达 10048 亿元，比 2005 年增长了 5684 亿元，年增长率为 23%。

自改革开放以来，我国医药工业发展迅速，年均增长率约为 20%。“八五”期间则以年平均 21%的速率递增，“九五”期间，我国医药工业产值年均增长率为 17%。进入 21 世纪以来，我国医药工业仍然保持良好的发展势头（图 1-3）。

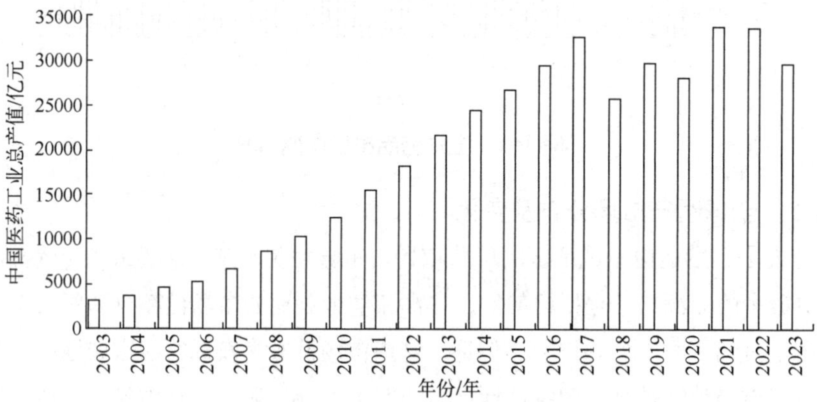

图 1-3 2003—2023 年我国医药工业增长趋势

制药行业是国民经济各行业中增速最快的行业之一，其工业生产和商业销售增速远远超过全国平均水平。据有关部门统计，2001—2004 年，我国国民生产总值的年均增长率为 8.6%，而 2000—2003 年制药工业的年均增长率为 18.9%。“十四五”以来，我国医药工业主营业务收入年均增长 9.3%，利润总额年均增长 11.3%，全行业研发投入年均增长超 20%，基础研究取得原创性突破。“十五五”期间计划批准 300 个以上创新药，全行业研发投入年均增长 15% 以上，到 2030 年研发投入占比达 8%。

我国是世界医药工业大国，产业链完整，医药产品的品种数量、生产能力位居全球前列。由此可见，制药工业的发展速度显著高于其他大多数工业。

2001 年世界药品销售额达 3150 亿美元，相当于 2.6 万亿元人民币。2000 年，中国医药工业总产值为 2332 亿元，仅占约 8.9%。由此可见，与发达国家相比，我国的医药总产值还较低，亟待发展，但这同时也为我国医药产业提供了较大的国际发展空间。

1.1.3.2 我国医药产业结构

我国有各种规模的医药企业 6000 多家，能生产抗生素、激素、维生素、解热镇痛药等 24 大类，包括 1300 多种化学合成原料药和 4500 多种化学药品制剂。青霉素、维生素 C、维生素 B 各占世界总产量的 20%～30%。在世界卫生组织颁布的 230 种基本药物中，约有 90%的品种已在中国生产。我国的化学药物品种比较齐全，可基本满足临床需要。2022 年我国的原料药生产居世界第一，医药市场居世界第二，医药科技创新已经跻身世界第二梯队。

图 1-4 展示了 2016—2024 年我国医药三大子产业所占比例以及增长的趋势。其中，化学原料药及其制品即图中的化学药品所占比例持续保持最大。中药在我国有着悠久的历史，发挥着重要的作用，近 5 年来基本保持稳定的占比。生物类原料及其制剂附加值很高，尤其在新冠肺炎疫情等推动下近年来快速增长，占比显著增大。

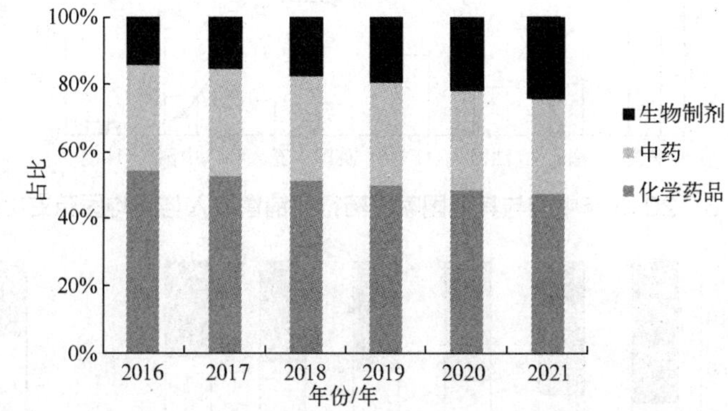

拓展阅读 1-1

图 1-4 2016—2024 年以来我国医药三大子产业所占比例及增长趋势

医药行业保持持续增长，与制药行业的资产投入和从业人员增加密切相关。图 1-5 展示了 2014—2021 年期间我国规模以上制药企业的总资产增长的概况，资产一直保持稳定增长。此外，在总资产和从业人员增加的同时，企业数量在减少（参见拓展阅读 1-2），表明我国的各个医药企业规模正在扩大，竞争实力增强。近十年来基本呈现类似趋势。

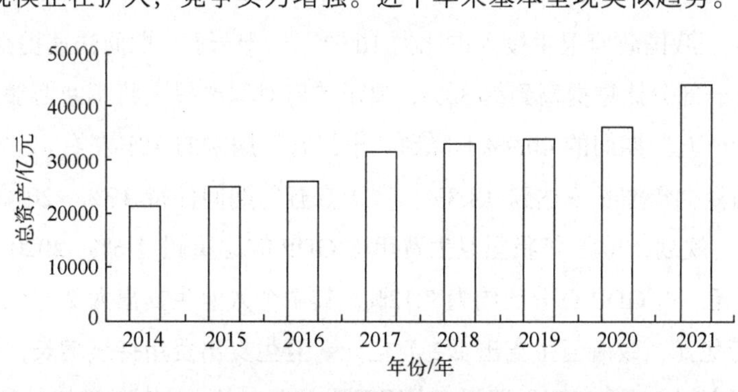

图 1-5 近年我国规模以上制药企业的总资产增长的概况

拓展阅读 1-2

1.1.4 中国医药行业发展前景

1.1.4.1 总体趋势

国家和个人财富的增长，扩大了我国医药市场的需求。相比于全球医药市场 6%～7% 的增长率，中国医药市场以两位数的增长率高速增长。然而，与其他国家医药行业销售总收入及人均医药支出比较，我国仍然处于较低的水平（图 1-6）。主要原因有多种，其中包括农村的大量人口未获得较高水平的医疗服务，现有的医疗体制决定个人承担的医疗费用比例还较大（图 1-7）。

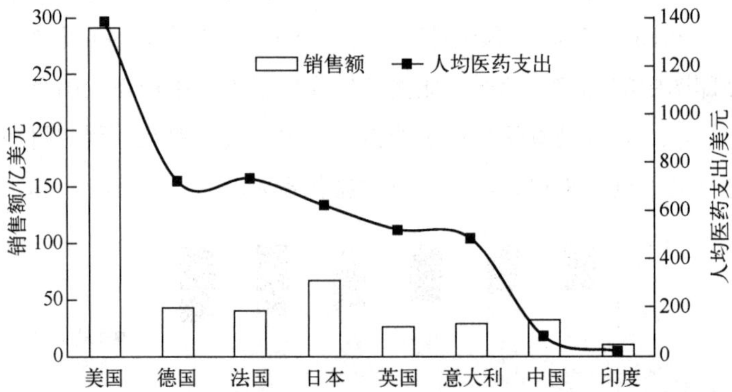

图 1-6 2015 年中国与其他国家医药行业销售收入与人均医药支出比较

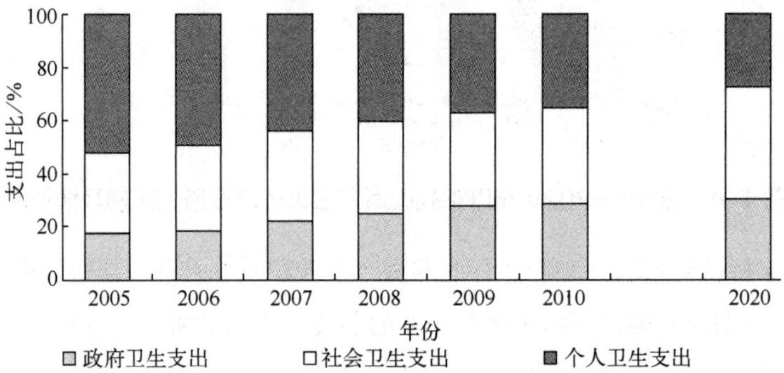

图 1-7 2005—2020 年医疗费用承担比例的变化

“十五”期间，我国政府卫生投入占比为 16.9%，“十一五”期间快速提高到 24.8%，“十二五”期间，这一部分比重提高到约 30%，显示政府对医改投入将不断增加。而个人卫生支出的比重从“十一五”期间的 40.9%下降到“十二五”期末的 30%左右。“十一五”期间，我国卫生总费用复合年增长率达到 18.8%，“十二五”期间保持 19%～20%的增长势头。根据国家“十二五”规划，2015 年我国卫生费用占 GDP 的比重超过 6%。2020 年全国卫生总费用达 72306.4 亿元，占 GDP 百分比约为 7.12%，其中个人卫生支出为 2 万亿元左右。社会卫生支出大概 3 万亿元，政府卫生支出 2.2 万亿元。卫生支出费用持续增长，医药制造行业需求市场发展空间广阔。“十三五”期间，全国卫生总费用从 4.6 万亿元增长到 6.5 万亿元，年均增长 12.2%，个人卫生支出占比由 28.8%下降到 28.4%。2023 年，全国卫生总费用达 9.05 万亿元，个人支出占比 27.3%。

我国十几亿人对医药的持续刚性需求和正实施的全民医保体制，以及政府对医药卫生投入加大，这些必将会带来医药消费水平的提升，从而确保中国医药经济的长期良好发展。

1.1.4.2 主要发展特征

①我国是世界原料药主要制造中心之一。进入 21 世纪以来，全球制药企业在世界范围内出现大规模结构调整和转移生产的趋势，这对我国医药产业发展的影响正在逐步显现，化学药尤其是化学原料药出口额多年来一直保持增长（图 1-8）。但我国目前以出口附加值不高的原料药、医用敷料为主，占医药出口总额的 85%以上，化学药制剂的出口比重较低。我国开始重视并逐步解决高污染、高能耗的原料药生产对环境造成的不利影响。

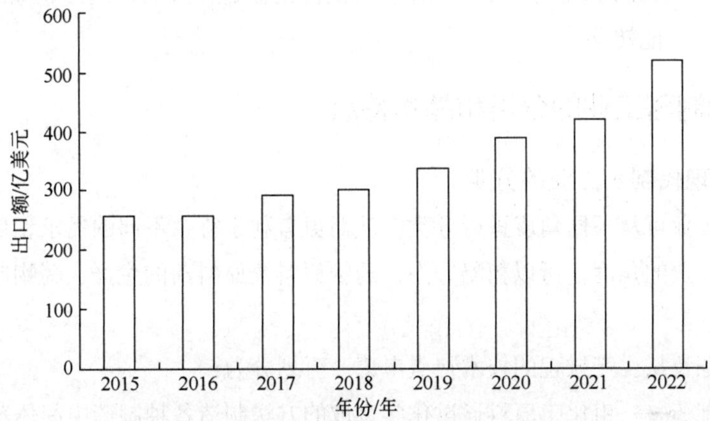

图 1-8 中国规模以上企业化学原料药出口额

近年，世界制药产业转移出现了一些变化，例如美国默克公司曾是阿维菌素的专利发明公司，现在转向我国采购阿维菌素。美国通用电气公司（GE）也计划把在世界各地的 X 光机、CT 和 B 超三大类普通医疗产品生产转移到中国来。制药公司“转移生产”的发展，有可能使我国医药产业成为世界制药产业的加工中心，带来新一轮世界范围内的医药产销格局和利益的变化。

②随着我国经济的飞速发展，我国已从“世界工厂”开始向“世界研发基地”转变，医药行业也呈现类似的趋势。其中之一就是我国的医药研发外包（contract research organization，CRO）行业在短短 20 多年中经历了从本土走向国际的过程。自 20 世纪 90 年代末开始，跨国公司纷纷在我国设立研发机构，加快新药在我国上市的速度，也促进了我国 CRO 行业的发展。我国拥有大量的专业化人才优势，相对低价和优质的原材料及设备，以及 CRO 业务模式的灵活性和业务范围的多选择性，均有利于我国的 CRO 行业的进一步发展。

国内的药物研发提速。不断扩容的我国医药市场成为外资医药企业争夺之地，同时也推动了国企、民企与外资医药企业三方角力的并购潮。医药自主创新受到重视，“十二五”更鼓励"突破式创新"。2020年新冠肺炎疫情催化了疫苗、抗病毒药物的研发，我国医药领域研发投入约1200亿元人民币，同比增长25%。

企业对创新的关注度提升。目前对创新投入较大的企业，其研发投入占销售收入的比重已经超过7%，近年国内先后有多家企业自主研发的一类新药上市。"十四五"期间，中国医药研发投入强度从3.2%逼近5%，初步完成从"仿制为主"向"创新驱动"转型，但基础研究、源头创新与支付协同仍需突破。"十五五"需以全球化竞争（抢占欧美市场）、技术底层突破（AI+生物技术）、支付生态重构为核心，力争2030年研发强度达8%，跻身全球医药创新第一梯队。

拓展阅读1-3

外资加快对华医药投资与合作。金融危机之后，跨国制药企业加紧在中国医药市场的布局，增加在医药制造业的直接投资，并购国内医药企业，巩固在高端产品的垄断，与国内企业合作开展仿制药领域的业务，进行产能转移。

1.1.5 现代制药工业的分类和基本特点

1.1.5.1 现代制药工业的分类

现代制药工业可从不同角度进行分类，从而更有利于符合不同的需求和目的。

从全医药产业的角度，可以粗略分为：药物原料及原料药的生产、药物制剂的生产以及药品的经营。

按药物来源及从生产过程的技术特点考虑，可划分为：

化学合成制药——由化工原料通过化学合成的方法制造各种制药中间体药物；

天然药物及现代中药（包括中草药有效成分提取）——从动植物中提取和分离有效成分；

微生物发酵制药及生化制药——微生物发酵的方法生产抗生素和其他药物；

现代生物技术制药——通过生物化学方法和现代生物工程技术生产药物；

药物制剂过程技术——制成各具特性、满足各种需要的固体、液体及喷雾等药物制剂（药品）。

此外，国家有关部门在宏观管理工作中，参照国际惯例可分为医药行业的七个子行业，包括：化学原料药工业、化学药品制剂工业、生物制剂工业、医疗器械工业、卫生材料工业、中成药工业及中药饮片工业。有时也可划分为五个子行业，即：化学原料药工业、化学药品制剂工业、生物制剂工业、中成药工业以及中药饮片工业。

1.1.5.2 现代制药工业的基本特点

现代医药工业绝大部分是现代化生产，与其他工业有许多共性，但又有其自己的基本特点，主要表现在以下几个方面。

（1）高度的科学性、技术性　早期的制药生产是手工作坊和工场手工业。随着科学技术的不断发展，制药生产中现代化的仪器、仪表、电子技术和自控设备得到广泛的应用，无论是产品设计、工艺流程的确定，还是操作方法的选择，都有严格的科学要求，都必须用科学技术知识来解释，否则就难以生产，甚至制造废品，出现事故。所以，只有系统地运用科学技术知识，采用现代化的设备，才能合理地组织生产，促进生产的发展。

(2) 生产分工细致、质量要求严格　制药工业也同其他工业一样，既有严格的分工，又有密切的配合。原料药合成厂、制剂药厂、中成药厂及医疗器械设备厂等，这些厂虽然各自的生产任务不同，但必须密切配合，才能最终完成药品的生产任务。在现代化的制药企业里，根据机器设备的要求，合理地进行分工和组织协作，使企业生产的整个过程、各个工艺阶段、各个加工过程、各道工序以及每个人的生产活动，都能同机器运转协调一致，只有这样，企业的生产才能顺利进行。由于劳动分工细致，对产品的质量自然要严格要求，如果一个生产环节出了问题，质量不合格，就会影响整个产品的质量，更重要的是因为药品是直接提供给患者的，若产品质量不合格，就会危害到人民的健康和生命安全。所以，每个国家都有药品管理法和药品生产质量管理规范，用法律的形式将药品生产经营管理确定下来，这充分说明了医药企业确保产品质量的重要性。药品生产企业必须严格按照《药品生产质量管理规范》(GMP) 的要求进行生产；厂房、设施和卫生环境必须符合现代化的生产要求，必须为药品的质量创造良好的生产条件；生产药品所需的原料、辅料以及直接接触药品的容器和包装材料必须符合药用要求；研制新药，必须按照《药物非临床研究质量管理规范》(GLP) 和《药物临床试验质量管理规范》(GCP) 进行；药品的经营流通必须按照《药品经营质量管理规范》(GSP) 的要求进行。

(3) 生产技术复杂、品种多、剂型多　在药品生产过程中，所用的原料、辅料和产品种类繁多。虽然每个制造过程大致可由回流、蒸发、结晶、干燥、蒸馏和分离等几个单元操作串联组合，但由于一般有机化合物合成均包含较多的化学单元反应，其中往往又伴随着许多副反应，整个操作变得复杂化。在连续操作过程中，因所用的原料不同，反应的条件不同，又多是管道输送，原料和中间体中有很多易燃易爆、易腐蚀和有害物质，这就带来了操作技术的复杂性和多样性。同时，随着科学技术的发展，医药品种不仅繁多，而且要求高效、特效、速效、长效的药品纯度高、稳定性好、有效期长、无毒、对身体无不良反应，这些要求促进医药工业在发展中不断创新。随着经济的发展和人民生活水平的不断提高，对产品的更新换代，特别是对保健产品的要求越来越高，疗效差的老产品被淘汰，新产品不断产生。为了满足市场和人民健康的需要，每个医药工作者不仅要学习和掌握现代化的文化知识，懂得现代化的生产技术和企业管理的要求，还要加紧研制新产品，改造老工艺和老设备，以适应制药工业的发展和市场的需求。

(4) 生产的比例性、连续性　生产的比例性、连续性是现代化大生产的共同要求，但制药生产的比例性、连续性有它自己的特点。制药生产的比例性是由制药生产的工艺原理和工艺设施所决定的。制药企业各生产环节、各工序之间，在生产上保持一定的比例关系是很重要的。一般说来，医药工业的生产过程，各厂之间，各生产车间、各生产小组之间，都要按照一定的比例关系来进行生产，如果比例失调，不仅影响产品的产量和质量，甚至会造成事故，迫使停产。医药工业的生产，从原料到产品加工的各个环节，大多是通过管道输送，采取自动控制进行调节，各环节的联系相当紧密，这样的生产装置连续性强，任何一个环节都不可随意停产。

(5) 高投入、高产出、高效益　制药工业是一个以新药研究与开发为基础的工业，而新药的开发需要投入大量的资金。一些发达国家在此领域中的资金投入仅次于国防科研，居其他各种民用行业之首。高投入带来了高产出、高效益，某些发达国家制药工业的总产值已跃居各行业的第五或第六位，仅次于军工、石油、汽车、化工等。它的巨额利润主要来自受专利保护的创新药物，制药工业也是一个专利保护严密、竞争非常激烈的工业。

1.2　制药工程技术的作用及内容

1.2.1　制药工程技术的地位和作用

在我国国民经济的各个领域中，医药工业也起着不可低估的作用和影响。而医药工业的发展是与制药工程技术的水平紧密相关的。随着我国医药工业的发展，我国的制药工程技术也取得了可喜的进展。应该说医药工业的发展带动了制药工程技术的进步，制药工程技术的进步反过来又促进了医药工业的发展。制药工程技术在整个药物研究、制造及消费体系中的地位如图 1-9 所示。

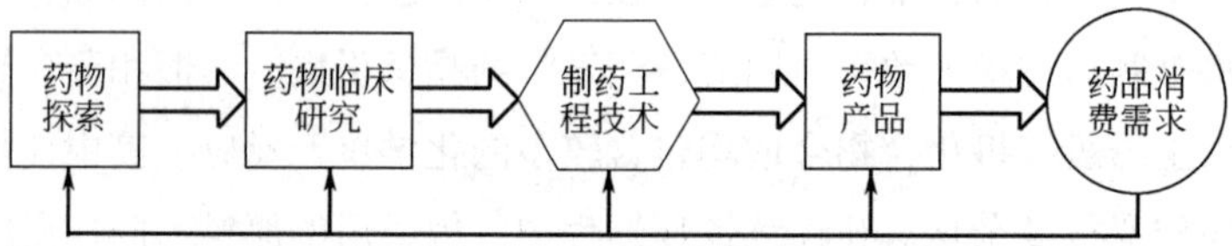

图 1-9　制药工程技术在药物体系中的地位

人类对健康的追求，促使其不断地进行新药的探索研究。可能成为新药的物质经临床研究筛选出具有一定药用价值的对象，将其作为新的药物。而要生产出符合消费需要的药物产品（即药品），必须在药物生产过程中利用制药工程技术方能实现。可见，制药工程技术在药物研究开发的产业化、商品化的过程中，具有关键的作用和地位。药品不断增长的消费需求，又促进和推动药物探索研究、制药工程技术等的发展。任何药物的探索与研究成果，只有通过制药工程技术，将其制成符合规范的药品，才能实现其价值。

1.2.2　制药工程技术的概念及内容

制药工程是应用化学作用、生物作用以及各种分离技术，实现药物工业化生产的工程技术，在我国主要包括化学制药、生物制药、天然药物及中药制药等分学科，是建立在化学、药学（中药学）、生物学和化学工程与技术基础上的多学科交叉专业，主要涉及药品规模化和规范化生产过程中的工艺、工程化和质量管理等共性问题。

制药技术是研究、设计和选用最安全、最经济和最简捷的药物工业生产途径的一门学科，也是研究、选用适宜的中间体和确定优质、高产的药物生产路线、工艺原理和工业生产过程，实现药物生产过程最优化的一门学科。

制药工程是将制药技术研究的成果工程化、产业化的技术实践。

一般来说，“科学技术”一词的含义常常是指“科学和技术”，相应地，“工程技术”一词的含义也可以指“工程与技术”，但也有认为“工程技术”一词的含义不是指“工程与技术”，而应是“工程化的技术”或“在工程中使用的技术”。其实，无论何种见解，均表明制药工程与制药技术具有不可分割的紧密联系。很大程度上讲，制药工程的实施有赖于制药技术。本书把制药工程与技术作为一个整体即制药工程技术来进行阐述，主要是突出二者之间的不可分割性。

制药工程技术在药物产业化过程中具有举足轻重的作用，它涉及原料药以及药品生产的方方面面，直接关系到产品的生产技术方案的确定、设备选型、车间设计、环境保护，决定着产品是否能够投入市场，以怎样的价格投入市场等企业生存与发展的关键因素。具体而言，制药工程技术至少涉及以下内容：

①药物工艺路线设计、评价和选择；

②药物生产工艺优化；

③制药设备及工程设计；

④药物原料、中间产品和最终产品的质量分析检测与控制技术；

⑤药品生产质量管理系统工程；

⑥新药（包括新剂型）的研究与开发。

1.3 制药工程专业教育的发展状况

1.3.1 制药工程专业教育的产生

医药是世界贸易增长最快的5类产品之一，同时也是高技术、高投入、高效益、高风险的产业。因此医药工业也成为世界医药经济强国激烈竞争的焦点，是社会发展的重要领域。在我国国民经济的各个领域中，医药工业也起着不可低估的作用和影响。而医药工业的发展与制药工程的水平紧密相关。

制药产业的兴衰主要取决于制药工艺与制药工程的进步和发展。若把制药产业比喻成一个人，那么工艺和工程则是这个人的两条腿，若长短不一，走起路来会很不协调。要使我国的制药工业继续保持高速协调发展，实现21世纪中叶的远景目标，建立起高度现代化的医药工业体系，必须十分重视制药工程的发展，更新观念，改变长期以来形成的重工艺、轻工程，忽视过程效益和规模效益的传统观念。实现大医药、大集团战略，重视化工过程的研究、开发和效益。因而，现代医药工业的发展要求制药工程学科的支撑，对制药工程学科的发展提出了迫切的要求。

此外，随着社会的不断进步，原有的由药学、工程和管理等院系分别培养，掌握单一学科门类知识的人才已不能适应现代制药业对制药人才的需求。现代制药业需要掌握制药过程和产品的双向定位，具有多种能力和交叉学科知识，了解密集工业信息，熟悉全球和本国政策法规的复合型制药工程师。他们将集成各种知识，有效地优化药物的开发和制造过程。在这样的背景下，制药工程技术专业人才成为当今社会的急需人才，而高素质的人才依赖于良好的人才培训和教育体系，制药工程技术教育也由此应运而生。

因此，制药工程技术是建立在药学、生物技术、化学、工程学以及管理学等基础上的交叉学科（见图 1-10），是化学工程和制药类的前沿学科领域，是应用化学、生物技术、药学、工程学、管理学及相关科学理论和技术手段解决制造药物的实践工程的一门综合性的新兴学科。而工程问题是学生最终面临的问题，涉及药物从开发到产品上市的全过程。

针对制药工业的不同领域，制药工程技术相应地产生、发展了一些分学科或方向，其基本构成如图 1-11 所示。其中的中药制药工程技术是我国独有的特色，也是我国更具有优势、更有责任发展的学科。

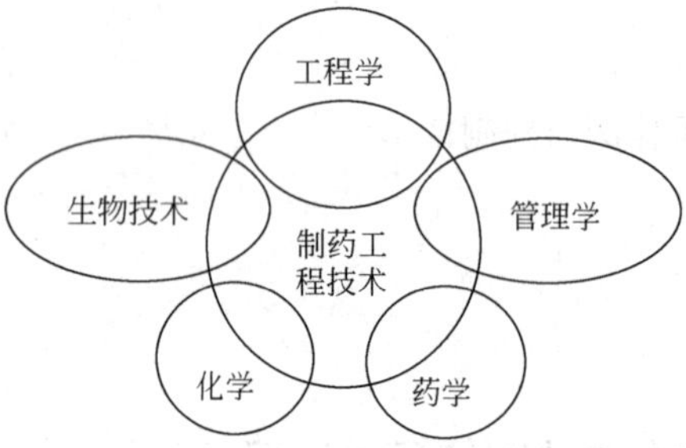

图 1-10　制药工程技术学科形成示意图

制药工程技术领域
- 化学制药工程技术
- 生物制药工程技术
- 天然制药工程技术
- 中药制药工程技术
- 药物制剂工程技术
- 药品生产质量管理系统工程
- 新药的研究与开发

图 1-11　制药工程技术学科的基本构成

1.3.2　国外的制药工程专业教育

制药工程教育从 20 世纪 90 年代开始发展，在国内外都是一个新兴的专业，受各国国情的影响和社会发展的需要，国外的制药工程教育是先有研究生教育，而后有本科教育，因此从事制药工程本科教育的高校较少。自 1995 年受美国科学基金的资助，美国新泽西州立大学 Rutgers 分校开始设立制药工程研究生教育以来，密歇根大学、哥伦比亚大学等也相继设立制药工程研究生教育计划，但直到 1998 年，加州大学 Fullerton 分校（California State University, Fullerton）才在工程与计算机学院下设立第一个正式的制药工程本科教育计划。该校制药工程专业课的课程体系具有突出的工程学科的特色，由制药工程导论（包括药物制造和给药系统工程技术、高纯水系统、灭菌、制药设备、过程工程和包装、工业发酵、过程验证、FDA 要求和 GMP）、药物剂型和给药系统（包括剂型设计、生物技术药物、给药系统、剂型生产过程和设备的认证）、制药及其公用工程的项目管理（包括工程项目的周期、产品及设备的开发过程、所需证明及准备工作、计划编制、时序安排、资源问题、项目执行、国际协作、国际工程编码、政府法规、软件应用等）、制药公用系统及其安全与环境[包括反应动力学与反应器设计、工业发酵与生物反应器系统、灭菌技术、洁净与纯化、HVAC（供暖、通风与空气调节）设计、洁净室设计、WFI（注射用水）系统、过滤、反渗透和蒸馏、制药设备、管道维护、过程安全、环境影响与保护]、制药工程实验（包括水纯化方法与 WFI 系统、蒸汽灭菌、制药装置的校准、制药装置与程序的验证）、设计方案六组课程组成。除了理论课程教学外，该校也特别重视培养学生的实践能力。

1.3.3 我国的制药工程专业教育

1998 年教育部颁布的《普通高等学校本科专业目录》首次设立了“制药工程”专业。2025 年，教育部印发通知，同步更新发布《普通高等学校本科专业目录（2025 年）》。新目录包含 12 个学科门类、93 个专业类、845 种专业，进一步强化专业设置对国家战略急需和高质量发展的快速响应。学科门类为工学（代码 08）专业序列下的代码 0813 为化工与制药类，其中包括化学工程与工艺（081301）、制药工程（081302）两个基本专业以及化学工程与工业生物工程（081305T）、精细化工（081308T）等七个特设专业。

制药工程专业的培养方案，以四川大学 2024 版培养方案为例：

制药工程专业主要面向健康中国战略需求，培养德智体美劳全面发展的社会主义合格接班人和建设者，系统掌握数学、物理、化学等自然科学原理及制药工程相关理论及技术，具有深厚人文底蕴、宽广国际视野、良好职业道德与团队协作意识，兼具严谨工程思维及强烈创新意识，能在医药相关的企事业单位、研究机构及大专院校从事生产管理、工程和工艺设计、产品质量控制、药物制剂、新产品开发与科研教学等工作的复合型技术与管理人才。

学生通过专业学习和工作历练，在毕业后五年内成长为具备优秀综合素质及杰出职业素养的复合型人才，或继续深造。具体的子目标包括：

①具有良好的政治思想、道德品质及爱国爱校、爱岗敬业情怀。

②在工作中体现出深厚的人文素养、社会责任感与法治观念，良好地发挥团队合作精神、沟通协调能力、职业道德及承压能力，能够在多学科、国际化和跨文化背景下实现组织沟通、团队协作、项目管理和经济决策，创新性地完成工作目标。

③具备扎实的制药工程专业知识，具有良好的自我学习与持续改进的意识，能够紧跟制药行业的理论与技术前沿的发展动态和趋势。

④良好地发挥工程技术研发和管理能力，善于有效识别、描述并分析制药研发与生产实践中存在的各类工程问题，能够合理运用所掌握的知识与技能，针对制药及相关领域的先进技术与产品研发、工艺与工程设计、生产过程管理与控制、质量管理与检测等方面的复杂工程问题，能创新性地提出解决策略与方案。

⑤具备良好的自主学习和终身学习能力，以出色的创造力接受和应对制药及相关领域新技术、新事物以及新问题的挑战，在制药工程及其相关领域具有突出的职场竞争力和发

展潜力。

毕业时应当达到以下要求。

①工程知识。能够将数学、自然科学、计算科学、工程基础和专业知识用于解决复杂制药工程问题。

②问题分析。能够综合应用数学、自然科学、计算科学、工程原理和专业知识，并考虑可持续发展的原则，识别、描述并结合文献研究分析复杂制药工程问题，获得合理有效结论。

③设计/开发解决方案。能够针对复杂制药工程问题，设计满足特定需求的解决方案，并在设计环节中体现创新意识，考虑健康与安全、药品全生命周期、碳零排放以及资源、环境、法律、文化等因素。

④研究。能够基于科学原理及文献调研，采用科学方法对复杂制药工程问题进行研究，包括方案设计、数据采集与分析以及信息综合，以获得合理有效的结论。

⑤使用现代工具。能够针对复杂制药工程问题，开发、选择与使用恰当的技术、资源、现代工程工具和信息技术工具，开展预测与模拟，并能够认识其局限性。

⑥工程与社会关系。能够基于工程相关背景知识，合理分析和评价复杂制药工程问题解决方案对社会、健康、安全、法律以及文化的影响，在工程实践中能展现出多样化及包容性的理解及应承担的责任。

⑦环境和可持续发展。具备优良的人文社会科学素养与法制观念，能够理解和评价针对复杂制药工程问题的专业工程实践对环境、社会可持续发展的影响。

⑧职业规范。具备良好社会责任感、道德品质以及爱国、爱校和爱岗敬业情怀，能够在制药工程实践中理解工程职业道德和规范，履行责任。

⑨个人和团队。具备良好的团队意识和协作能力，能够在多学科背景下的团队中承担个体、团队成员以及负责人的角色。

⑩沟通。具备良好的沟通协调能力、承压能力及宽广的国际视野，理解和尊重世界多元文化的差异性和多样性，能在跨文化背景下就复杂制药工程问题与业界同行及社会公众进行沟通和交流。

⑪项目管理。理解并掌握工程项目管理与经济决策的原理和方法，并能在制药工程相关的多学科环境中应用。

⑫终身学习。具备良好的自主学习意识、终身学习能力及批判性思维，能接受和应对制药及相关领域新技术、新事物以及新问题的挑战，具有持续学习和适应社会及行业发展的能力。

对于制药工程专业教育，我国是从基础的本科教育起步，研究生教育也有一定的发展。其课程设置和内容方面的建设经过多年的摸索、改进和逐渐完善，已有了较为明确的认知。

在我国较早设立制药工程本科专业，正式实施制药工程专业本科教育的有几类高等院校，其中有以华东理工大学、天津大学、合肥工业大学、河北科技大学等为代表的工科院校，有以中国药科大学、沈阳药科大学以及安徽中医药大学等为代表的医药院校，以及以四川大学等为代表的综合性大学。制药工程专业技术人才受到社会的广泛重视，促进了该专业教育的迅速发展。迄今，开设有制药工程本科专业的高等院校已有近300所。此外，天津大学、华东理工大学、四川大学等院校，也招收和培养制药工程专业的硕士生和博士生。在专科和高等职业教育学校，也培养制药工程专业的人员。我国已基本形成了制药工程技术领域较为完整的高等教育体系。

1.3.4 我国目前制药工程专业教育的基本知识和体系结构

1.3.4.1 专业课程体系和基础课程

制药工程是奠定在工程学、药学、化学、生物技术基础上的交叉学科，课程设置中要避免偏向某一学科基础。拓宽专业范畴，但不是原课程的叠加；建立新的课程体系模块，在模块内重组课程；削减学时，课堂讲授少而精，加强学生自学，引导主动思维。

药品生产制造的特殊性和学科基础的交叉性，决定了制药工程专业的课程应该根据制药过程的特点设置。经过多次讨论和论证，结合国外高校的经验，制药工程专业的课程体系可包括七大模块，如图1-12所示。

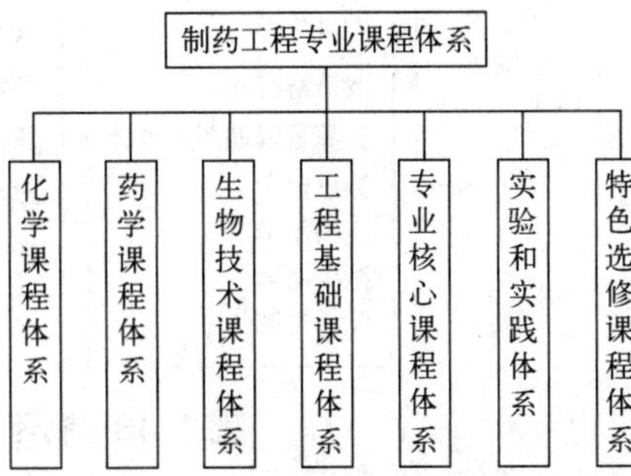

图1-12 制药工程专业课程体系

其中的化学、药学、生物技术以及工程基础四个课程体系可统称为专业基础课程体系，主要的专业基础课包括：无机化学、分析化学、有机化学、物理化学、生物化学、微生物学、药物化学、药理学、化工原理、工业药剂学等。对于以中药和天然药物为特色的制药工程专业方向，上述专业基础课程或内容有所不同，但仍应按照“厚基础、宽口径、重实践、高素质、创造性”的原则设置。

1.3.4.2 核心课程与选修课程

制药工程专业课程体系的核心课程体现了制药工程专业的特色，也是制药工程专业各专业方向的共性专业课程。核心课程包括：生物化学、药理学、药物化学、药剂学、化工原理、机械基础与工程制图、制药工艺学、制药设备与工艺设计等。选修课程体系与其他课程体系衔接，可以形成化学制药、中药和天然药物制药以及生物制药等各具特色的专业方向。

1.3.4.3 知识与能力构成

制药工程学科由于具有显著的药学、生物学和工程技术的多学科交叉特点，要求该专业的学生具有多学科的知识结构，以及良好的实践和创新能力。与这些知识相关的典型课程如图1-13所示。不同专业方向的差异主要体现在“化学与生物学”和“药学”两个体系，例如，天然药物尤其是中药制药工程专业方向，反映其知识结构的课程和内容会有一定的不同，但一般认为，其他体系的知识对于制药工程的各个专业方向应当是基本一致的。

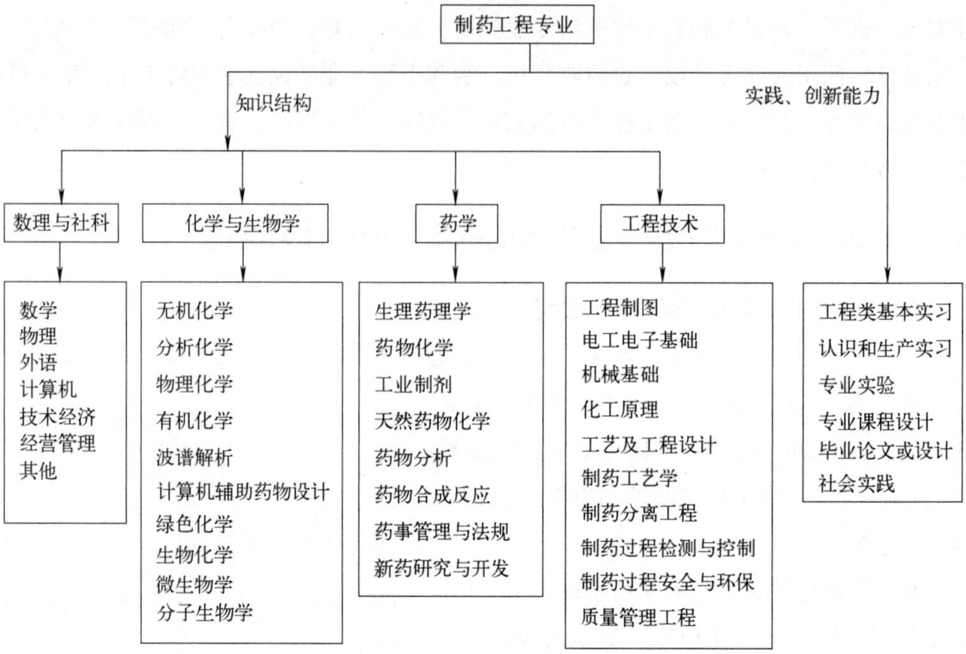

图 1-13　制药工程专业人才的知识与能力构成

参 考 文 献

[1] 教育部制药工程专业教学指导分委员会. 教育部制药工程专业教学指导分委员会石家庄会议资料汇编[C]. 石家庄, 2010.

[2] 中国药学会制药工程专业委员会. 加速我国制药工程的发展[J]. 中国药学杂志, 1997, 32(11): 709-711.

[3] 李霞, 许明丽, 赵广荣, 等. 国内外制药工程本科教育课程建设的比较[J]. 药学教育, 2003, 19(3): 7-9.

[4] 姚日生, 张洪斌, 冯乙巳, 等. 制药工程学科内涵与本科专业课程设置[J]. 药学教育, 2003, 19(4): 9-11.

[5] 元英进, 赵广荣, 李炳志. 制药工艺学[M]. 3 版. 北京: 化学工业出版社, 2024.

[6] 教育部高等学校制药工程专业教学指导分委员会. 制药工程专业的知识体系和人才培养模式的探索与实践. 第四届全国制药工程科技与教育研讨会论文集[C]. 上海: 2005, 77-80.

[7] 教育部高等学校制药工程专业教学指导分委员会. 高等学校制药工程专业指导性专业规范[S]. 2011.

[8] 承强, 马丽芳, 宋航, 等. 专业评估方案: 引导我国制药工程教育健康发展的重要举措[J]. 化工高等教育, 2008(4): 71-74.

思考题

1-1. 全球和中国医药市场的发展趋势如何？

1-2. 为何中国医药市场和产业将持续高速发展？

1-3. 我国制药产业可以划分为哪些分支行业或部门？它们近年所占比例及发展趋势如何？

1-4. 现代制药工业有何基本特点？

1-5. 制药工程技术的基本含义是什么？由哪些主要的方向或分支学科构成？

1-6. 要学好制药工程技术，满足现代制药工业的发展需要，应具备哪些基本知识结构和能力？

第 2 章

化学制药技术与工程

2.1 概　　述

根据《中华人民共和国药品管理法》的定义，药品是指用于预防、治疗、诊断人的疾病，有目的地调节人的生理机能并规定有适应证或者功能主治、用法和用量的物质，包括中药材、中药饮片、中成药、化学原料药及其制剂、抗生素、生化药品、放射性药品、血清、疫苗、血液制品和诊断药品等。人们平时所使用的各种药品都是具有合适制剂形式的产品，其中所含的能与人体内靶标发生相互作用而发挥药理作用的有效成分被称为药物活性成分（API），主要包括天然药物、化学合成药物、微生物与生物技术药物这三大类。其中化学合成药物的品种、产量及产值在所有药品中所占比例都是最大的。

化学合成药物是指通过化学合成的手段来获得的药物有效成分，它是人工合成得到的、自然界不存在的化合物分子。因此，从制备的方法或来源上看，化学合成药物与天然产物药物及生物技术药物有着根本性的区别。但它们之间也有着非常密切的联系，如天然产物一般是指化合物分子是由动物、植物、微生物提取加工所得到，或者是自然界所固有的物质如矿物等。若此类化合物之后能经人工合成，仍可视作天然产物。若人工合成的化合物后来发现其有对应的天然产物，则也应视作天然产物。事实上，很多人工合成产物也只是天然产物的衍生物或类似物。比如大量的半合成青霉素都是天然青霉素的衍生物，都具有相同的β-内酰胺结构，只是在侧链的结构上有所差异。可见，采用化学合成的方法既可以合成自然界已有的药效成分（天然产物），也可以合成自然界不存在但经医药学理论验证具有药效的物质（人工合成产物）。

由于化学合成的原料多种多样，合成方法灵活多变，因而在新药研发过程中是最重要的获取新化合物和新药候选物的方法，这也是化学合成药物在所有药品中所占比例最大的主要原因。

2.1.1　化学合成药物的起源和发展及与药物化学的关系

2.1.1.1　化学合成药物的起源和发展

化学合成药物作为药物的一大类型，它的起源和发展蕴含在整个药物发展的历史中。其研究与开发的历史是一个由粗到精、由盲目到自觉、由经验性的试验到科学的合理设计的过程，大致可分为 3 个阶段：发现阶段、发展阶段和设计阶段。

发现阶段 自 19 世纪至 20 世纪 30 年代。其特征是从动植物体中分离、纯化和鉴定许多天然产物，如有机酸（如水杨酸）、生物碱（如吗啡、阿托品、奎宁、咖啡因）等。这些天然产物具有某种生理或药理活性，可直接被用作药物。它们的分离和鉴定，说明了天然药物中所含的化学物质是天然药物产生治疗作用的物质基础，这些天然药物分子不仅为临床应用提供了适用的药品，而且也为药物化学的发展创立了良好的开端。19 世纪中期以后，化学工业，特别是染料化工、煤化工等的发展，为人们提供了更多的化学物质和原料，人们可以对众多的有机合成中间体、产物等进行药理活性研究。同时有机合成技术的发展，使人们能够用简单的化工原料合成药物。如人们使用氯仿和乙醚作为全身麻醉药，水合氯醛作为镇静催眠药，这些药品的成功使用，促进了制药工业的发展。制药工业开始大量地合成和制备化学药物是在 19 世纪末和 20 世纪初，人们开始合成一些简单的化学药物，如水杨酸和阿司匹林、苯佐卡因、安替比林、非那西汀等，并且进行大规模的生产。药物化学的研究开始由天然产物的研究转入人工合成品的研究，代表性的成果是将有机染料中间体百浪多息用于致病菌的感染治疗，开辟了化学治疗药物研究的新领域。然而，在这个阶段只局限于对已有物质的研究、寻找和发现可能的药用价值，是一种孤立的发现模式，未能在天然或合成物质的化学结构与生物活性的关系上做深入的研究。

发展阶段 大致是在 20 世纪 30 年代至 60 年代。其特点是合成药物的大量涌现，内源性生物活性物质的分离、测定和活性的确定，酶抑制剂的临床应用等，可称为药物发展的“黄金时期”。20 世纪 30 年代，G. Domagk 首次将百浪多息用于临床治疗细菌感染，并由此开发出数十个临床应用的磺胺类药物。20 世纪 40 年代，青霉素抗菌活性得到进一步证实，并成为第一个应用于临床的抗生素药物。由于青霉素结构独特，抗菌活性强，在治疗学上带来了一次革命。青霉素的出现促使人们开始从真菌和其他微生物中分离和寻找其他抗生素。这一阶段，不仅合成了许多证明有药用价值的天然物质，一度缓解了自然资源匮乏的问题，而且利用有机合成及其他技术，合成了甾体激素类药物、半合成抗生素、神经系统药物、心脑血管治疗药物以及恶性肿瘤的化学治疗药物等，使化学药物在这个阶段取得了长足的进步。

设计阶段 始于 20 世纪 60 年代。在这个时期药物的研究与开发遇到了困难，一方面，由于包括抗感染药在内的许多药物的发现，大部分疾病能够得到治愈或缓解，而那些疑难重症，如恶性肿瘤、心脑血管疾病和免疫性疾病等的药物治疗水平相对较低，这类药物的研制难度较大，按以前的方法与途径进行研究开发，人力物力耗费巨大，而成效并不令人满意；另一方面，欧洲出现的“反应停”事件，造成千百个严重畸形儿的出生，轰动了全世界。因而各国卫生部门制定法规，要求对新药进行致畸、致突变和致癌性试验，这也增加了研制的难度。因此，客观上需要改进研究方法，将药物的研究和开发过程建立在科学合理的基础上，即合理药物设计。在此期间，物理化学和物理有机化学、生物化学和分子生物学的发展，精密的分析测试技术，如色谱法、放射免疫测定、质谱、核磁共振和 X 射线结晶学的进步，以及电子计算机的广泛应用，为阐明药物的作用机理和深入解析构效关系提供了坚实的理论基础和强有力的实验技术。人们对生物体尤其是人体的认识也进一步加深，药物作用的可能靶点，如受体、酶、离子通道等的结构逐渐被阐明，患者的发病机制及过程也逐渐被人们所认识。相关科学技术的发展使人们能够从患者发病机制的基础上有针对性地设计新药，从而提高药物开发的成功率。例如，抗溃疡药西咪替丁就是在阐明了胃酸分泌及调控机制的基础上，通过设计选择性组胺 H2 受体拮抗剂而开发得到的新型抗溃疡药，开辟了抗溃疡药物治疗的新纪元。合理药物设计的另一个典型例子是抗流感病毒药物奥司他韦，研究者首先认识到在流感病毒的复制和传播过程中有一种唾液酸酶发挥了重要的作用，解析出该酶的结构后再设计合成了各种可能的抑制剂，最终发现了唾液酸酶抑制剂奥司他韦，成为一种重要的抗流感病毒药物。

图 2-1 是化学药物各发展阶段的特征描述和各阶段之间的相互关系。可以看出，前一阶段的研究方法和技术成果为下一阶段所继承并发展。

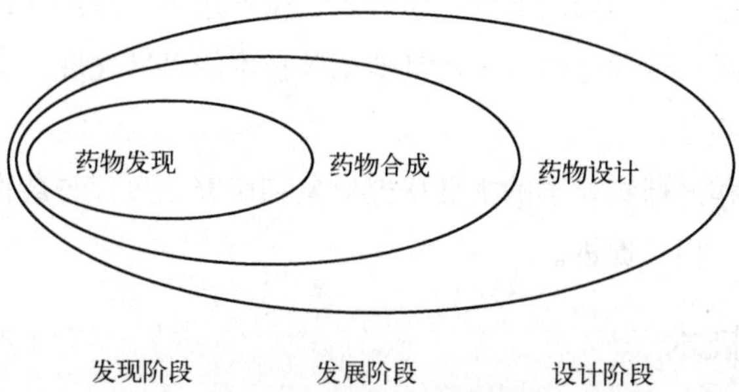

图 2-1　化学药物各发展阶段关系图

到目前为止，人类已开发利用的化学药物种类已达数千种，按照作用的范围可分为中枢神经系统药物、外周神经系统药物、循环系统药物、消化系统药物等；按作用功效可分为解热镇痛药、抗肿瘤药、抗菌药、抗病毒药、降血糖药等；按自身的化学结构特点又可分为多肽类药物、激素类药物、巴比妥类药物等。

2.1.1.2　化学药物与药物化学的关系

化学药物与药物化学是两个不同而又密切联系的概念，化学药物强调药物的制备方法是化学合成，而药物化学则突出药物与化学相关的一些性质。

按照国际纯粹与应用化学联合会（IUPAC）给药物化学所下的定义，药物化学（medicinal chemistry）是关于药物的发现、发展和确证，并在分子水平上研究药物作用方式的一门学科。由此可以看出药物化学是建立在化学学科基础上，涉及生物学、医学和药学等各个学科的内容。

化学药物是一类既具有确切化学结构，同时又具有特定药理作用的化学物质，是目前临床应用中主要使用的药物类型，也是药物化学的研究对象。因此，以化学药物作为研究对象的药物化学是化学学科和生命科学学科相互渗透的一门综合性学科。

药物化学研究的主要内容是基于生物学科研究的潜在药物作用靶点，参考其内源性配体或已知活性物质的结构特征，设计新的活性化合物分子，寻找和发现新药；研究化学药物的制备原理、合成路线及其稳定性；研究化学药物与生物体相互作用的方式，在生物体内吸收、分布、代谢和排泄的规律及代谢产物；研究化学药物的化学结构与生物活性（药理活性）之间的关系（构效关系）、化学结构与活性化合物代谢之间的关系（构代关系）、化学结构与活性化合物毒性之间的关系（构毒关系）等。其中如何设计和合成新药，是药物化学的重要研究内容。

药物化学的主要任务有三方面：一是不断探索发现具有进一步研究、开发价值的先导化合物，对其进行结构改造和优化，创造出疗效好、毒副作用小的新药，或者是改造现有药物以期获得更为有效、安全的药物；二是实现药物的产业化，通过研究化学药物的合成原理和路线，确定产业化合成工艺，以实现药物大规模的工业生产；三是研究药物的理化性质、变化规律、杂质来源和体内代谢等，为制定质量标准、剂型设计和临床药学研究提供依据，并指导临床合理用药。

药物化学的发展过程和不同时期的科学技术、生产水平、经济建设以及相关学科的配合和推动有着密切的关系，现代生命科学及其他相关技术的迅猛发展，也不断地丰富着药物化学的研究内容和研究手段。

可见，化学药物作为药物化学的主要研究对象和研究成果，与药物化学的发展历程密切相关，它们相互影响，相互促进。

2.1.2 化学制药技术

2.1.2.1 化学制药技术与工程的含义

生产化学药物的技术叫作化学制药技术，它是研究、选用适宜的原料、中间体和确定优质、高产的合成路线、工艺原理和工业生产过程，实现制药生产过程最优化的一门科学。化学制药工程就是将化学制药技术研究的成果工程化，实现化学药物的工业化生产。

化学制药技术综合应用有机化学、分析化学、药物化学、物理化学、单元操作原理、工程学和制药过程与设备等工程技术基本原理和经济学方法，根据技术设备条件和原辅材料来源情况，以工程观点和最优化的技术手段，从工业生产的角度出发，因地制宜地选择工艺路线。既要为创新药物研究和开发出易于生产、成本低、安全、环保的生产技术，又要为现有生产的药物特别是产量大、临床上广泛应用的品种研究和开发新技术路线和生产工艺，从而将具有良好临床药用价值和较高经济社会效益的药品进行工业化生产，保证产品质量，提高收率，降低制造成本，保护生态环境，使整个生产过程做到优质、高效、绿色、环保。

2.1.2.2 化学制药技术的历史与发展

化学制药工业主要是以有机化学反应原理为理论基础，采用基本有机化工原料，根据目标分子的结构特征，选择合适的反应条件和化学试剂，通过特定的有机合成反应或不对称合成、相转移催化、固相酶催化等技术，制得目标化合物。因此化学制药技术是伴随着化学工业，特别是化学药物的工业化生产而蓬勃发展起来的一门综合性应用型工程技术学科。历史上各类药物的规模化生产在服务于人类的同时也大大促进了化学制药技术与工程的发展。如20世纪30年代磺胺类药物的问世，50年代激素类药物的应用，60年代半合成抗生素的出现，70年代复杂抗生素的全合成，70年代后期和80年代喹诺酮类合成抗菌药物的发现和合成，90年代他汀类降血脂药的合成，L-甲基多巴成为第一个采用不对称合成技术实现工业化生产的手性药物等。相信随着科学技术的发展，化学制药技术也会被不断赋予新的内容。

2.1.2.3 化学制药技术与工程的研究内容及步骤

化学制药技术与化学制药工程是紧密联系的，它们在实现化学原料药的工业化生产方面具有举足轻重的作用，不仅直接关系到产品的生产技术方案的确定、设备选型、车间设计、环境保护措施，还决定着产品能否投入市场，以怎样的价格投入市场等企业生存与发展的关键因素。具体而言，化学制药技术与工程包括以下内容:

①药物工艺路线的设计、评价和选择；

②药物生产工艺优化；

③化学制药设备及车间工艺设计。

现以非甾体抗炎药布洛芬（Ibuprofen）的生产工艺及过程开发为例加以说明。

布洛芬是一种应用广泛的烷基芳酸类非甾体类抗炎药，具有解热、镇痛及抗炎作用，临床主要用于减轻和消除扭伤、劳损、下腰疼痛、肩周炎、滑囊炎、肌腱及腱鞘炎、痛经、牙痛和术后疼痛、类风湿性关节炎、骨关节炎以及其他血清阴性（非类风湿性）的关节疾病而致疼痛和炎症。其化学名为α-甲基-4-（2-甲基丙基）苯乙酸，结构式如下。

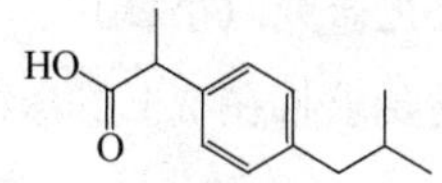

布洛芬

第一阶段：目标物的结构剖析。

布洛芬的母核为一苯环，在环上分别有一异丁基和1-羧基乙基，因此其合成一般可以异丁苯为原料，关键是如何在异丁基的对位引入所需结构的取代基。

第二阶段：目标物合成路线的确定。

由于布洛芬是一个在国内外均已上市的药物，因此从文献中可查阅到关于其合成的许多路线。据不完全统计，文献报道的布洛芬合成路线有几大类27条之多，可参照理想路线的标准逐一进行比较和评价。有实际工业应用前景的仅包括Darzens缩合-氧化法、催化氢化还原-羰基化法和二氯卡宾法等，如图2-2所示。

在以上几条路线中，最终在国内外实现工业化生产的通常是前两条，它们都以异丁苯为起始原料。Boots工艺（即第一条路线）采用Friedel-Crafts乙酰化反应、Darzens缩合反应、水解、肟化、重排等步骤得到产品，原子利用率只有40%，所用的原料多，产生的副产物量大，且环境污染严重。Hoechst工艺（即第二条路线）采用乙酰化、加氢和羰基化三步完成，原子利用率达到了77%，减少了37%的废物排放，且收率高、副产物少，实现了清洁生产，但该方法需用到价格昂贵的金属催化剂，而且反应需加压设备，技术要求和设备投资费用较高。

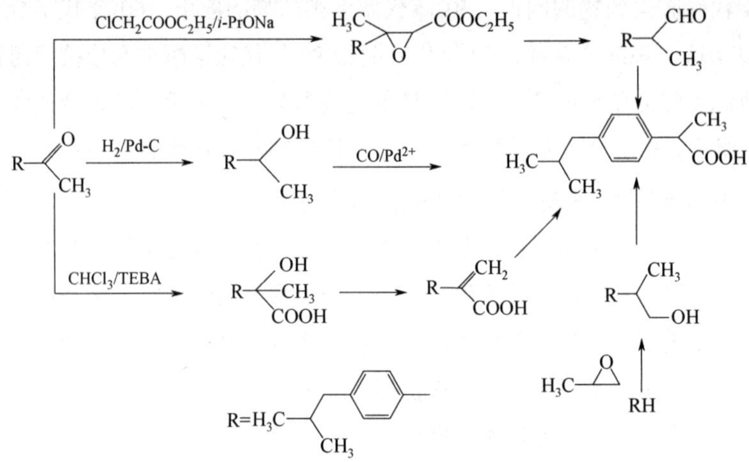

图 2-2　具有实际工业应用前景的几条布洛芬合成路线

通过对以上几条路线的对比，可见 Hoechst 工艺技术水平较高，合成路线短，污染物排放少，符合绿色化学和未来社会发展的要求，具有较好的开发前景。

第三阶段：合成路线的生产工艺研究。

确定了布洛芬的合成路线后，该路线对应的原料及所涉及的各中间体也随之确定下来，下一步的工作是对路线中的每一步反应进行工艺条件的研究。根据研究的先后次序和规模，药物生产工艺研究过程包括实验室工艺研究（小试）、中试放大研究（中试）和工业生产工艺研究三步，各步的具体研究内容及要求将在 2.3 中介绍。

第四阶段：制药设备及车间设计。

药物的制备工艺经小试和中试阶段后，要实现其大规模生产，还必须将其工程化，即设计建立生产布洛芬的车间，这又涉及物料衡算、能量衡算、设备的设计和选择、车间及管道的布置等内容。

从布洛芬的实例可以看出化学制药技术研究的内容及步骤主要可以分为“路线确定-工艺优化-工程化”三大步，即：

①优选确定布洛芬的合成工艺路线；

②合成的工艺问题（小试-中试-工业化研究）：如何获得布洛芬的最佳生产工艺条件?

③设备及车间的问题：怎样实现布洛芬的生产?

2.2　化学药物合成基本原理及途径

2.2.1　药物合成基本原理

任何一种化学药物都是具有明确化学结构的有机化合物分子，它们的结构、分子量、理化性质等可能会有比较大的差异，但进行合成制备时都是从容易获取的原料出发，通过确定的合成路线，经过一系列的化学反应转化而得到。其中所涉及的每一步化学转化都是化学制药工艺研究的重要内容，这些药物合成反应的类型多种多样，通常有三种分类方法。

（1）按新键的形成分类　药物合成反应可归结为新键形成和旧键断裂的过程。根据形成新键的特点，药物合成反应可分为碳-氢键形成反应、碳-卤键形成反应、碳-氧键形成反应、碳-氮键形成反应、碳-碳键形成反应、碳-硫键形成反应、碳-磷键形成反应和碳-金属键形成反应等类型。

（2）按引入的原子、官能团或采用的试剂分类　经过特定的反应，可以在有机化合物分子中引入某些原子或官能团。根据引入的原子或官能团的不同，药物合成反应又可分为卤化反应、硝化反应和亚硝化反应、重氮化反应、烃化反应等；根据所采用的试剂和官能团的变化规律，药物合成反应可分为氧化反应、还原反应、缩合反应等。

（3）按反应机制分类　根据反应机制的不同，药物合成反应可分为亲电取代反应、亲电加成反应、亲核取代反应、亲核加成反应、自由基型反应等。

合理应用以上不同类型的药物合成反应设计出化学药物的合成路线是一项充满挑战的工作，要具有良好的路线设计能力，需要对药物合成反应机理的熟悉和理解，对各个步骤操作条件的实际掌握，以及对产品纯化和检测方法的了解。除此之外，还要有逻辑思维能力，也就是对各步有机反应的合理选择与排列能应用自如。

正如著名有机合成家 R.B.Woodward 所说：“在有机合成工作中，有鼓舞，有冒险，也有挑战，其中还可能有巨大的艺术。”有机合成的“艺术性”在于装配复杂分子的简练性、正确性和巧妙性。为了达到这个目的，必须对合成方法，包括合成策略、骨架建立、官能团转化和选择性控制等做细致的分析研究，从而找到理想或较理想的合成方法。在路线设计时，应先对目标药物分子进行结构剖析，找出不同步骤中的合成子（synthon），便于构成不同的前体（precursor）。在组合中应从骨架的形成、基团的形成和转化、反应活性的控制、位置控制和空间结构控制等方面加以考虑，以获得可行的合成路线。

2.2.2 药物合成路线的选择与设计

2.2.2.1 合成路线的选择与设计

一个化学合成药物往往可通过多种不同的合成途径制备，通常将具有工业生产价值的合成途径称为该药物的工艺路线，其往往需要满足质量可靠、经济有效、过程安全、环境友好的要求。既经济又有效的工艺路线的设计和选择是化学制药工艺研究的前提和基础，其意义在于：①由于在动植物体内天然药物含量太少，不能满足药用的需求，因此需要全合成或半合成；②根据现代医药科学理论开发出具有临床应用价值的药物，必须及时申请专利和进行化学合成与工艺设计研究，以便新药获批后能尽快进入规模化生产；③引进的或正在生产的药物，由于生产条件或原辅材料改变或要提高药品质量，需要在工艺路线上进行改进与革新。

以上这些工作的完成，都建立在经济有效的生产工艺路线之上。

确定药物的生产工艺路线时，首先要对目标化合物或类似的化合物进行国内外文献资料的调查和研究工作。如果没有合成路线的报道，则只能自行设计，如果有，则优选一条或若干条技术先进、操作条件切实可行、设备条件容易解决、原辅材料有可靠来源的技术路线，总结文献条件并拟定生产工艺方案（包括多条技术路线的对比），必要时通过具体的实验来确定和验证优化的路线。

因此，药物合成路线的确定包括几种情况：设计新的路线、评价选择已有的路线以及对已有路线进行局部的改进等。

（1）设计新的路线　药物工艺路线设计的基本内容主要是针对已经确定化学结构的药物或候选药物，研究如何应用化学合成的理论和方法，设计出适合其生产的工艺路线。

在设计药物的合成路线时，首先应从剖析药物的化学结构入手，然后根据其结构特点，采取相应的设计方法。对药物的化学结构进行整体及局部剖析时，应首先分清主环与侧链，基本骨架与官能团，进而弄清官能团以何种方式和位置同主环或基本骨架连接；然后研究分子中各部分的结合情况，找出易拆键部位，键易拆的部位也就是设计合成路线时的连接点以及与杂原子或极性官能团的连接部位；最后考虑基本骨架的组合方式、形成方法。因而结构剖析是一个从整体到局部、从宏观到微观的分解和分析的过程，通过这一过程，可以对分子的结构及各组成单元的特点有充分的认识，为路线的设计做好准备。

化学药物合成路线设计的方法包括逆合成分析法、分子对称法、模拟类推法等，其中逆合成分析法是一种通用的方法，后两种方法是针对具有特征结构的分子的简化设计方法。

逆合成分析法(retro-sythetic analysis)是药物合成路线设计中最重要的方法，由 E. J. Corey 于 1964 年创立。它是从药物分子的化学结构出发，将其化学合成过程一步一步地逆向推导进行追溯寻源的方法，也称倒推法或追溯求源法。首先要以有机化学反应为依据，在目标分子合适的化学键部位进行切断，形成碎片，该过程需遵循“能合才能分”的原则。切断后形成的碎片即合成子，包括电正性、电负性和自由基等不同形式。而合成等价物即具有合成子功能的化学试剂，可以是亲电物质、亲核物质，也可以是其他反应活性试剂。将以上的切断、确定合成子、寻找合成等价物三个步骤反复进行，直到找出合适的起始原料，这就是逆合成分析的基本步骤。

当然，以合理的方式有序地拆开目标分子后，要保证各个结构单元能够通过已知的或设想的反应进行组合而得到目标分子。这种逆向合成的分析思路与真正的合成过程正好相反。如以环己烯为目标化合物时，可以考虑以环己醇为前体化合物经脱水反应而制备，也可考虑采用丁二烯与乙烯通过 Diels-Alder 反应而得到。

从上面的例子可以看出，同一目标分子往往可以有不同的切断方式，这就衍生出了逆合成分析中“合成树”的概念。目标分子可以由 A1，A2，…，An 合成，A1 又可以由 A1_1，A1_2，…，A1_n 合成，A2 可以由 A2_1，A2_2，…，A2_n 合成，An 可以由 An_1，An_2，…，An_n 合成（见图 2-3）。以此类推，直到所使用的原料为市场上能方便买到的化学试剂或化工原料。从图 2-3 可以看出，同样一个目标分子往往可以有多种不同的合成方法。在实际进行逆合成分析时，一般可利用已掌握的合成化学知识，特别是掌握单官能团化合物的通常变换方式，一开始就淘汰那些不切实际的原料、试剂及反应。这样可以集中对关键的化学键进行逆向切断或其他变换，避免不必要的变换操作，简化逆向分析过程。

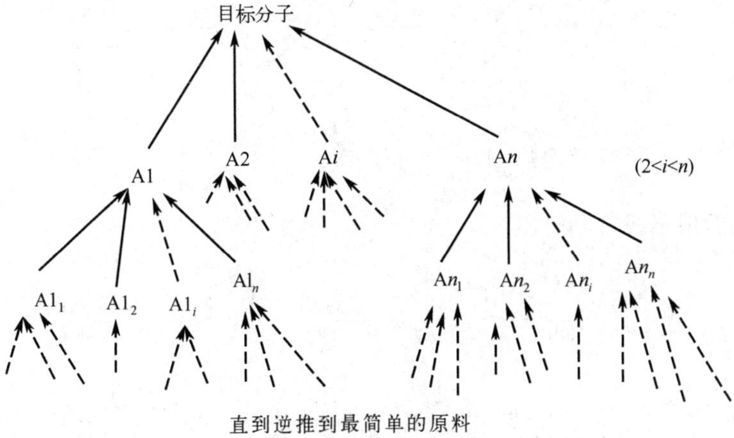

图 2-3 合成树

对特定目标分子，逆合成分析可以按以下顺序进行。

①在碳杂键处先拆 化学药物中一般会含有各种杂原子，常见的如氮、氧、硫、磷等，碳杂键通常是该分子首先选择切断的部位。如非核苷类 HIV-1 逆转录酶抑制剂 Coactinon（Emivirine，MKC-442）的逆合成分析可首先从碳氮键的切断开始。

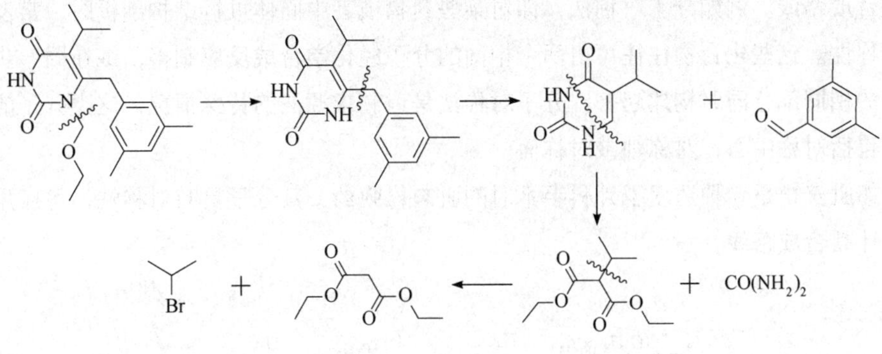

②在链分支处先拆

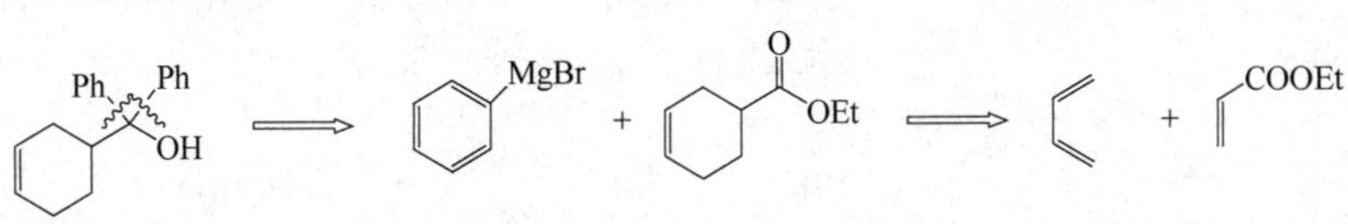

③在官能团处先拆 如前所述的解热镇痛药布洛芬（Ibuprofen）的逆合成分析就可以首先从羧基这个官能团开始。

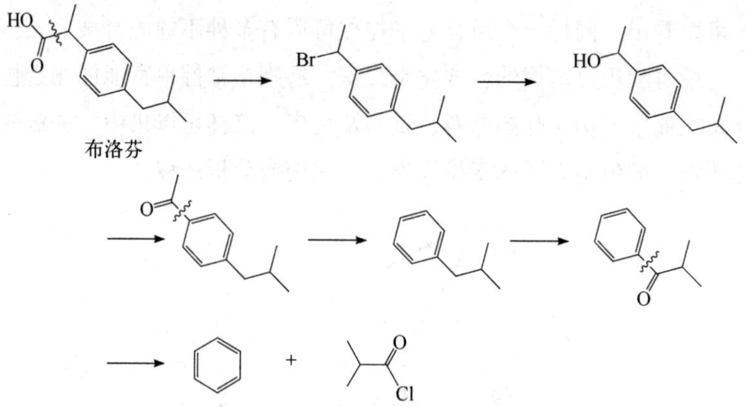

其对应的合成路线为

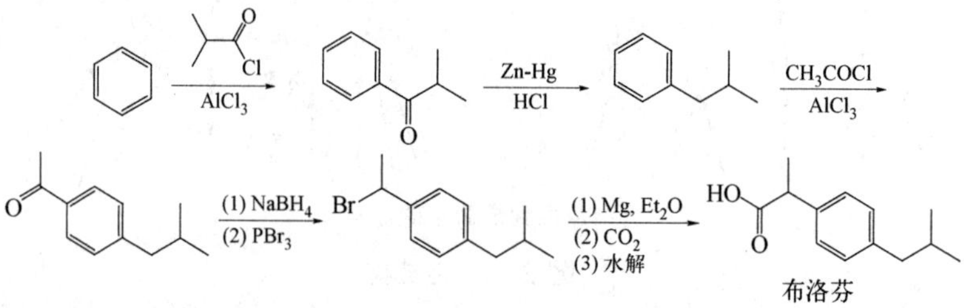

从以上各种逆向切断方式可以看出，要真正灵活巧妙地运用以上方法，必须熟悉药物合成反应的基本类型和很多具体的反应机理。这些基础知识在《药物合成反应》等教材中有详细的介绍。

除了逆合成分析法以外，有时还可以根据目标药物分子的结构特征，设计出一些简化而高效的合成路线。例如分子对称法，即对某些药物或者中间体进行结构剖析时，常发现分子存在对称性。这些化合物往往可由两个相同的分子经化学合成反应制得，或在同一步反应中将分子的相同部分同时构建起来。分子对称法是追溯求源法的特殊情况，这类分子的常见切断部位包括对称中心、对称轴或对称面。

例如肌安松是一种适用于外科手术时的肌肉松弛药，其分子具有对称性，可应用分子对称法设计其合成路线。

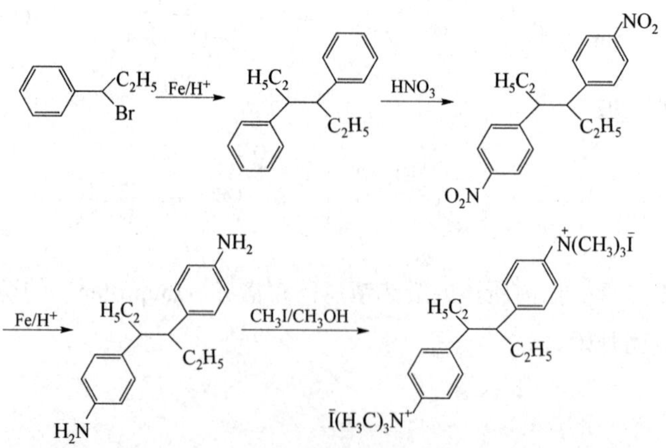

类型反应法也是一种常见的药物合成路线设计方法，它是指根据药物分子的化学结构类型和官能团特点，利用典型的有机化学反应与合成方法进行合成工艺设计。比如含有β-酮酸酯的结构可以考虑用酯缩合的方法进行合成。此外，属于同一种类的化学药物往往含有相同或相似的药效结构，因而在合成路线的设计上经常可以相互借鉴。

（2）评价选择已有的路线　除了自主研发的新药，一般的化学药物在各种文献（包括期刊、专利、会议论文、书籍等）中都会有合成方法的报道，因此往往可通过对目标化合物或类似的化合物进行国内外文献资料的查阅得到所有的合成路线，这时就应该根据工艺路线的评价原则对这些路线进行评价，从原料、反应类型、反应条件、反应操作、设备要求、能源消耗、三废处理等方面进行全面的综合比较，从而优选出一条或若干条技术先进、操作条件切实可行、设备条件容易解决、原辅材料有可靠来源的技术路线，并通过进一步的分析及实验进行确定。

（3）对已有路线进行局部的改进　对于已有的药物合成路线，可根据生产实际情况对某一步或几步反应进行调整或修改，或采用新方法、新技术、新试剂和新设备，对局部进行技术改造，以进一步优化生产工艺，提高产品质量和收率，降低制造成本，减少环境污染。这部分内容往往也可归入药物合成路线的优化中。

2.2.2.2　合成路线的评价原则

对于同一个目标化合物，通过上面介绍的逆合成分析等方法往往可以设计出很多条合成路线，这时需要评价这些路线的工业化前景。另外对文献已报道，甚至已工业化生产的不同路线，也可以参照以下标准进行比较和评价。

药物合成路线的评价原则：

①化学合成路线简短，反应步骤尽可能少；

②原辅材料少而易得，起始原料、试剂尽可能廉价易得，反应时间尽可能短；

③中间产物和最终产物的分离纯化容易进行，质量可控，最好是多步反应可连续进行操作；

④反应条件尽可能温和，易于达到；

⑤设备要求不苛刻；

⑥三废少，易于治理；

⑦操作简便，经分离易于达到药用标准；

⑧收率最佳，成本最低，经济效益最好。

当然，可行的药物工艺路线不大可能完全符合以上每一条原则，具有工业化前景的药物工艺路线可能也不止一条，因此具体评价选择路线时还必须根据实际情况进行综合的权衡。

2.2.3　药物合成路线的优化

对于已工业化生产的化学药品，通过对生产工艺的观察和深入研究，还有可能对已有工艺进行进一步的改进和优化，以提高产品的质量、收率或降低三废的排放等。另外，随着市场上产品、原辅材料等价格的变化，也可能要求对产品的工艺进行相应的调整或优化。实际上，不同化学药物生产企业在市场上的竞争往往就体现在同一产品不同工艺水平的竞争。

合成路线的优化必须建立在对已有路线充分认识的基础上，同时还需要扎实的药物合成路线设计能力，能够找到已有路线中的主要缺点和薄弱环节，并有针对性地进行改进，或者借鉴类似化合物的合成方法进行简化，或者对整条路线或局部进行全新的设计。

拓展阅读 2-1

有机合成技术及化工设备制造业的迅猛发展，为工艺优化研究提供了更多的借鉴与可能。例如药物合成往往需要多步反应才能完成，如果某一步反应所用的溶剂和产生的副产物对下一步的反应影响不大时，可将两步或几步反应按顺序，不经分离，在同一个反应器中进行，称为“一勺烩”或“一锅合成”（one pot preparation）。这种操作方式不仅可以简化操作，提高生产效率，还可以缩短反应时间，减小设备投资，因此在化学制药工艺的优化中是一种常用的方法。

拓展阅读 2-2

2.3 化学制药工艺研究

药物的合成路线是从基本的化工原料生产出化学原料药的必经途径，无论是全新设计的路线，或是从已报道的路线中进行评价优选出的路线，亦或是对已有路线进行局部的优化或改变，确定出一条最优的合成路线是工艺研究的首要任务，该合成路线也是工业生产过程研究的核心和基础，因为在实际的生产过程中，所有的流程、设备、车间设计、岗位设置、生产工艺规程等都必须围绕药物工艺路线来进行。

具有工业生产价值的药物合成路线才能称为工艺路线，其技术先进性和经济合理性是衡量生产技术优劣的标准。为了将所选择确定的工艺路线实现工业化并尽量使该生产过程反应时间短、操作简便、收率高、产品纯度好、三废少，必须围绕该合成路线进行充分细致的工艺研究并设计出相应的工业化生产设备和完整合理的车间工艺。

化学合成药物的工艺研究一般可分为实验室工艺研究（小试）、中试放大研究（中试）和工业生产工艺研究三个阶段。

2.3.1 化学制药工艺的小试研究

2.3.1.1 小试的研究内容

在确定一条药物的合成工艺路线之后，首先需在实验室规模条件下对所选路线进行验证、考察和初步的工艺优化。而在一般的有机化学合成路线研究中，往往对新的试剂、新的方法较为关注，在新药研发的前期也是以快速地得到结构类型尽量多的化合物供生物活性筛选为主要目的。这些研究在产品收率及操作的简便性、合理性等方面一般都未作深入的研究和优化，例如柱色谱在这些研究中非常常见，但在化学制药的工业化生产过程中则由于成本和效率的原因而非常少见，往往采用重结晶、精馏等方法来进行代替。所以在化学制药工艺的小试研究阶段即要有工业化和工程化的概念。

影响一个合成反应结果的因素有很多，大致可分为内因和外因两个方面。内因即参与反应的分子中原子的结合状态、键的性质、立体结构、官能团活性、各种原子和官能团之间的相互影响及理化性质等；外因即反应的外部条件，也就是各种化学反应单元在实际生产中的一些共同的问题，包括配料比、反应物的浓度与纯度、加料次序、反应时间、反应温度与压力、溶剂、催化剂、pH 值、设备条件、反应终点控制、产物分离与精制、产品质量监控等。

在药物的工艺路线确定以后，反应的基本类型、所需的原料、所经过的中间体也完全确定下来，即反应的内因已确定下来。要使反应的结果达到最佳就必须对以上的外因进行研究和优化，这也成为不同阶段工艺研究的重点内容。总的来讲，只有对化学反应的内因和外因以及它们之间的相互关系深入了解之后，才可能正确地将两者统一起来考虑，才有可能获得最佳的工艺条件。所以良好的有机化学、药物合成反应、物理化学等基本知识对药物工艺路线的研究是必不可少的。

具体来讲，在化学制药工艺研究中需重点考察的外部条件主要有以下七方面。

（1）配料比与反应物浓度　参与反应的各物料之间的物质的量的比例称为配料比（也称投料比），又称为投料的物质的量之比。对不同的反应类型应采取不同的配料比，一方面使原料尤其是价格较高的原料尽量转化为产品，另一方面要尽量抑制副反应的发生。反应物的浓度除决定溶剂的用量外，某些情况下也会决定反应的选择。

（2）溶剂　药物合成反应一般在溶剂中进行，溶剂一方面溶解反应物质，另一方面也是进行化学反应的介质，溶剂极性的大小对反应速率、选择性、产品的构型等都可能产生影响。另外，重结晶是化学制药工业中一种常用的分离纯化方法，重结晶溶剂的选取也非常关键。

（3）催化剂　催化剂是化学工业的支柱，也是化学研究的前沿领域。现代化学工业生产中 80%以上的反应都涉及催化过程。化学制药生产过程中也常应用催化反应，如酸碱催化、金属催化、相转移催化、酶催化等，在加速化学反应、提高反应的选择性、提高产品的纯度和收率方面发挥了重要作用。

（4）温度和压力　反应温度不仅影响反应速率，还能影响反应的选择性和平衡反应的方向，因而反应温度的选择是每一个反应都必须考虑的因素。

反应压力的变化主要影响有气体参与或产生的反应。

（5）反应时间及反应终点的监控　化学制药的反应过程是在一定条件下将反应物料通过化学反应转变成产品的渐进过程，无谓地延长反应时间只会降低生产效率，还可能增加副反应。因而，如何准确地判定反应已进行完全是控制反应时间的关键。在反应过程中必须采用各种手段，如薄层色谱、气相色谱、液相色谱等监控反应的进行，进而确定最佳的终止反应的时间。

（6）后处理　药物合成反应常伴有副反应，包括平行副反应和连串副反应等。反应结束后的物料体系中除包含目标产物外，往往还含有未反应的原料及生成的各种副产物。为确保产品的收率和质量，必须使原料尽量转化，同时通过控制其他反应条件使生成的副产物尽量少。但无论如何，最终产品的分离纯化都是必不可少的，而且分离方法的确定和优化必须建立在对反应物体系组成充分认识的基础上。化学制药工业中常用的分离技术分为机械分离和传质分离两大类，前者包括过滤、重力沉降、离心沉降等，后者包括精馏、萃取、结晶、吸附、离子交换等。

（7）产品的纯化和检验　药品是一种特殊的商品，为了保证化学原料药的质量符合国家规定的药品标准，所有的生产过程都必须符合《药品生产质量管理规范》（GMP）的要求，如中间体都必须制定明确的质量控制标准，化学原料药的最后工序（精制、干燥和包装）必须在专门的“精烘包”车间进行。

小试研究的主要对象就是以上的七个方面，当然对不同的反应步骤进行工艺优化时也应根据反应及体系的特点而有所侧重。

2.3.1.2　小试的研究方法

影响药物合成反应的外部因素很多，而且相互影响相互制约，所以在深入研究这些外部因素时，往往需要采用系统科学的试验方法，常用的包括单因素平行试验优选法、多因素正交设计优选法、均匀设计优选法、单纯形优化法和响应面优化法等。

（1）单因素平行试验优选法　是在其他条件不变的情况下，考察某一因素对产品收率、纯度等的影响，最终通过设立不同的考察因素来优化反应条件，其研究过程大致如下。

①确定评价反应结果优劣的方法和影响指标的主要因素，即建立以 x 为影响因素的指标函数 $F(x)$；

②计算包含最优点的试验范围，即 x 的取值范围为 $a \leqslant x \leqslant b$；

③进行试验；

④试验结果分析；

⑤进行下一轮试验，再分析结果，如此循环，直至得到满意的结果；

⑥如果发现 3～5 个试验点对指标的改变并不大，可以认为在试验范围内该因素不是主要影响因素，不必继续对该因素进行研究。

（2）多因素正交设计优选法　正交设计（orthogonal design）的理论研究开始于欧美，20 世纪 50 年代已经进行推广应用。它是在全面试验点中挑选出最有代表性的点进行试验，挑选的点在其范围内具有“均匀分散”和“整齐可比”的特点。“均匀分散”是指试验点均衡分布在试验范围内，每个试验点有充分的代表性。“整齐可比”是指试验结果分析方便，易于分析各个因素对目标函数的影响。由于正交设计法是基于数理统计原理来科学合理地安排试验，并按一定规律分析处理试验结果，从而能够较快地找到工艺的最佳条件，且具有可判断诸多因素中哪种是主要影响因素，以及判断影响因素之间的相互影响关系等优点。

正交表可用 $L_n(t^q)$表示。L 表示正交设计；t 表示水平数；q 表示因子数；n 表示试验次数。如 $L_9(3^4)$正交表的正表（不包括表头）有四列九行，下标 9 表示做九次试验，括号内 3 表示三水平数，上标 4 表示四列，$L_9(3^4)$正交表最多只能安排四因子试验。各种正交表格的设计方法可参考相关书籍。

正交试验设计一般有以下五步：

①找出正交表的因子，确定试验水平数；

②选取合适的正交表；

③制订试验方案；

④进行试验并记录结果；

⑤试验结果的计算分析。

(3) 均匀设计优选法　均匀设计（uniform design）是由我国数学家方开泰将数论应用于试验设计而创造出的一种适用于多因素、多水平试验的试验设计方法。均匀设计与正交设计的不同之处在于不考虑数据整齐可比性，而是试验点在试验范围内充分均衡分散，这样就可以从全面试验中挑选出更少的试验点为代表进行试验，得到的结果仍能反映该分析体系的主要特征。这种从均匀性出发的设计方法，称为均匀设计试验法。用均匀设计可适当增加试验水平而不必担心导致如正交设计那样试验次数呈平方增长的现象。

均匀试验设计的突出优点是试验的工作量很少，特别适用于水平较多时的试验安排。与正交表不同，为了保证不同因素、水平所设计的试验均匀分布，每个均匀表都带有一个使用表，指出不同因素应选哪几列。这是由于均匀表中不同的组合其试验点分布情况不同。通常，为了减少误差和数据处理方便，水平数应大于因素数的 2 倍，按这个水平选取均匀表，并按表中的使用表选列设计试验。

为了达到试验点均匀分布的目的，均匀设计与正交设计一样，也需要按照规格化的表格（均匀设计表）设计试验。不同的是，均匀设计有设计表，设计试验时必须将设计表与使用表联合应用。均匀设计表用 $U_n(t^q)$表示。U 表示均匀设计；t 表示因素的水平数；q 表示最多可以安排的因素数（列数）；n 表示试验次数（行数）。这里 $n=t$，$q=t-1$，即试验次数与所取得水平数相等，最多可以安排的因素数比水平数少 1。均匀设计的数据一般采用回归分析法进行处理，具体的均匀设计表格及分析方法请参考相关书籍。

(4) 单纯形优化法　单纯形（simplex）优化法简称单纯法，是 Spendley 于 1962 年提出的适应于多因素的优化方法。其计算方便，不受因素的限制，在因素增多、试验次数并不增加很多的情况下就能找到最佳条件。本法根据情况将试验点逐步调整到最优化条件，也被称为动态调优法。

单纯形是指多维空间的一种凸图形，它的顶点数比空间数多 1。二维空间的单纯形是三角形，三维空间的单纯形为四面体，n 维空间的单纯形为 n+1 面体。如果多面体各棱长等长，则称为正规单纯形。单纯形法的基本原理是在一个单纯形的各顶点的条件下安排试验，比较其试验结果，找到最坏的试验点，弃掉最坏点，并取其反射点构成新的单纯形，再按新试验点（反射点）条件进行试验，再经比较试验结果，找出最坏试验结果的试验点，弃掉最坏点，如此往复达到最优化条件。

(5) 响应面优化法　响应面优化法是另一种通过建立数学模型来优化试验条件的方法。这种方法通过建立响应变量与一个或多个因素之间的函数关系，并利用图形技术来显示这种关系，从而直观地选择最优试验条件。响应面优化法包括试验设计、建模、检验模型的合适性以及寻求最佳组合条件等步骤。它通过回归拟合和绘制响应曲面、等高线图来方便地计算出各因素水平下的响应值，进而找出预测的响应最优值及其相应的试验条件。

响应面优化的前提是设计的试验点应包括最佳的试验条件。如果试验点的选取不当，可能无法得到很好的优化结果。因此，在使用响应面优化法之前，应当确立合理的试验的各因素与水平。

2.3.2 化学制药工艺的中试研究

中试研究是从实验室工艺过渡到工业生产必不可少的重要环节，是二者之间的桥梁和纽带。中试生产是小试的扩大，是工业化生产的缩影，应在工厂或专门的中试车间进行。

2.3.2.1 中试放大的作用

(1) 验证、完善实验室工艺所确定的反应条件　当化学制药工艺研究的实验室工艺完成后，即药品工艺路线经论证确定后，一般都需要经过一个比小型试验规模放大 50～100 倍的中试放大实验，以便进一步研究在一定规模装置中各步反应条件的变化规律，并解决实验室阶段未能解决或尚未发现的问题。在工艺研究的不同阶段，每步化学合成反应不会因小试、中试放大和大规模生产条件的不同而有明显变化，但各步最佳工艺条件则随实验规模和设备等外部条件的变化而有可能需要调整。

(2) 研究确定工业化生产所需设备的结构、材质、安装和车间布置　在实验室工艺研究阶段，所用设备的形状、材质、操作过程等与工业生产过程有很大的区别。在中试阶段必须考虑在工业生产上所用的反应器结构类型、材质以及车间的布置等，为工业化生产做好准备。

(3) 为临床前研究和临床试验提供一定量的样品　新药开发中也需要一定数量的样品，以供临床试验和作为药品检验及留样观察所用。根据该药品剂量大小、疗程长短，通常需要 2～10kg，这是一般实验室条件难以完成的。

如果不经中试放大直接将小试工艺用于工业生产，则往往会造成各种不良后果。最常见的是产品收率低于小试，甚至得不到产品，或者产品的质量达不到要求，极端情况下还可能发生冲料或发生其他安全事故，所以中试研究在整个化学制药的工艺研究中是不可或缺的。

2.3.2.2 中试放大的主要方法

化学制药工艺研究中中试放大的方法主要包括经验放大法、相似放大法和数学模拟放大法。

经验放大法是指凭借经验通过逐级放大（试验装置、中间装置、中型装置、大型装置）来摸索反应器的特征。它依据的是空时得率相等的原则，适用于反应器的搅拌形式、结构等反应条件相似的情况。由于化学药品具有品种多、产量小、附加值高、更新快的特点，所以经验放大法在化学药物的中试放大中应用最多。

相似放大法是指按相似特征数相等的原则进行放大的方法，一般适用于物理过程的放大，如反应器的搅拌器及传热装置的放大。

数学模拟放大法采用数学模型来描述反应器中各参数的相互关系，从而预测大设备的行为。应用该方法的基础是建立数学模型，即描述工业反应器中各参数之间关系的数学表达式。由于化学制药过程的影响因素错综复杂，各种反应类型的相似性也很小，因此要建立能完全定量描述反应过程的数学模型非常困难，但数学模拟放大法应该是中试放大技术今后的发展方向。

2.3.2.3　中试放大的研究内容

化学制药工艺研究中中试放大的研究内容主要包括以下六方面。

(1) 生产工艺路线的复审　在小试研究阶段的生产工艺路线和单元反应的方法已基本确定，在中试放大阶段需确定具体的反应条件和操作方法以适应工业生产。当选定的工艺路线和工艺过程暴露出难以克服的重大问题时，就需要对工艺过程进行修改。

(2) 设备材质与型式的选择　开始中试放大时应考虑所需各种设备的材质和型式，尤其应注意接触腐蚀性物料的设备材质的选择。

(3) 搅拌器型式与搅拌速度的考察　药物合成反应大多是非均相反应，其反应热效应较大。小试时传热、传质的问题往往不突出，但放大后搅拌对传热、传质的影响往往很大。特别是在固-液非均相反应时，要选择符合反应要求的搅拌器型式和适宜的搅拌速度。

(4) 反应条件的进一步研究　由于反应规模及反应器型式的差别，实验室阶段获得的最佳反应条件不一定能符合中试放大要求。这时应就其中的主要影响因素，如放热反应中的加料速度、反应器的传热面积与传热系数，以及制冷剂等因素进行深入的试验研究，掌握它们在中试装置中的变化规律，以求得到更合适的反应条件。

(5) 工艺流程与操作方法的确定　在中试放大阶段由于所处理物料量增加，因此必须考虑如何使反应与后处理的操作方法适应工业生产的要求，特别要注意缩短工序、简化操作。

(6) 原辅材料和中间体的质量控制　在放大中试研究过程中，进一步考核和完善工艺路线，对每一反应步骤和单元操作均应取得基本稳定的数据。同时根据中试研究的结果制定或修订中间体和成品的质量标准以及分析鉴定方法。制备中间体及成品的批次一般不少于 3～5 批，以便积累数据，完善中试生产资料。

总之，中试研究是将小试工艺向工业生产工艺转化的必经过程，在工艺研究中必须得到充分的重视。

2.4　化学药物制造的工业过程

2.4.1　化学药物制造的一般工业过程

化学制药过程实际是按预定路线从原料得到产品的一系列单元反应与单元操作的有机组合，其中的化学单元反应如氧化反应、还原反应、水解反应、缩合反应、重排反应等涉及化学反应过程，是完成转化的关键。而单元操作则主要包括离心、过滤、干燥、减压蒸馏、精馏、洗涤等，这些物理过程可以实现物料的转移、产物的分离纯化等目的。所以完整的化学药物生产过程包括了许多相互关联的环节（见图 2-4），但总体是以药物的合成工艺路线为核心。

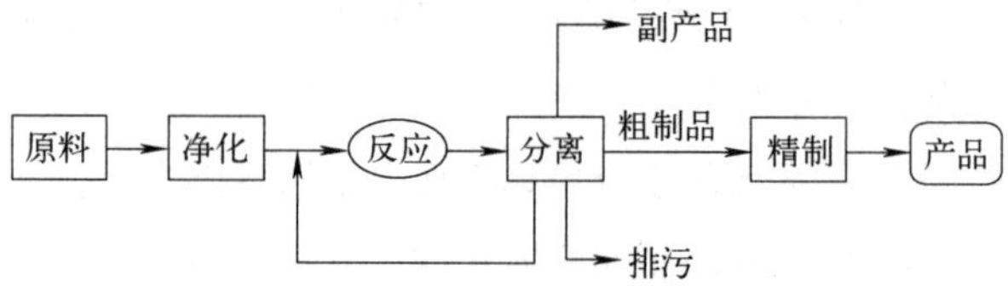

图 2-4　化学制药过程

如阿司匹林是一种传统的解热镇痛药，也是一种常用的抗血栓药，近年来发现其对结直肠癌也有一定的预防作用。阿司匹林制备过程的化学反应较为简单，用醋酐作乙酰化试剂对水杨酸进行酰化反应即可得到产品，如图 2-5 所示。

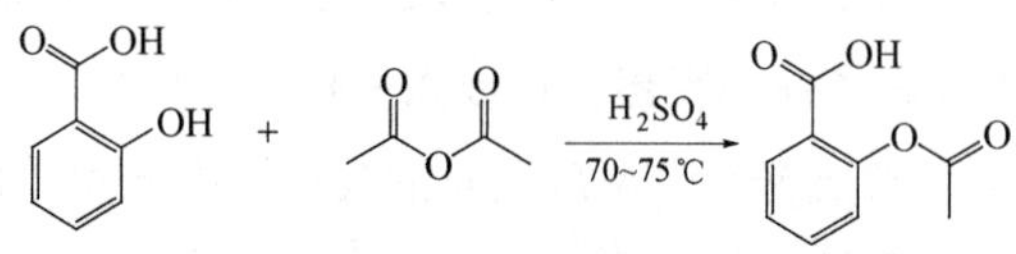

图 2-5　阿司匹林的合成路线

但在实际的原料药生产过程中，除了以上的核心反应过程之外，还包括许多其他的辅助过程，如生产中的供热和冷却系统、产品的重结晶和干燥、母液的回收和利用、产品的包装、原料及成品的质量检验等。其具体的生产过程为：在反应罐中加入计量的醋酐、总量三分之二的水杨酸及催化剂浓硫酸，搅拌。利用反应罐夹套内通入的水蒸气加热，使在 70～75℃下反应 40～60min。向夹套内通入冷却水缓慢降温至 55℃，加入剩余三分之一的水杨酸，再升温至 70～75℃保温反应 1h。取样检查游离水杨酸含量≤0.15%后，可停止反应。如果未达终点可延长反应时间或补加醋酐使其达到终点。缓慢降温至 50℃，将计量的阿司匹林结晶母液泵入反应罐，保温 30min。将混合料液转移入结晶釜，用冷冻盐水冷却使其缓慢降温至 15～18℃，析出结晶。将悬浊物料放入离心机进行甩滤，滤得的固体用水洗，甩干，转移到气流干燥器中于 65～70℃进行干燥。从旋风分离器中收集得到的固体，再经过筛机筛分除去较大的颗粒，得到的固体经检验合格后按 25kg/桶进行包装，得到阿司匹林原料药成品。将以上这些过程用框图的形式进行简化，就可以得到一个完整的阿司匹林生产工艺流程框图，如图 2-6 所示。

在工艺流程框图的基础上进行细化，将不同的反应设备和分离设备等用图例进行表示，并将设备间的物料流向完整地表示出来，就得到了阿司匹林的生产工艺设备流程图，如图 2-7 所示。

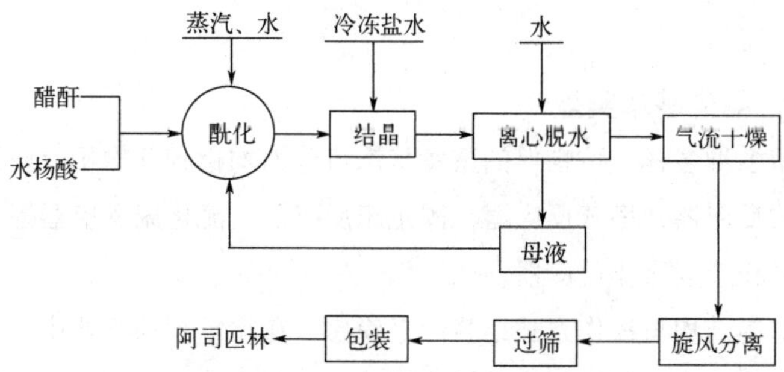

图 2-6 阿司匹林生产工艺流程框图

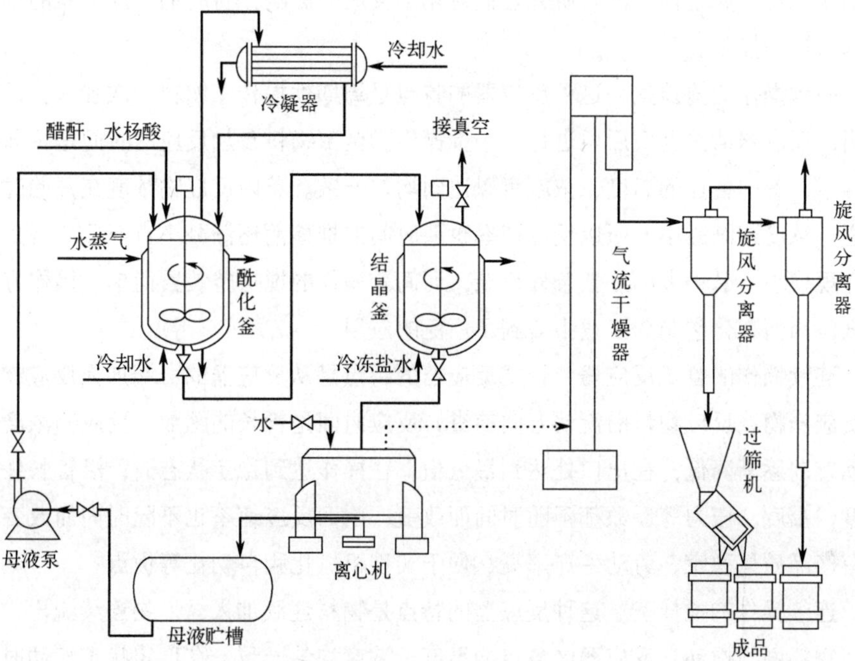

图 2-7 阿司匹林生产工艺设备流程图

2.4.2 化学制药反应设备

化学制药工艺中的反应过程是实现生产转化的关键，反应必须在一定的设备中完成，所以化学药品的生产有赖于工艺与设备两方面的因素。一般来讲是根据工艺的需要来设计和选取相应的反应设备，但在工业化的反应设备上得到的最佳工艺条件往往会与小试和中试的结果有所差异，所以二者之间是相互联系、相互制约的。

在实验室阶段的药物合成反应一般不考虑传递的影响，但在工业规模的反应过程中，传递过程往往成为关键的影响因素。所以工业规模的化学反应过程可以看成是具有一定反应特性的物料在具有一定传递特性的设备中进行化学变化的过程，产品收率的高低一方面取决于反应本身的特性，另一方面也取决于反应设备的特性，即传递过程特性，其中的传递过程包括了质量、热量和动量的传递，这也就是反应工程中的“三传一反”。所以要实现化学制药过程的最佳反应结果，除了要对反应机制和过程进行深入的研究和分析外，还要对反应设备进行充分的认识和了解。

2.4.2.1 反应器的基本类型

反应器的类型多种多样，按物料的聚集状态可分为均相和非均相反应器；按结构可分为釜式反应器、管式反应器、塔式反应器、固定床反应器、流化床反应器等；按操作方式可分为间歇操作反应器和连续操作反应器。

如果将反应器的结构与操作方式结合起来考虑，在化学制药工业中常见的反应器包括间歇操作搅拌釜、连续操作搅拌釜和连续操作管式反应器这三种基本型式。这几种反应器内物料的流动状况具有典型性，深入研究它们对化学反应的影响，将有助于反应器的选型和对反应过程的认识和控制。

（1）间歇操作的搅拌釜　这种反应器的特点是周期性操作，物料一次加入，反应完毕后一次排出，反应器清洗彻底后再进行下一批操作。全部物料参加反应的时间是相同的。在良好的搅拌下，釜内各点的温度、浓度可以达到均匀一致。釜内反应物浓度在开始时最大，随着反应进行浓度逐渐减小，所以反应速率也随时间的推移而逐渐减小直至反应终止。由于药品的生产规模小、品种多、工艺条件复杂，而间歇操作的搅拌釜装置简单、操作方便灵活、适应性强，因而在化学制药工业中得到了广泛的应用。

（2）连续操作的管式反应器　管式反应器的特点是从反应器的一端加入反应物，从另一端引出反应产物。反应物料沿流动方向前进，反应时间是管长的函数。反应物浓度、反应速率沿流动方向逐渐降低，在出口处达到最低值。在操作达到稳定状态时，沿管长任一点的反应物浓度、温度、压力等参数都不随时间而改变，因而反应速率也不随时间而改变。该类反应器具有产品质量稳定、劳动生产率高、便于实现机械化和自动化等优点。

（3）连续操作的搅拌釜　这种反应器的特点是物料连续加入，产物连续流出，釜内装有搅拌器使物料剧烈搅动，反应器内各点的温度、浓度均匀一致。在稳定状态流动时，釜内反应温度、浓度都不随时间而变化，因而反应速率也保持恒定不变。该类反应器内反应物浓度与出口物料中的浓度相等，因而釜内反应物的浓度很低，反应速率很慢，要达到同样的转化率，连续操作搅拌釜需要的反应时间较其他类型反应器的要长，因而需要的反应器体积较大，这是它的主要缺点。

2.4.2.2 间歇搅拌釜式反应器

因为间歇搅拌釜式反应器的特点能更好地满足化学制药工业的要求，所以它是化学制药工业中主要采用的反应器类型。它可以用于液相的均相反应，也可用于以液相为主的非均相反应，包括非均相液相、液固相、气液相、气液固相反应等。

釜式反应器的结构主要包括壳体、搅拌装置、轴封、换热装置这四大部分，如图 2-8 所示。

釜式反应器的壳体结构包括筒体、底、盖（或称封头）、手孔或人孔、视镜及各种工艺接管口等。其中筒体材质的选择非常重要，在制药工业中根据反应的特性可选择容器钢、铸铁、不锈钢等材料，还可在罐体的内壁内衬橡胶、搪玻璃、聚四氟乙烯等耐腐蚀材料。

釜式反应器的搅拌装置主要由搅拌轴和搅拌电机组成，搅拌轴上的叶轮随搅拌轴运动将机械能施加给液体，并促使液体运动。因而它的结构型式对搅拌的效果有决定性的影响。化学制药工业中常见的搅拌器型式包括推进式搅拌器、涡轮式搅拌器、桨式搅拌器、锚式和框式搅拌器及螺带式搅拌器。其中前两者属于小直径高转速搅拌器，适用于低黏度液体的搅拌；后三者属于大直径低转速搅拌器，适用于高黏度液体的搅拌。在实际操作中应根据反应体系的特点选择合适的搅拌器型式，如均相液体的混合可采用推进式或涡轮式搅拌器，气体吸收反应可采用圆盘涡轮式搅拌器，而对结晶过程则可能需采用桨式搅拌器。另外在实际操作过程中为了消除打旋现象、保证搅拌效果，还经常在反应釜内加装导流筒和挡板等附属结构。

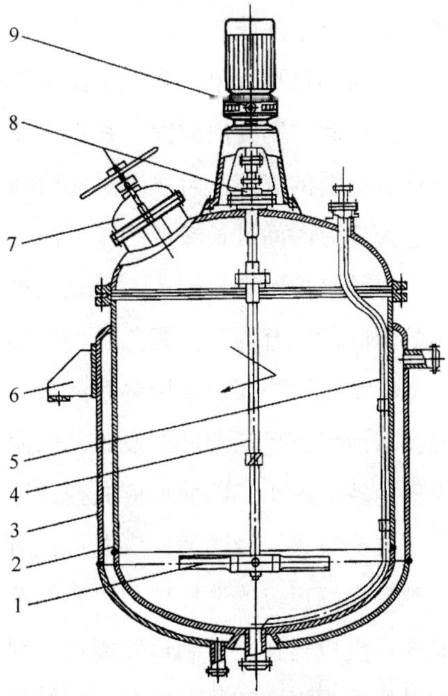

图 2-8　搅拌釜式反应器结构示意图

1—搅拌器；2—壳体；3—夹套；4—搅拌轴；5—压出管；6—支座；7—人孔；8—轴封；9—传动装置

搅拌反应器的轴封主要有填料密封和机械密封两种，前者成本低、结构简单、使用方便，但需经常调节和更换；后者结构复杂、成本高，但密封效果好。反应釜的换热装置是用来加热或冷却反应物料，使之符合工艺要求的温度条件的设备。其结构型式主要有夹套式、蛇管式、列管式、外部循环式等，也可直接用火焰或电感加热。其中，夹套式和蛇管式在化学制药工业中应用最为普遍，所以一般的反应釜都带有夹套装置，可以采用蒸汽加热反应物料或冷却液体来给反应体系降温。

2.4.2.3　微通道反应器

微通道反应器简称微反应器，是利用精密加工技术制造的特征尺寸在 10～300μm 之间的微型反应器。一般用泵输送物料，使物料以连续流动模式通过微通道反应器，从而完成化学反应。实际运行时除核心的微通道反应器外，一般还包括微混合器、微换热器以及配套的在线分析、物料输送组件等模块。微通道反应器在进行化学反应时主要有以下五方面的优点。

①小试工艺可直接进行放大。传统的间歇搅拌釜式反应器在规格尺寸上的变化会导致反应过程中传质、传热效果产生巨大的差异，因而必须通过逐级放大后才可能进行工业化生产。而由于微反应器自身的优势，小试的工艺条件可以直接进行放大，大大缩短了工艺开发的时间。

②精确控制反应温度。得益于微反应器极大的换热面积，反应过程中物料的温度可以维

持恒定。对于强放热的反应，热量也可以及时移除，避免了间歇釜式反应器传质与传热局限造成的局部过热现象，降低了副反应发生的可能性。

③精确控制反应时间。在连续流动的微反应器中，通过对反应器的组装与拆分，或是通过调节物料的流速，可以对反应时间（即物料在微反应器中的停留时间）进行精确控制，消除因为反应时间过长造成的副反应。

④精确控制物料配比。微反应器的传质系数比间歇反应器高几个数量级，因此物料在接触的瞬间即混合均匀，避免因物料配比过量造成的副反应。

⑤安全可控。由于传热系数极高，即使反应突然释放大量热量，也可以在短时间内被移除，从而保证反应温度在设定范围内，最大程度地减少了发生安全事故的可能性。而且微反应器中持液量小，即使反应失控，造成危害的程度也相对有限。

总的来讲，微通道反应器可以对反应的温度、停留时间、物料配比进行严格的控制，这些都是提高反应的选择性和收率的关键因素，并且危险反应也可以做到相对安全可控。目前微通道反应器在化学制药领域已得到了越来越广泛的应用，其特别适合于强放热、需要精确控制反应温度、涉及有毒有害物料等类型的反应，如重氮化反应、硝化反应、氯化反应、磺化反应等。

当然微通道反应器也存在一定的局限，其最大的缺点是固体物料往往难以顺利通过微通道，如果反应中有大量固体产生，微通道极易堵塞，导致生产无法连续进行。

2.4.3 化学制药过程中的分离技术与设备

由于有机化学反应一般都比较复杂，存在各种副反应，反应结束时除了预期的产物之外还会有各种副产物产生，另外大多数有机反应也很难进行彻底，因此药物合成反应结束时的反应混合物成分非常复杂，除了目标产物外，还包括未反应的底物和试剂、反应生成的副产物、催化剂以及溶剂等。要从该反应液中得到纯的终产品或中间体，就必须采用后处理和纯化的方法。

从终止反应到从反应体系中分离得到粗产物所进行的操作称为反应的后处理。对粗产物进行提纯，得到质量合格的产物的过程称为纯化。反应的后处理及纯化过程应当以反应终止时的混合物组成为基础，以得到质量合格的产品为目标。

当然，如果在反应过程中能通过工艺条件的优化使反应进行得更加完全，同时使产生的副产物种类和数量都减少，那么后处理及纯化操作的难度和工作量将大大降低，从而降低生产成本。相反，不合适的工艺路线与工艺条件会给后处理及纯化带来困难，降低反应收率，增加生产成本。由此可见，良好的反应体系和工艺条件对整个生产过程非常重要。另外，反应过程及随后的后处理和纯化过程是一个前后关联的有机整体，在工艺研究时必须结合起来进行分析和实验。

常用的反应后处理方法有猝灭、萃取、除去金属和金属离子、活性炭处理、过滤、浓缩等。

猝灭即向反应体系中加入某些物质，或者将反应液转移到另一体系中以中和体系中的活性成分，使反应终止，防止或者减少产物的分解、副产物的生成。比如对于酸碱性的反应液一般要先中和到接近中性后再进行后续的操作，对于有金属钠、格氏试剂等活性试剂参加的反应，一般要先将未反应完的活性试剂消耗转化成非活性的物质。

萃取是常用的初步去除杂质的方法，它是利用化合物在两种互不相溶的溶剂中溶解度或分配系数的不同，使化合物从一种溶剂中转移到另一种溶剂中而提取出来的方法。在药物合成中，大多数情况是在水相和有机相间进行萃取，一般选择极性溶剂提取极性大的物质，选择非极性溶剂提取极性小的物质，所以有机溶剂的选择是萃取的关键。常用的萃取溶剂的极性大小顺序如下：石油醚、己烷 < 四氯化碳 < 苯 < 乙醚 < 三氯甲烷 < 乙酸乙酯 < 正丁醇。制药工业中常用的萃取设备有混合澄清槽、萃取塔、离心萃取器等，一般的萃取也可在反应釜中初步完成。

过滤是实现固液分离的一种重要方法，是在推动力的作用下通过多孔介质从流体中分离出固体颗粒的操作过程。通过过滤操作，一方面可以从溶液中除去不溶性的杂质，另一方面也可以从溶液中收集得到固体的产品。过滤的推动力可以是重力、压力差、真空或离心力，相应的过滤设备也可分为加压式、真空式和离心式三大类。比如在制药工业中广泛应用的板框压滤机属于加压式过滤机，而转筒真空过滤机则属于真空式过滤机，其能实现连续操作，应用也比较广泛。

离心分离是通过离心机的高速运转，使离心加速度超过重力加速度的成百上千倍，从而使沉降速度增加，最终加速溶液中固体的沉淀并分离的一种方法。按操作原理，离心机可分为过滤式离心机和沉降式离心机两类。过滤式离心机包括三足式离心机、悬式离心机、卧式刮刀卸料离心机、离心卸料离心机等，其中三足式离心机属于间歇转篮式，是制药工业中最常用的过滤式离心设备。沉降式离心机则包括了管式离心机、碟片式离心机、螺旋卸料式离心机等。在实际生产中应该按照物料的特性和要求来选取最合适的离心分离设备。

通过反应液的猝灭和后处理得到粗产品后，往往还需进一步的纯化才能使原料药或中间体达到相应的质量要求。纯化的方法多种多样，对液体产品而言，最常用的纯化方法是常压蒸馏或减压蒸馏；对固体产品而言，最常用的纯化方法是重结晶。

蒸馏是分离液体混合物的典型单元操作。这种操作是将液体混合物部分汽化，利用其中各组分挥发度不同的特性而达到分离的目的，这种分离是通过液相和气相间的质量传递来实现的。

常压蒸馏所需温度较高、时间长，适合对热稳定的产物的分离纯化。如果产物在加热条件下容易分解，则可采用减压蒸馏的方法。由于在一定的真空度下液体的沸点会降低，因此，减压蒸馏是提纯高沸点液体或低熔点化合物的常用方法。常压和减压蒸馏装置主要包括蒸馏釜、蒸馏塔、冷凝器等部分，混合物经蒸馏釜部分汽化，经蒸馏塔进行汽液平衡，最后液体产品经冷凝器冷凝出并进行收集。此外，分子蒸馏的方法也开始在制药工业中得到应用，分子蒸馏是一种在极高真空度下操作的蒸馏方法，它不是依靠成分的沸点差进行分离，而是利用不同种类分子逸出蒸发表面后的平均自由程不同的性质而实现分离。由于高真空设备的成本及运行费用高，所以分子蒸馏只适合于高附加值的产品。

重结晶是制药工业中最常用的固体产物纯化方法，它利用不同物质在某一种溶剂中的溶解度不同,且产物的溶解度随着温度的变化而变化的性质来达到产物与其他杂质分离的目的。一般情况下是使被提纯物质从过饱和溶液中析出，而杂质全部或大部分仍留在溶液中。在重结晶过程中溶剂的选取非常重要，一般遵循“相似相溶”的原理，即极性物质易溶于极性溶剂，而难溶于非极性溶剂。工业中常用的重结晶装置包括冷却结晶器、蒸发结晶器、真空结晶器、盐析结晶器等，可根据产品的特点和要求进行选择。

打浆纯化也是实际生产中常用的一种固体纯化方法，它是指固体产物在没有完全溶解的状态下在溶剂里搅拌，然后过滤，除去杂质。它利用了固体在溶液中溶解—析出的动态平衡。一方面可以洗掉产物中的杂质，尤其是吸附在晶体表面的杂质；另一方面也可以除去固体样品中一些高沸点、难挥发的溶剂。它的劳动强度比重结晶低，有时可替代重结晶。

柱色谱是实验室常用的分离纯化方法。在规模化生产中，如果常用的提纯方法不能达到质量要求而产品的附加值又比较高时，也可考虑用柱色谱进行产品的纯化，如在 *R*，*R*，*R*-*α*-生育酚的生产过程中就用到了柱色谱技术对终产品进行提纯。该方法利用吸附剂（最常用的是硅胶和氧化铝）对混合物中各组分吸附能力的差异实现对组分的分离。混合物在吸附色谱柱中的移动速度和分离效果取决于固定相对混合物中各组分的吸附能力和洗脱剂对各组分解吸能力的大小。实际应用中通常以活性较低的吸附剂分离极性较大的样品，选用极性较大的溶剂进行洗脱；若被分离组分极性较弱，则选择活性高的吸附剂，以较小极性的溶剂进行洗脱。由于要兼顾分离的速度和分离的样品量，工业化的色谱柱的长径比和分离度一般较实验室的要小。

化学制药过程中的分离和纯化过程与产品的质量密切相关，也与产品的成本、对环境的影响等因素相关，因此，在生产工艺的开发过程中必须将其视为和反应过程同等重要，并统一作为一个整体来进行研究和开发。

2.4.4 化学制药车间工艺设计

车间工艺设计是化学制药厂设计的重要组成部分，设计时必须遵守相关法律法规，充分重视经济效益，节省工程投资，保证最大的产出效益。同时应尽量采取先进技术，保证技术的可行性和可靠性。车间工艺设计的内容按照设计进行的先后顺序主要包括:

①工艺流程设计；

②物料衡算；

③能量衡算；

④设备选型和计算；

⑤车间布置设计；

⑥管道设计；

⑦非工艺条件设计；

⑧工艺部分设计概算。

下面就其中的主要部分进行简要介绍。

2.4.4.1 工艺流程设计

工艺流程设计是在确定原料药的合成工艺路线的基础上进行的，其任务是通过图解和必要的文字说明将原料变成产品的全部过程（包括污染物的治理）表示出来。工艺流程设计是工程设计中最重要、最基础的设计步骤，对后续的物料衡算、能量衡算、工艺设备设计、车间布置设计和管道设计等单项设计起着决定性的作用，并与车间布置设计一起决定着车间或装置的基本面貌。

工艺流程设计必须遵循由定性到定量、由浅入深、逐步完善的过程，其基本步骤如下。

(1) 对选定的生产方法进行工程分析及处理　将生产方法分解成若干单元反应与单元操作，明确各单元反应与单元操作的主要设备、操作条件和基本操作参数（如温度、压力、浓度等），在此基础上确定各设备间的连接顺序及载能介质的技术规格和流向。

(2) 绘制工艺流程框图　以方框、文字和箭头等形式定性地表示出由原料到产品的路线和顺序。

(3) 进行方案比较　在原始信息不变的条件下，即保持反应过程和结果不变的情况下对不同的技术方案进行比较，通常以收率或能量消耗等为依据，选定出最优方案。

(4) 绘制设备工艺流程图和物料流程图　在工艺流程框图的基础上，将设备以一定的几何图形来表示，同时标示出设备间的衔接关系和全部原料、中间体及三废名称和流向，就可以得到设备工艺流程图。另外，在明确产品产量的基础上还可进行物料衡算和能量衡算，从而绘制出物料流程图。

(5) 绘制带控制点的流程图　在工艺流程图绘制完成后，车间布置和仪表自动控制设计随之开始。根据车间布置设计和仪表自控设计结果，可绘制出带控制点的工艺流程图。

总的来讲，化学单元反应、分离过程、物料输送和能量交换是组成工艺流程的四个重要部分，它们之间相互影响、相互制约，因此工艺流程设计应着眼于全流程的协调和优化，力争达到整体效果的最优。

2.4.4.2 物料衡算与能量衡算

(1) 物料衡算　是利用物料守恒定律计算进入与离开某一过程或反应器的各种物料的数量、组分以及组分的含量，即产品的质量、原辅材料的消耗量、副产物量、三废排放量等。物料衡算是化工计算中最基本，也是最重要的内容之一。在进行车间工艺设计时，当生产工艺流程示意图确定后，即可以作车间物料衡算。通过计算，可得车间所处理的各种物料数量及组成，从而使设计由定性转向定量。物料衡算是车间工艺设计中最先完成的一个计算项目，这也是后续的能量衡算、设备选型或工艺设计、车间布置设计、管道设计等各单项设计的依据，因此，物料衡算结果的正确与否将直接关系到车间工艺设计的可靠性。

为使物料衡算能客观地反映出生产实际状况，除对实际生产过程要作全面深入了解外，还必须有一套系统而严密的分析、求解方法。在实际生产中通常采用的是按车间生产的各步骤逐一进行物料衡算的方法。

（2）能量衡算　化学药物的生产过程中，无论是进行化学反应过程的反应设备还是进行物理处理过程的设备，大都存在一定的热效应。为了更加合理地利用能源，必须对各设备进行能量衡算。

对于新设计的设备或装置，能量衡算的目的主要是确定设备或装置的热负荷。根据热负荷的大小及物料的性质和工艺要求，可再进一步确定传热设备的类型、数量和主要工艺尺寸。此外，热负荷也是确定加热剂或冷却剂用量的依据。

在实际生产中，也可对已经投产的一台设备、一套装置、一个车间甚至整个工厂进行能量衡算，以寻找到能量利用的薄弱环节，为完善能源管理、制定节能措施、降低单位能耗提供可靠的依据。

能量衡算的依据是物料衡算的结果以及相关物料的热力学数据，如定压比热容、相变热、反应热等。其理论依据是热力学第一定律，即能量守恒定律。但在化学制药工业中，能量衡算在多数情况下可简化为热量衡算。

2.4.4.3　车间布置与管道设计

车间布置设计的目的是对车间内建筑结构的配置和设备的安排做出合理布局，其是制药工程设计中的一个重要环节。车间布置是否合理，不仅与施工、安装、建设投资密切相关，也与车间建成后的生产、管理、安全和经济效益密切相关。

车间布置设计的任务，第一是确定车间的火灾危险类别、爆炸与火灾危险性场所等级及卫生标准；第二是确定车间建筑物和露天场所的主要尺寸，对生产、辅助及行政生活区域位置作出安排；第三是确定全部工艺设备的固定位置。

车间布置应符合厂房建筑、生产工艺、设备安装检修、安全技术等方面的要求，实际设计中需因地制宜灵活运用。

（1）车间的总体布置　车间布置设计既要考虑车间内部的生产、辅助生产、管理和生活协调，又要考虑车间与厂区的供水、供电、供热和管理部分的呼应。厂房的平面应该力求简单，利于建筑定型和施工方便，能使工艺设备布置具有可变性和灵活性，其平面通常为长方形、T 形、L 形等。厂房内每层高度主要取决于设备的高低、安装的位置及安全控制等条件。在不影响工艺流程的原则下，将较高的设备集中安放，简化厂房的立体布置，减少建筑体积的浪费。另外，为保持人流和物流的顺畅及安全，厂房的出入口、交通过道、楼梯位置等也要精心安排。

（2）设备和通道的布置　设备和通道布置的任务主要决定工艺设备的空间位置以及通道、电气仪表管线及采暖通风管道的走向和位置。布置时需考虑满足生产工艺要求、设备安装和检修要求、土建要求、安全卫生和防腐的要求。

（3）GMP 与“精烘包”工序设计　药品是一种特殊的商品，其生产过程必须符合 GMP 的要求。所以在制药车间的设计时也必须按照 GMP 的相应要求进行，在硬件上为保障药品质量提供经济、合理的厂房、设备和环境条件。这样做的主要目的是解决药品生产中的交叉污染和混杂问题，确保产品的质量。

“精烘包”是原料药生产的最后工序，也是直接影响成品质量的关键步骤。它包括了粗品溶解、脱色过滤、重结晶、过滤、干燥、粉碎、筛分、包装，或浓缩液无菌过滤、喷雾（或冷冻）干燥、筛分、包装等步骤。按照GMP的规定，除粗品溶解、脱色过滤按一般生产区处理，其他过程均有洁净等级要求，洁净等级的高低视产品性质有所不同。所以“精烘包”应与原料药生产区分隔并自成一个独立的区域，其设计过程中在环境洁净级别、工艺布局及土建要求、人员、物料净化和安全、室内装修、设备和管道、空调系统、电气设计等方面都有明确的原则和要求，必须严格遵守。

(4) 管道设计　在药品生产中，水、蒸汽、冷冻盐水及各种流体物料通常采用管道输送，各反应设备、分离设备及储罐等之间一般也用管道连接。在整个工程投资中，管道、管件与阀门占有较大的比例。

在管道设计中，首先，应根据被输送物料的性质和操作条件选取适当的管材，适宜的管材应具有良好的耐腐蚀性能，且价格低廉。其次，应根据物料衡算结果及物料在管内的流动要求，确定出管道的管径，然后确定阀件的规格和材料，估算管道铺设的投资。在管道布置设计时，首先要统一协调工艺与非工艺管道的布置，然后按工艺流程并结合设备布置、土建情况等合理布置工艺管道。在满足工艺、安装检修、安全、整齐、美观等要求前提下，尽量做到投资少，经费支出最小。

2.4.5 化学制药过程的安全防护

化学制药过程中所涉及的易燃、易爆的溶剂和原材料较多，反应过程中也经常涉及高温、高压、强酸性、强碱性、强放热等反应条件，因此在车间设计时必须充分考虑到这些特点并做好防护措施。一般根据火灾危险性大小可将厂房分为不同等级，对甲类、乙类厂房必须采取相应的防火防爆措施，以最大限度地提高生产的安全程度，并在一旦发生火灾或爆炸时将损失减小到最低限度。如厂房一般采用框架防爆结构并设置泄压面积，将有爆炸危险的厂房和设备合理布置，另外还应设置安全出口。在实际生产过程中应杜绝火源和静电产生的火花，必要时须采用防爆电器设备。

在工艺流程设计和设备选型时也应考虑到可能的安全隐患。对强放热反应，反应釜下部应设置事故贮槽。反应釜、蒸汽加热夹套等带压设备上须安装安全阀，当承压容器的压力超过允许工作压力时即自动开启、发出警报，继而全量开放，防止设备内压力继续升高。当压力降低到正常工作压力时，阀门又能自动关闭。对不能安装安全阀的带压设备应设置爆破片。用泵从低层向高层设备输送液体时应设置溢流管，在低沸点易燃液体贮槽上部应安装阻火器。

当然，为了保证化学制药车间的安全生产，除了硬件设施以外，在消防设备、管理制度、操作人员培训等方面也必须高度重视，做到防患于未然。

2.4.6 绿色化学及其在化学制药过程中的应用

由于化学原料药具有品种多、更新速度快、生产工艺复杂、产品质量要求严格等特点，因此化学制药厂排放的污染物除了具有毒性、刺激性和腐蚀性等工业污染物的共同特征外，还具有数量少、组分多、变动性大、间歇排放、pH 不稳定、化学需氧量高等特点，其治理难度较大。随着人类社会的进步和发展，人们对环境保护的重视程度越来越高，这对化学制药工业也提出了更高的要求。目前，我国化学制药行业中对污染的防治工作还远落后于生产的发展，亟待从政策、技术、管理等方面进行加强。

在污染防治技术方面，应当在化学制药行业中大力提倡和推行绿色化学的理念和方法，开发和应用绿色的化学制药工艺，从源头上减小污染对环境和人类健康的影响。

绿色化学又称环境无害化学（environmentally benign chemistry）、环境友好化学（environmentally friendly chemistry）或清洁化学（clean chemistry），即减少或消除危险物质的使用和产生的化学品和过程的设计。绿色化学涉及有机合成、催化、生物化学、分析化学等学科，倡导用化学的技术和方法减少或停止那些对人类健康、社会安全、生态环境有害的原料、催化剂、溶剂和试剂、产物、副产物等的使用与产生。其核心是利用化学原理从源头上减少和消除工业生产对环境的污染，使反应物的原子全部转化为期望的最终产物。

耶鲁大学 P.T.Anastas 教授在 1992 年最早提出了“绿色化学”的概念，随后得到了学术界、工业界、政府部门及非政府组织的普遍重视和大力推广，其研究内容也在不断拓宽。

目前所公认的绿色化学十二条原则如下。

（1）防止污染优于污染治理　防止废物的产生而不是产生后再来处理；

（2）提高原子经济性　合成方法应设计成能将所有的起始物质嵌入最终产物中；

（3）尽量减少化学合成中的有毒原料、产物　只要可能，反应中使用和生成的物质应对人类健康和环境无毒或毒性很小；

（4）设计安全的化学产品　设计的化学产品应在保持原有功效的同时尽量使其无毒或毒性很小；

（5）使用无毒无害的溶剂和助剂　尽量不使用辅助性物质（如溶剂、分离试剂等），如果一定要用，也应使用无毒物质；

（6）合理使用和节省能源，合成过程应在环境温度和压力下进行　能量消耗越小越好，应能为环境和经济方面所接受；

（7）原料应该可再生而非耗尽　只要在技术上和经济上可行，使用的原材料应是能再生的；

（8）减少不必要的衍生化步骤　应尽量避免不必要的衍生过程（如基团的保护、物理与化学过程的临时性修改等）；

（9）采用高选择性催化剂　尽量使用选择性高的催化剂，而不是提高反应物的配料比；

（10）产物应设计为发挥完作用后可分解为无毒降解产物　设计化学产品时，应考虑当该物质完成自己的功能后，不再滞留于环境中，而可降解为无毒的产品；

(11) 应进一步发展分析技术，对污染物实行在线监测和控制　分析方法也需要进一步研究开发，使之能做到实时、现场监控，以防有害物质的形成；

(12) 减少使用易燃易爆物质，降低事故隐患　对化学过程中使用的物质或物质的形态，应考虑尽量减少实验事故的潜在危险，如气体释放、爆炸和着火等。

以上十二条原则涉及化学过程绿色化的原料、工艺、产品等各个因素，还涉及成本、能耗和安全等方面的问题，其在化学制药领域的推广和应用也取得了世人瞩目的成果。如非甾体抗炎药物布洛芬的合成，以异丁苯为原料，旧工艺采用 Friedel-Crafts 反应、Darzens 反应、水解、肟化、重排等步骤，原子利用率只有 40%；新工艺采用乙酰化、加氢和羰基化三步完成，原子利用率达到了 77%，减少了 37%的废物排放，且收率高、副产物少，实现了清洁生产。西格列汀是 2006 年由美国默沙东公司开发上市的新型降血糖药，它的第一代合成工艺中采用手性辅剂来控制分子中的手性中心，生产 1kg 西格列汀原料药的同时会产生 275kg 的工业垃圾和 $75m^3$ 的工业废水。第二代合成工艺则采用了不对称催化的方法，相较于第一代工艺，其可把生产原料药产生的工业垃圾降低 80%，同时把成本降低 70%。同样生产 1kg 西格列汀原料药只产生 44kg 工业垃圾，而工业废水排放则下降为 $0m^3$，每生产 1t 西格列汀原料药，将为地球少产生约 230t 的工业垃圾。正因为对环境保护的突出贡献，该技术获得了 2006 年度的“美国总统绿色化学挑战奖”。随后该公司又合作开发了第三代生物酶催化工艺，其绿色化程度再次大大提高，新工艺的收率比第二代工艺提高了 10%～13%，成本降低了 19%，该技术再次获得了 2010 年度的“美国总统绿色化学挑战奖”。

总的来说，要减小化学制药工业对环境的污染，首先应该从源头入手，采用绿色生产工艺，设计少污染或无污染的工艺路线，这是消除环境污染的根本措施。目前国内外对绿色化学的研究方兴未艾，其研究内容主要包括原料的绿色化、化学反应绿色化、催化剂或溶剂的绿色化等。除此之外，应尽量优化工艺条件、调整不合理的配料比、改进操作及后处理方法以减少废弃物的产生。另外还要尽可能采用有机合成中的一些新技术，如立体选择性合成、固定化酶技术、离子液体技术、无溶剂反应、超声及微波促进的有机合成等以提高反应效率，减少污染物的排放。其次，对排放的污染物应综合利用，尽量变废为宝。最后，对所排放的不能综合利用的废弃物应进行无害化处理，使其对环境的影响降至最低。

2.5　化学制药技术的现状及发展趋势

随着化学、生物学、信息学、自动化技术等学科的发展，药品的种类得到了不断地丰富，尤其是近年来生物制药的发展令人瞩目，也为人类的健康做出了越来越大的贡献。但化学药物在药品中仍将占有重要的地位，各种新技术和新方法的应用也必将开发出更多符合临床需要的新药。

我国作为原料药和中间体的生产和出口大国，在世界医药市场占有重要地位。近年来我国化学制药行业市场规模持续增长，从 2016 年的 7226 亿元增长到 2022 年的 8839 亿元。2022 年我国原料药产能达 363 万吨，同比增长 17.5%，占全球总产能约 30%。

同时，随着生产技术的进步与人民生活水平的提高，对药品质量的要求越来越高，环境保护对生产过程的要求越来越严格。目前化学制药领域值得关注的发展趋势主要有以下几个方面。

在生产技术方面，当前我国化学原料药产业迫切需要从生产分散、效率低、污染严重的现状向集约化、高附加值、绿色可持续的方向转型。提高原料药绿色制造水平，加强清洁生产技术的开发应用，解决危废治理、VOCs（挥发性有机物）排放等制约行业发展的突出问题。大力推进绿色制药工艺的研究开发和应用，如近年来生物酶催化合成、不对称合成、光催化反应等技术在某些特定的反应和药物的合成中已展现出了巨大的优势和价值。另外还要加强环保安全监管，淘汰落后企业，促进原料药生产向优势企业集中。

在生产设备及控制技术方面，多功能车间由于其具有灵活性、通用性、集成化的优点，在制药行业中得到了大力的推广，在小批量药品的生产、产品的中试放大等方面展现出了优势。同时，各种化学制药的反应及分离设备的制造也更加专业化、智能化、系列化和大型化。另外，在线监测技术在化学制药领域的应用也越来越普遍，其是指在被测设备处于运行的状态下，按照设定的指令和程序，自动对生产设备和化学反应过程进行连续的或定时的动态监测，使整个系统处于受控的状态。该技术在增强员工劳动保护、降低安全事故发生率、提高劳动生产率和控制产品质量方面具有十分重要的现实意义。

此外，近年来人工智能（AI）的蓬勃发展极大地推动了现代工业的进步，展现出了广阔的应用前景。人工智能是指由计算机系统模拟人类智能的技术，它不仅可以处理大量的数据，进行快速的分析和预测，而且还能自主学习和优化。在化学制药工业中，应用工业互联网进行智能化、数字化变革，打造智能生产车间，推动 5G、大数据、云计算、区块链、人工智能技术在智能制造方面的应用，必将在提高生产效率、保证药品质量、促进产业转型升级、控制污染排放等方面发挥巨大的作用。

拓展阅读 2-3

参 考 文 献

[1] 徐云根. 药物化学[M]. 9 版. 北京：人民卫生出版社, 2023.

[2] 张珩. 制药工程工艺设计[M]. 3 版. 北京：化学工业出版社, 2018.

[3] 王志祥. 制药工程原理与设备[M]. 北京：人民卫生出版社, 2023.

[4] 蒋作良. 药厂反应设备及车间工艺设计[M]. 北京：中国医药科技出版社, 2008.

[5] 赵临襄. 化学制药工艺学[M]. 5 版. 北京：中国医药科技出版社, 2019.

[6] 元英进, 赵广荣, 李炳志. 制药工艺学[M]. 3 版. 北京：化学工业出版社, 2024.

[7] 宋航, 李华. 制药分离工程[M]. 北京：科学出版社, 2020.

[8] 周淑晶, 冯艳茹, 李淑贤. 绿色化学[M]. 2 版. 北京：化学工业出版社, 2023.

思考题

2-1. 什么是化学药物？它与中药、生物药物有什么不同？

2-2. 请简要说明药物工艺路线设计的目的、方法和剖析药物结构的基本原则。

2-3. 逆合成分析法的基本要点是什么？应怎样利用逆合成分析法进行药物合成路线的设计？

2-4. 化学制药小试研究和中试研究的任务分别是什么？化学原料药实现工业化生产前还需进行哪些工作？

2-5. 化学制药工业中最常用的反应器是哪种？其特点是什么？

2-6. 在阿司匹林的生产过程中分别使用了哪些反应及分离纯化装置？它们各有何特点？

第3章

中药与天然药物制药技术与工程

3.1 中药与天然药物概述

3.1.1 中药分类及天然药物基本含义

中国是生物多样性最丰富的国家之一，复杂的自然环境和生态环境决定了中药和天然药物资源种类的丰富程度。在我国的辽阔大地和海域，分布着种类繁多、产量丰富的天然药物资源，包括植物、动物和矿物。仅典籍所载，已逾 3000 种，经调查整理，则达 12000 种左右。这些宝贵资源（即我国传统中医药）的开发与有效利用，有着悠久的历史，源远流长，是我国人民长期同疾病斗争的智慧结晶。它有着完整的理论体系和丰富的实践经验，为中华民族的繁衍昌盛做出了巨大的贡献。

中药是我国传统药物的总称，但是人们现在讲的中药是一个广义的概念，它包括民间药（草药）、民族药和传统中药。

①民间药（草药） 指草药医生或民间用以防治疾病的天然药物及其加工品，通常根据经验辨证施用，一般是自种、自采、自制、自用，少见或不见于典籍，而且应用地区局限，缺少比较系统的医药学理论及统一的加工炮制规范。

②民族药 指我国除汉族外，各少数民族在本民族区域内使用的天然药物，有独特的医药理论体系，以民族医药理论或民族用药经验为指导，多为自采、自用，或采用巡回行医售药的经营方式，如苗药、藏药和彝药等。

③传统中药 指在全国范围内广泛使用，并作为商品在中药市场流通，载于中医药典籍，以传统中医药学理论阐述药理作用并指导临床应用，有独特的理论体系和使用形式，加工炮制比较规范的天然药物及其加工品。如传统的中药有四气（升、降、浮、沉）、五味（酸、苦、甘、辛、咸），中药复方的组方和配伍之间讲究君、臣、佐、使、十九畏、十八反等规律，充分反映了我国历史、文化、自然资源等方面的特点。

以上三者既有区别，又有紧密的内在联系，在用药方面相互交叉、相互渗透、相互补充，从而丰富和延伸了“中药”的内涵，组成了广义的中药（Chinese materia medica）体系。天然药物（natural medicine）是指人类在自然界中发现并可直接供药用的植物、动物或矿物，以及基本不改变其物理化学属性的加工品。中药与天然药物最主要的区别是：中药具有在中医药理论指导下的临床应用基础；而天然药物或者无临床应用基础，或者不在中医药理论指导下应用。

随着医学模式和健康观念的转型，作为中国传统文化的一部分，中医药在全球有着巨大的发展潜力和广泛的合作需求。尤其是中医药在 2020 年暴发的新冠肺炎疫情中的表现已经获得国际的认可，成为疫情防控的一大亮点。截至 2022 年底，中医药已传播到世界上 183 个国家和地区，我国政府已经签署 86 个中医药领域合作协议，在“一带一路”沿线建设了 32 个中医药海外中心，在国内建设了 32 个中医药交流合作基地，国际标准化组织（ISO）成立中医药技术委员会（ISO/TC 249），并陆续制定颁布 20 余项中医药国际标准。

为什么各国人民对中医药的接受程度越来越高，这是与现代科学技术的进步和飞速发展密切相关的，体现在以下方面。

①随着现代科学技术的进步，现代医学也飞速发展。对于一些西医的疑难杂症，中医有着自己独特的治疗方法和治疗效果。用中医药治病，不是“头痛医头，脚痛医脚”，而是把全身作为一个整体，综合治疗、全面地解决，因此具有其特殊性。

②现代科学技术在中医中药领域的渗透，使许多中药治病的机制得以用现代科学理论来解释。如麻黄（图 3-1），是一味常用传统中药，有两千多年的临床应用历史，《神农本草经》中将其列为中品，李时珍谓其味麻色黄，故名麻黄，具有改善循环、发汗、止咳和退热的作用。张仲景治疗伤寒用的就是麻黄汤（麻黄 6g、桂枝 4g、杏仁 9g、甘草 3g）。在 19 世纪时，麻黄曾用作扩散瞳孔的药物，但是其毒性比较大，限制了它在这个方面的用途。1885 年，日本的学者从麻黄中分离得到了麻黄碱的不纯物，而后由东京大学的另一名学者于 1897 年分离得到了纯的麻黄碱结晶，通过化学方法证明它的结构，给这个化合物定名为 ephedrine（麻黄碱），最后采用化学合成的方法成功合成了该化合物。现在，麻黄碱是临床医生最常用的平喘药物之一。

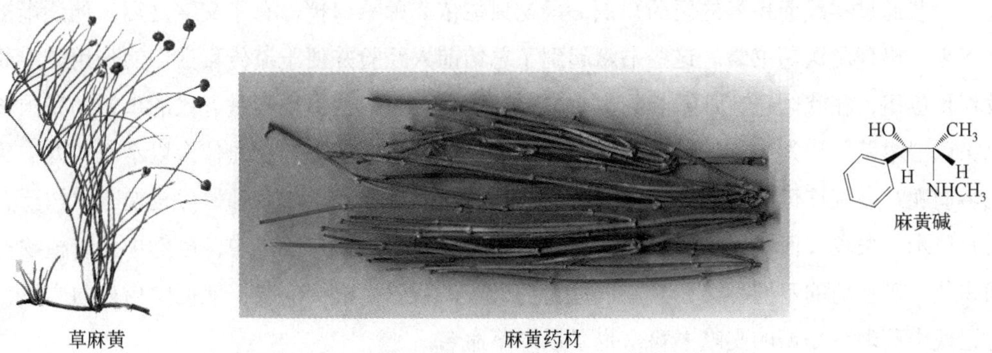

图 3-1　麻黄

③一些新剂型（如滴丸、软胶囊、针剂、口服液）的出现，使中药的服用变得简单、方

便，这也使得中药容易为更多的人所接受。

随着中医药专业水平的提高，医疗经验的丰富，中医药作为一种传统的医疗方法，一定会在当今社会发扬光大，不断得到普及，为人类的健康做出更大的贡献。

3.1.2 古代药物知识的起源和积累

中药的历史源远流长，它的发现与应用经历了长期实践的过程。我国自古以来就有“神农尝百草，始有医药”的传说，它真实生动地反映了我们的祖先在与自然和疾病做斗争中，发现药物，逐步积累用药经验的历史过程。

在原始社会的初期，人们不知道农作物的种植栽培技术，只能共同采集，成群出猎，过着“巢栖穴窜，毛血是茹”的原始生活。在采集野果、种子和挖取植物根茎的过程中，通过无数次口尝身受、观察、体验，逐步认识了哪些植物对人体有益，有治疗作用，哪些植物对人体有害，有毒副作用，并进而有意识地加以利用，逐步学会了辨别药物的方法，这就是早期植物药的发现。

进入原始社会后期，人们狩猎和捕鱼时，逐渐发现一些动物也有治疗作用。如我国先秦时期的著作《山海经》，记载了120多种药物的产地、效用和治疗性能，并叙述数十种疾病的治疗及预防方法。如何罗之鱼为治疗痈疽药物，“食之已痈”；如青耕乌、珠蟞鱼和三足鳖为防疫药物，食之可以御疫，这就是早期动物药发现的佐证。

在我国一些史书上，如《史记·补三皇本纪》中出现的“神农尝百草，始有医药”的相关描述，《淮南子·修务训》中关于“神农……尝百草之滋味，水泉之甘苦，令民知所避就，当此之时，一日而遇七十毒”的记述，以及一些典籍中有关神农尝百草的传说和古谚，虽属历史传说，但有其社会基础。可以说，神农尝百草的传说从客观上反映了我国劳动人民由渔猎时代过渡到原始农业、畜牧业时代发现药物、积累经验的艰苦过程。历史上可能并无“神农”此人，他也许是这一时期劳动人民的代表；“尝百草”则反映了医药起源于劳动实践的认识过程；“一日而遇七十毒”说明我们的祖先们在发现药物过程中付出了巨大的代价。

这些通过实践而积累的医药知识，最初只能依靠师承口授，有了文字之后，便逐渐被记录下来，出现了医药书籍。这些书籍起到了总结前人经验并便于流传和推广的作用。中药的发现和应用，在我国已有几千年的历史，但“中药”一词的出现却是近代的事情。我国长期以来以“本草”作为中药的代名词。“本草”一词首见《汉书》。为什么以本草作为中药的代名词呢？东汉许慎的《说文解字》释：“药”为治病草。五代时韩保昇也说：“按药有玉石、草木、虫兽，而直云本草者，为诸药中草类最多也。”这就是说，虽然中药有植物药、动物药、矿物药的不同种类，其中以植物药最多，所以自古相沿袭，就把中药称为本草，同时记载中药理论知识的文献书籍，也多以本草命名。

现知的最早本草著作为《神农本草经》，简称《本草经》或《本经》，非一人一时之作，“神农”为其托名。战国及秦汉医药学家通过对药学资料不断搜集整理，最后写成此书。《神农本草经》全书共三卷，收载药物365种，其中植物药材252种，动物药67种，矿物药46

种，每种药项下都记载有该药物的性味、功能与主治，并根据功用毒性的不同，将药物分为上、中、下三品，这是中国药学史上最早的药物分类法。上品 120 种，无毒，大多属于滋补强壮之品，如人参、甘草、地黄、大枣等，可以久服。中品 120 种，无毒或有毒，其中有的能补虚扶弱，如百合、当归、龙眼、鹿茸等；有的能祛邪抗病，如黄连、麻黄、白芷、黄芩等。下品 125 种，有毒者多，能祛邪破积，如大黄、乌头、甘遂、巴豆等，不可久服。该书另有序例简要地记述了用药的基本理论，如有毒无毒、四气五味、配伍法度、服药方法及丸、散、膏、酒等剂型，它所述的药物主治大部分是正确的，有一定的科学价值，如水银治疥疮，麻黄平喘，常山治疟，黄连治痢，牛膝堕胎，海藻治瘿瘤，不但确有实效，而且有一些还是世界上最早的记载。如用水银治皮肤疾病，要比阿拉伯和印度早 500～800 年。该书可说是汉以前中国药物知识的总结。《本经》的问世，对我国药学的发展影响很大。历史上具有代表性的几部《本草》，如《本草经集注》《新修本草》《证类本草》《本草纲目》等，都是在《本经》的基础上而发展起来的。

到了南北朝，梁代陶弘景（公元 452—536 年）将《神农本草经》整理补充，著成《本草经集注》一书，收载药物 730 种，把药物从三品分类法改成按自然属性进行分类，分为玉石、草木、虫兽、果、菜、米食等七类，其后的本草著作分类，就基本上是在这一方法基础上的发展。该书注重药物的加工炮制及配制方法，对于药物的性味、产地、采集、形态和鉴别等方面的论述有显著的提高。书中还首创“诸病通用药”的分类，即以病为纲，把每一病证之下可用的药物列出，这种分类法也是后世本草学另一种分类方法的雏形。《本草经集注》在本草发展史中占有重要的地位。自《新修本草》以后，一直到《证类本草》，都是沿袭着《本草经集注》体系发展的，直至明末李时珍的《本草纲目》问世，才代替了它。

唐代是我国历史上经济文化发展的鼎盛时期，医学有了很大发展，迫切需要制定一部新的记载全国药物的典籍。唐政府指派苏敬、李勣等二十余人主持增修《本草经集注》，于公元 659 年颁行，称为《新修本草》或《唐本草》。此书收载药物 844 种，对每味药物的性味、产地、采收、功用和主治都做了详细介绍，并附有药物图谱，开创了我国本草著作图文对照的先例。由于唐代中外经济文化交流繁盛，外来药物日益增多，所以在新增加的药物中，有一些是外来的，如安息香、龙脑、胡椒、茴香等。《新修本草》的颁行，对于统一用药，促进唐代医药事业的发展，起了很重要的作用。它不但是我国最早颁行的药典，也是世界上最早由国家颁行的药典。在国外，意大利的佛罗伦萨药典颁行于公元 1498 年，著名的纽伦堡药典颁行于公元 1535 年，都比中国晚了 800 多年。

唐代以后每隔一定时期，由于药物知识的不断丰富，便有新的总结出现，如宋代的《开宝本草》《嘉祐补注本草》。到了北宋后期，蜀医唐慎微编成了《经史证类备急本草》（简称《证类本草》）。他将《嘉祐补注本草》与《图经本草》合并，增药 500 多种，并收集了医家和民间的许多单方验方，补充了经史文献中得来的大量药物资料，使得此书内容更为充实，体例亦较完备，曾由政府派人修订三次，加上了“大观”“政和”“绍兴”的年号，作为官书刊行。

明代的伟大医药学家李时珍（公元 1518—1593 年），在《证类本草》的基础上进行彻底的修订，编成了符合时代发展需要的本草著作《本草纲目》，于 1596 年在金陵（今南京）首次刊行。该书编写工作量巨大，后人用“岁历三十稔，书考八百余家，稿凡三易”来形容。此书载药 1892 种，其中植物药 1094 种，其余为矿物及其他药物，书中附有药物图 1109 幅，附方 11096 个。

李时珍在此书中不仅考正了过去本草学中的若干错误，综合了大量的科学资料，也提出了相当科学的药物分类方法，按药物的自然属性，分为十六纲，六十类，每药之下，分释名、集解、修治、主治、发明、附方及有关药物等项。该书体例详明，用字严谨，是中国本草史上最伟大的著作，对动植物分类学、生物学、化学、矿物学、地质学、天文学等也作出了贡献。此书曾先后刻印数十次，在我国促进了本草学、生物学研究，在世界上也产生了很大影响，出现英、法、德、日等多种文字的节译本或全译本。其中的一些资料，直接影响达尔文进化论的形成。达尔文对此书也给予很高的评价，称赞它是“中国古代的百科全书”。

由汉到清，本草著作不下百余种，各有所长。此外，许多医学和方剂学的著作中也收载了药物的知识。如东汉张仲景所著的《伤寒论》和《金匮要略》、东晋葛洪的《肘后备急方》、唐代孙思邈的《千金要方》和《千金翼方》、宋代陈师文等所编的《太平惠民和剂局方》、明代朱棣等的《普济方》等，不胜枚举。这些书籍中收载的药物和方剂，很多至今还被广泛地应用着，具有很好的疗效。

其中很多中草药的疗效经受住了长期医疗实践的检验，也被现代科学研究所证实。有些中草药的有效成分和分子结构等也已经全部或部分地研究清楚。例如，麻黄平喘的有效成分麻黄碱、常山治疟的有效成分常山碱、延胡索止痛的主要成分四氢掌叶防己碱（延胡索乙素）、黄连和黄柏止痢的主要成分小檗碱（黄连素）、黄芩抗菌的主要成分黄芩素、大黄泻下的有效成分番泻苷等。

而国外药物知识的发展，以埃及和印度为最早。公元前 1500 年左右埃及的“Papytus”（纸草本）及其后印度的“Ayurveda”（阿育吠陀经）中均已有药物的记载。希腊、古罗马、阿拉伯在医药的发展中也有悠久的历史，如希腊医生 Dioscorides 的“Materia Medica”（药物学）、古罗马的 Galen（公元 131—200 年）所著“Materia Medica”（药物学）、阿拉伯医生 Avicenna（公元 980—1037 年）所著“Canon Medicinae”（医药典）等都是专门的药物学著作。

3.1.3 现代中药科学的发展和概况

民国时期中国仍未改变半殖民地半封建的社会性质。加之国家连年战争，社会动荡，经济衰退，致使中国科技发展缓慢而不平衡，远远落后于欧美、日本等，失去了 16 世纪以前在世界科技上的普遍领先地位。在西方科技文化大量涌入的情况下，出现了中西医药并存的局面。与此相应，社会和医药界对传统的中国医药逐渐有了“中医”“中药”之称，对现代西方医药也因此逐渐称为“西医”“西药”。

现存民国时期的中药专著有 260 多种，大多体例新颖、类型多样、注重实用。由于它们的论述范围、体例、用语等与传统本草有所不同，或为了通俗，一般都不以本草命名。这个时期还新产生了中药辞书。其中影响较大的是 1935 年陈存仁编著的《中国药学大辞典》。此外，这一时期药用植物学、生药学已成为研究植物类中药的自然来源（分类）、性状或鉴别等新兴的学科，并取得了突出的成就。与此同时，也从化学成分、药理等方面对若干常用中药进行了许多研究工作。其中以陈克恢对麻黄成分、药理的研究最深入，而且引起了国内外的重视。其他学者对洋金花、延胡索、黄连、常山、槟榔、鸦胆子、益母草、乌头、川芎、当归等百余种中药进行了成分、药理或临床研究，开拓了中药现代研究的道路。

1949 年中华人民共和国成立以后，党和政府对中医药事业高度重视，制定了以团结中西医和继承中医药学为核心的中医政策，并采取了一系列有力措施发展中医药事业。

①从 1954 年起，国家有计划地整理、出版了数十种重要的本草古籍，对研究和保存古本草文献有重大意义。目前，新的中药著作大量涌现，范围广，门类齐全。

②国家组织力量进行了大规模资源调查和资料的搜集，现已知药用资源总计有 12807 种，其中药用植物 11146 种，药用动物 1581 种，药用矿物 80 余种。在中药资源调查基础上，一些进口药材国产资源的开发利用也取得了显著成绩，如萝芙木、安息香、沉香等已在国内生产。中药资源保护、植物药异地引种、药用动物和药用动物的驯化及中药的综合利用也颇见成效。西洋参、天麻、鹿茸、熊胆、人参、钩藤等就分别是这些方面的典型事例。

③中药的现代研究取得了瞩目进展。对中药的基本理论进行系统、全面的整理；研究新的生药和中药鉴定技术，使之向微量、迅速、准确的方向发展；对中药炮制技术与原理的现代研究；对中药的化学成分进行了广泛的研究，多数常用中药明确了主要有效成分，部分常用中药明确了化学结构；对多数常用中药的药理作用进行了系统研究。

④药事管理进展顺利。为了统一制定药品标准，1950 年，卫生部成立了中国药典编纂委员会（现改为国家药典委员会），于 1953 年、1963 年、1977 年、1985 年、1990 年、1995 年、2000 年、2005 年、2010 年、2015 年、2020 年、2025 年先后出版发行了十二版《中华人民共和国药典》（简称《中国药典》）。与此同时，国家一直重视药政法的建设工作，先后制定了多个有关中药的管理办法，如《中华人民共和国药品管理法》《中医药发展战略规划纲要（2016—2030 年）》及《中华人民共和国中医药法》等。

这些都标志着中药学科在中国前所未有的发展，同时也展示了中药事业光辉而广阔的前景。

3.1.4　中药和天然药物的基本知识

3.1.4.1　中药基本药性及中医理论

中药的性能是中药作用的基本性质和特征的高度概括。中药性能又称药性。药性理论是中药理论的核心，主要包括四气、五味、归经、升降浮沉、毒性等。下文就简单介绍一下有关的基础知识。中药的性状与性能是两个不同的概念。中药的性状是指药物形状、颜色、气味、滋味、质地（包括轻重、疏密、坚软、润燥等），是以药物（药材）为观察对象。古人往往将药物的性状和性能相联系，并用药物的性状，即一般所说的形色、气味、质地、入药部位等解释药物作用的原理。中药的性能是对中药作用性质和特征的概括，是依据用药后的机体反应归纳出来的，以人体为观察对象。因此两者的含义、认识方法截然不同，不能混淆。

四气并不是指药物的香臭之气，而是对应药物的寒、热、温、凉四种药性，它反映药物在影响人体阴阳盛衰、寒热变化方面的作用倾向，是说明药物作用性质的重要概念之一。药有寒、热、温、凉四性，首先由《神农本草经》提出。四气中温热与寒凉属于两类不同的性质。温热属阳，寒凉属阴。温次于热，凉次于寒，即在共同性质中又有程度上的差异。对于有些药物，通常还标以大热、大寒、微温、微寒等予以区别，这是对中药四气程度不同的进一步区分。

中药药性的寒热温凉，是从药物作用于机体所发生的反应概括出来的，是与所治疾病的寒热性质相对应的。故药性的确定是以用药反应为依据、病证寒热为基准。能够减轻或消除热证的药物，一般属于寒性或凉性，如黄芩、板蓝根对于发热口渴、咽痛等热证有清热解毒作用，表明这两种药物具有寒性。反之，能够减轻或消除寒证的药物，一般属于温性或热性，如附子、干姜对于腹中冷痛、四肢厥冷等寒证具有温中散寒作用，表明这两种药物具有热性。

五味的本义是指药物和食物的真实滋味，如黄连之苦、甘草之甘、乌梅之酸等。辛、甘、酸、苦、咸是五种最基本的滋味，实际上药物和食物的滋味远不止这五种。药物的滋味是通过口尝而得知的，由于药物“入口则知味，入腹则知性”，因此古人很自然地将滋味与作用联系起来，并用滋味解释药物的作用，这就是最初的“滋味说”。后来，这种原初的“滋味说”被改造成为“五味说”。五味的实际意义，一是标示药物的真实滋味，二是提示药物作用的基本范围。现分述如下。

辛：有发散、行气、行血等作用。如麻黄、薄荷、红花，都有辛味。一些具有芳香气味的药物往往也标上“辛”，亦称辛香之气。随着中外交流的发展，外来香料、香药不断输入。到了唐代，由于香药盛行，应用范围日益扩大，对芳香药物作用的认识也不断丰富。芳香药具有芳香辟秽、芳香化湿、芳香开窍等作用。

甘：有补益、缓急止痛、调和药性、和中的作用。如人参、饴糖、甘草等。某些甘味药还具有解毒的作用，如甘草、绿豆等。

酸：有收敛固涩的作用。多用于体虚多汗、久泻久痢、肺虚久咳、尿频遗尿等证。如山茱萸、五味子、乌梅等。

苦：能泄、能燥。如栀子、黄芩、黄连、黄柏等。

咸：有软坚散结和泻下作用。多用于瘿瘤、痰核等病证。如海藻、鳖甲、芒硝等。

由于药物滋味和作用并无本质联系，两者之间并无严密的对应关系，应注意加以区分。

升降浮沉反映药物作用的趋向性，是说明药物作用性质的概念之一。升是上升，降是下降，浮表示发散，沉表示收敛固藏和泄利二便。药性升降浮沉理论形成于金元时期。该理论强调服药与季节、气候的关系，这一思想在今天仍有一定的指导意义。如现在很多人都知道的“冬令进补”这一说法。

3.1.4.2 中药的“毒性”及科学认识

很多本草书籍中，常在每一味药物的性味之下，标明“有毒”或“无毒”等字样。究竟何为毒？毒性是指药物对机体的损害性。毒性反应与副作用不同，它对人体的危害性较大，甚至可危及生命。西汉以前以“毒药”作为一切药物的总称，反映出当时对药物的治疗作用和毒副作用还不能很好地把握，故笼统称之为“毒药”。东汉时代，《本经》提出了“有毒、无毒”的区分，东汉以后的本草著作对有毒药物都标出其毒性。

古人是以偏性的强弱来解释有毒、无毒及毒性大小的。有毒药物的治疗剂量与中毒剂量比较接近或相当。因而治疗用药时安全度小，易引起中毒反应。无毒药物安全度较大，但并非绝对不会引起中毒反应。人参、艾叶等皆有产生中毒反应的报道，这与剂量过大或服用时间过长等有着密切关系。毒性反应是临床用药时应当尽量避免的。由于毒性反应的产生与药物储藏、加工炮制、配伍、剂型、给药途径、用量、使用时间的长短以及患者的体质、年龄等都有密切关系，因此，使用有毒药物时，应从上述各个环节进行控制，避免中毒事件发生。

认识药物毒性的意义有以下三点。

①认识各种药物的毒性的有无及大小，有助于理解药物作用之峻利或和缓，从而根据病体虚实、疾病深浅来适当选用药物和确定用量。

②通过必要的炮制、配伍、制剂等环节来减轻或消除其有害作用，以保证用药安全。

③在临床治疗上可采用“以偏纠偏、以毒攻毒”的法则，利用某些有毒药物在治疗恶疮肿毒、疥癣、麻风、癌肿上积累了大量经验，获得肯定疗效。比如砒霜，早在《本草纲目》和《黄帝内经》中就有用砒霜治疗血液疾病的记载，后来，上海血液学研究所和哈尔滨医科大学的研究者对砒霜做了非常详细的药理学研究，从而发现砒霜中的有效成分三氧化二砷通过诱导癌细胞“自取灭亡”而发挥作用，能够确实有效地治疗某些白血病（急性早幼粒细胞白血病）和肿瘤，得到了国内外的广泛认可，在国内外的各大癌症治疗中心，已经将此药作为治疗某些白血病的重要用药。

3.1.4.3 中药的分类

中药的分类方法有多种，常见的有以下几种，需注意的是，每种分类方法的侧重点有所不同。

(1) 按药用部分分类　分为根类（如黄连、丹参）、叶类（大青叶、桑叶、银杏叶）、花类（金银花、菊花）、皮类（五加皮、桂皮、厚朴）等。

(2) 按有效成分分类　含糖类的（如枸杞子、党参、黄芪、茯苓），含生物碱的（如黄连、乌头、贝母、钩藤），含挥发油的（如薄荷、陈皮、细辛），含苷类的（如人参、甘草、柴胡、酸枣仁），含氨基酸、多肽、蛋白质的（如全蝎、灵芝、冬虫夏草、鹿茸）。

(3) 按自然属性和亲缘关系分类　先按药物的自然属性分为植物药、动物药、矿物药。其中的动植物药材再根据其原植物、原动物的亲缘关系来分类和排列次序：如十字花科（如萝卜、芸苔子、菘蓝）、豆科（如合欢、槐花、葛根）、菊科（如黄花蒿、蒲公英、旋覆花）等。

(4) 按药物功能分类　分为清热解毒药（如金银花、蒲公英）、消食药（如山楂、鸡内金）、活血化瘀药（如川芎、姜黄）等。

3.1.4.4　中药的化学成分

只有约 5%的中药来源于动物和矿物。通常矿物药中的化学成分比较简单，主要是一些无机物（如雄黄中的主要成分为 As_2S_3，朱砂的主要成分为 HgS）。而植物药中的化学成分相对就要复杂得多，这些成分是植物在新陈代谢过程中的产物。常见的化学成分有糖类、氨基酸、蛋白质、油脂、蜡、酶、色素、维生素、有机酸、鞣质、无机盐、挥发油、生物碱、苷类等。这些化学成分的结构、组成、性质、分布各有特点，生理活性也多种多样，是中药药效的物质基础，对于鉴定药材的品种、质量以及加工炮制、储藏、栽培引种、新药研究和开发都具有重要意义。

接下来简单介绍几个与中药化学成分有关的术语，了解中药化学成分相关术语有助于提高对提取分离的理解。

有效成分（active constituents）　指具有明显生物活性并有医疗作用的化学成分，如生物碱、苷类、挥发油、氨基酸等，一般指的是单一化合物。除过去早有研究并已广泛应用的许多中药有效成分[如黄连中抗菌消炎的小檗碱（黄连素）、麻黄中平喘的麻黄碱、萝芙木中的降压成分利血平等]外，近年来，国内外均陆续发现了更多的中药有效成分，特别是在抗肿瘤、治疗心血管疾病和慢性气管炎等疾病的生物活性成分方面研究得更多，如靛玉红、斑蝥素和关附甲素等。需要注意的是，所谓的有效成分，并不能完全代表中药的药效。

无效成分　指在中药里普遍存在，没有什么生物活性，不起治疗作用的一些成分，如糖类、蛋白质、色素、树脂、无机盐等。但是，有效与无效不是绝对的，一些原来认为是无效的成分，因发现了它们具有生物活性而成为有效成分。例如灵芝、茯苓所含的多糖有一定的抑制肿瘤作用；海藻中的多糖有降血脂作用；天花粉中的蛋白质具有引产作用；鞣质在中药里普遍存在，一般对治疗疾病不起主导作用，常视为无效成分，但在五倍子、虎杖、地榆中却因鞣质含量较高并有一定生物活性而成为有效成分；又如黏液质通常为无效成分，而在白及中却为有效成分等。

生理活性成分　经过不同程度的药效或生理活性试验，包括体外试验或体内试验，证明对机体有一定生理活性的成分。

有效部位（active fraction）　指具有明显生物活性并有医疗作用的一类化学成分，通常是结构相似的一类化合物的总称。如银杏叶中的黄酮类化合物有近 40 种，这些化合物都具有保护缺血神经元的活性，故又把银杏总黄酮称作银杏叶的有效部位。此外，银杏萜内酯也是银杏叶的有效部位之一。

拓展阅读 3-1

3.2　中药与天然药物原材料质量控制

3.2.1　药材原料质量控制的意义及作用

中药是我国传统文化的瑰宝，有方剂 90000 余首、中成药 5000 余种、中药剂型 35 大类 43 种、药材 12807 种，有雄厚的中医用药理论和丰富的临床用药经验。几千年来，为中华民族的繁衍昌盛及人民群众的健康保健做出了巨大贡献。

中药理论主要是经验的积累和总结。无论是药物的性味、归经、功效、禁忌等理论知识，还是采集、加工、炮制、剂量、加减配伍等实用技巧，都带有浓厚的经验色彩。在临床上，具有不同经验的中医师使用同一味药物，可获得不同的功效。资深的老中医又常常可通过加减剂量、调整配伍、改变炮制或煎熬等众多途径来改变药效，这样就使得中药成分更加复杂。由于中药的多成分、多靶点的特点，其有效成分很难测定和分析，这极大地阻碍了对中药的药理、药效及作用机理的研究；复方的组方和配伍缺乏科学的数据和理论加以佐证，再加上中药制作过程的特殊性，对最终剂型的制备技术提出了较高的要求，质量标准的制定十分困难。

中医药的传统理论与现代科学技术之间的有机结合尚有一定的距离，尽管中药的疗效不容置疑，但由于其质量不稳定及缺乏科学的质量评价体系，满足不了我国人民日益增长的对医疗保健的需求，严重地影响了我国中药产品在国际市场的声誉，并制约了其在国际市场的竞争力，阻碍了中药的现代化、国际化。统计资料表明我国的中药在国际天然药物市场中仅占 3%～5%的份额。

面对新世纪科学技术的迅猛发展，人们对医疗保健需求不断提高的新形势，在人们崇尚自然、提倡回归自然的心态中，对中药和天然药物的要求越来越高，世界各国普遍重视天然药物，加大研究开发的力度，国际市场竞争更加激烈，各界都把关注的目光投向了我国有巨大潜在优势可拥有自主知识产权的中药和天然药物领域。以日本为首的发达国家正加强中药的基础性研究与中药质量保障体系的建设。

面对各国的发展中药和天然药物的积极政策，1996 年，我国正式实施“中药现代化”（modernization of Chinese materia medica）战略，提出要将传统中药的优势特色与现代科学技术相结合，诠释、继承和发扬传统中药的理论和实践，改造和提升当代中药的研究、开发、生产、管理和应用，以适应社会发展对中医药的需求。中药现代化是一个系统工程，其中包括：高质量和稳定可靠的中药材原料；对所生产的中药原料和成品建立起一整套符合国际标准的质量标准；对现代中药中的各单味药及其复方中的药效物质基础、作用机制有更深入的了解和揭示；对现代中药的疗效和安全性的评估达到国际普遍认可的高标准；在充分了解中药药效物质基础和药代动力学的基础上，采用先进的工艺流程，制成生物利用度最佳的现代中药。

20余年来，“中药现代化”这个命题也被愈来愈多的人们所接受。随着中国加入世界贸易组织，我国的医药市场国际化，大量的天然药物和“洋中药”将顺利进入我国市场，给我国中药产业带来前所未有的压力和挑战，同时也为中药进入国际市场带来了机遇。机遇与挑战并存，国家加大投入，研究人员在中药基础研究、中药资源的可持续利用、中药标准化与产业化、新药研发及中药“走出去”等方面均取得了巨大成就。

现代中药是指基于传统中医药的理论和经验，将传统中药的特色和优势与现代科学技术相结合，严格按照《药物非临床安全性研究质量管理规范》(GLP)、《药物临床试验质量管理规范》(GCP) 以及《药品生产质量管理规范》(GMP) 等所生产的，具有“三效”（高效、速效、长效）、“三小”（剂量小、毒性小、副作用小）以及“三便”（便于储藏、携带和使用）等特点，符合并达到国际医药主流市场的标准要求，可以在国际上广泛流通的中药。这种现代中药既可以满足我国现代社会的需求，又能够以药品的身份进入国际市场。

在现代中药工业化大生产的过程中，绝大多数都是经过如下的生产步骤：

中药材原料→中药饮片（包括炮制）→中药方剂组成→中药制剂→中成药

在这一系列过程中，质量控制是最重要的一个问题，最终产品的质量涉及一系列的环节（土壤、种质、炮制、储藏、生产、制剂过程等），每个环节都不可能孤立存在，只要其中任何一个环节控制不好，就会最终影响产品的质量和临床疗效的有效性及安全性。

本节仅对中药材原料和中药饮片的质量控制进行重点阐述。

3.2.2 中药材的质量控制

3.2.2.1 中药材质量控制的作用及状况

常听一些老中医感叹，现在一些中药的药效大不如前了。很多人心中不免疑惑，现在的中药都搞大规模生产了，加工工艺越来越先进，怎么能说效果大不如前了呢？有学者认为，中药未能达到预期疗效受诸多客观因素的影响。比如，新中国成立前用的中药以野生药材和道地药材为主，新中国成立后栽培品种逐渐扩大，两者在质量上有一定差异；以前人工种植用的是粗肥（如人粪、动物粪便），药材生长慢，但内在有效成分积累较多，自从大量施用化肥后，药材生长快了，产量高了，但药材有效成分却降低了。中药炮制得当是保证药效最大限度地发挥的关键。比如胆南星，过去都是按北京市炮制规范生产的，产品乌黑色，断面角质层有光泽，有特异的胆汁味。但是由于加工周期长，产量小，近10年来主要依靠外地进货。北京市药检所曾抽查30批样品检验，测定结果表明：总胆汁酸含量合格率仅为53%。

这些问题都来自一个源头，那就是中药材原料的质量问题。中药材是中药生产的原料。我国的中药材栽培有悠久的历史，早在公元6世纪40年代，北魏的《齐民要术》中就记述了地黄、红花、吴茱萸和栀子等20余种中药材的栽培方法。《本草纲目》及《植物名实图考》中都记载了许多中药材的栽培方法，且中药材基本上来自野生资源，大规模栽培的品种较少。经过一千多年的实践和总结，中药材栽培和生产已经有了较为完整的生产加工理论和操作方法，如“道地药材”“炮制规范”等。

新中国成立以来，党和政府对中医药事业的发展极为重视，将中药材生产纳入国家计划指导，使一直处在盲目状态的中药材生产开始有组织、有计划地进行。尤其是改革开放后，国家放开了中药材生产管理，中药材生产完全是药农自己的行为，提高了农民发展中药材生产的积极性。中药材生产得到了迅猛发展，中药材生产的面积增加了一倍多。与此同时，在许多中药材的传统产区形成了中药材贸易市场。但由于对中药材生产缺乏一套与其相适应的管理机制，产生了许多问题。

①盲目引种。什么是中药的道地药材？就是指某种药材，在特定的自然条件下，以某地生产的为正品。药材的生长，离不开气温、水土、光照、经纬度等外界环境。如黄连以雅连为上品，陈皮以广陈皮为最佳。像上等人参，多生长在北纬39°～48°、东经117.5°～134°区域上。这个纬度正是吉林、辽宁等道地人参的出产地所在的位置。别的地方如华北、山东等地也有引种，可出产的人参就是没有这些地方地道。

②种植品种混杂、良莠不齐，大大降低了药材质量的稳定性。

③培育措施缺乏科学性，病虫害防治有问题，化肥农药等有害物质含量超标。许多中药材病虫害防治技术不合理，致使农药使用量增加，许多高残留农药长期使用，最终导致中药材中农药残留超标严重。

④对珍贵的种质资源保护和优质中药材的引种和栽培还缺乏统一的组织和协调；大宗中药材品种栽培技术研究推广不够，生产管理粗放，单产低、质量差的现象较为普遍。

正是这些问题的客观存在，导致中药材质量呈下降的趋势，制约了中药产品的水平。

3.2.2.2　中药材质量控制的原则与措施

针对上述问题，科技部在广泛调研的基础上，提出了新形势下的中药材发展战略，即“中药现代化科技产业行动计划”。其中的重要工作内容就是：建立科学、客观的中药材质量的评价方法；建立“道地药材”的规范化种植基地，推动中药材的规范化种植，提高中药材的质量和规范化水平，其要点简述如下。

(1) 种质的优良与稳定　对于某一生物物种而言，种质资源包括栽培品种（类型）、野生种、近缘野生种在内的所有可利用的遗传材料。种质资源是药材生产的源头，种质的优劣对药材的产量和质量有决定性的影响。

(2) 栽培和生产过程规范化、规模化　药材的种质、环境、栽培方式、施肥、田间管理、采收加工、储存运输等方面均会影响药材的质量。对影响中药材质量的因素充分了解之后，对于“中药现代化科技产业行动计划”中提到的重点工作内容深刻领会。

(3) 建立科学、客观的中药材质量的评价方法　中药材质量的评价方法是随着科学技术水平的进步和中医药的发展而不断发展的，从“神农尝百草，一日而遇七十毒”发展到以药材的形态、性状、气味及一些简单的理化反应现象，来判断药材质量的真伪优劣的方法，直到现代科学技术手段的应用，利用植物学、天然药物化学、分析化学以及药理、药效学等相关学科的研究，使中药质量评价方法有了很大的飞跃。

特别是近 20 年的研究发展，国内外研究人员在不同程度上已经对几百种常用药材从来源、产地、性状、显微特征、化学成分以及药理药效等方面进行了系统的研究，并对一些品种中的化学成分进行了分离和鉴定。

自 2011 年起，国家中医药管理局组织开展了第四次全国中药资源普查，完成了全国大部分地区中药资源的野外调查，基本建立了全国中药资源普查数据库和标本库，重点支持了“中药材生态种植技术研究与应用”“南药规模化种植及精准扶贫示范研究”“高品质道地中药材恒山黄芪、潞党参、北柴胡生态种植示范研究”等项目的研究，开展了人参、三七等 50 多种大宗常用道地药材生态种植技术研究及应用示范，中药材生态种植的理念得到推广。在珍稀濒危中药资源研究开发方面，国家自然科学基金委员会先后立项资助了 100 余个项目，开展了川贝母、冬虫夏草、麋鹿角、降香、宣黄连、辣木叶等 18 种珍稀濒危、稀缺、新药用部位和新兴药材品种的示范性研究，形成了珍稀濒危中药资源新来源的 4 种开发模式。

经过多年努力，中药资源保护和利用水平有了大幅提升，主要表现在：①摸清了中药资源家底，建立了由 1 个中心平台、28 个省级中药原料质量监测技术服务中心和 66 个县级监测站组成的中药资源动态监测体系；②常用中药材种植（养殖）技术体系基本建立，600 多种常用中药材中，已实现人工种养 300 余种，道地中药材的规范化种植规模稳步扩大，常用中药材生产技术服务体系基本建立。在此基础上，中药的质量研究又引进了色谱学和光谱学等先进的分析手段，针对药材中一个或几个成分进行定性或定量分析，我国药典及其药品标准也越来越多地采用这些分析手段来制定。

3.2.3 中药饮片的质量控制

3.2.3.1 中药饮片质量控制的作用及状况

中医临床用来治病的药物和患者所接触到的药物是中药饮片和中成药。中药饮片作为中药的重要组成部分和主要商品规格，广泛应用于药典、医院药房及一些制剂和成药生产中，直接关系到中药处方或制剂的临床疗效与安全。

什么是中药饮片？对于中药饮片，很多人的理解就是照着中医开出的药方子，到药房或药店抓来的一个个用纸包起来拿回家熬成汤药的原料药物。科学规范地给“中药饮片”下个定义：中药饮片是指在中医药理论的指导下，根据辨证施治和调剂、制剂的需要，对中药材进行特殊加工炮制的制成品。

首先来了解一下什么是炮制。炮制是药物在应用前或制成各种剂型以前必要的加工过程，包括对原药材进行一般修治整理（如挑拣杂质及除去非药用部位，浸泡，切成片、段、丝、块，晾晒或烘干等）和部分药材的特殊处理（如用酒制、姜制等），后者也称为“炮炙”。

那么中药为什么要炮制呢？炮制中药的目的主要有以下几点。

①除去非药用部分与杂质　中药材自采集，送收购部门，再送至药材部门，都属于原料。有能作药用部分和不能作药用部分，需用机械处理、水洗、水浸等方法除去杂质和非药用部

分后，才能入药。此外，中药材在采收、运输、保管等过程中，常混入沙土等杂质，经挑选清洗可以洁净药材，保证药品的质量，避免发霉变质，确保饮片的质量和疗效。

这种方法不改变药材的形态，却能提高药材的质量。

②适当改变药物的某些性能　药材经过炮制后，性能上有某些改变，从而增强其疗效。如决明子、苏子等经过炒制后，有效成分易于煎出，增强了疗效。

③消除或降低药物的毒性　有毒药材经炮制后，可降低其毒性与副作用。如半夏生用时毒性很强，服用后会觉得有强烈的刺激，咽喉有肿胀和呼吸困难的感觉，但可以外用于消肿痛，治瘰疬。经过炮制后的半夏虽然还有小毒，但可以入方，能够起到燥湿化痰的作用。半夏炮制的方法有多种，如用姜汁炮制的“姜半夏”，用甘草水炮制的“法半夏”，用白矾水炮制的“清半夏”等。经过不同的方法炮制后，它们的作用也有根本的不同。“姜半夏”降逆止呕，“法半夏”燥湿化痰，“清半夏”散结消痈，如果错用、混用，不但不会使病情痊愈，且后果将不堪设想。

④矫正药物的某些气味　很多中药材经炮制前具有其特别的气味，甚至难闻的臭味，不便服用。经炮制后则可减少或除去这些气味，便于应用。如动物类的药物，往往为患者所厌恶，难以口服或服用后出现恶心、呕吐、心烦等不良反应。为了便于服用，常将此类药物采用漂洗、加酒制、加醋制等方法处理，能够消除药用原有的不良气味，方便入药。

拓展阅读 3-2

目前我国在中药饮片质量控制上仍存在如下问题。

①生产水平低，产品质量不稳定　中药材炮制生产厂家一般规模较小，生产条件简陋，炮制加工设备及工艺落后，管理粗放，致使药材的有效成分流失；为满足市场需求，许多药材经营者或药农自行进行药材饮片的加工炮制，严重影响饮片质量的稳定性。

②炮制规范不统一，缺乏客观可行的质量评价体系　1998 年出版的《全国中药材炮制规范》中收载了 500 余种中药材的炮制规范，但各省市又有各自的中药炮制规范，其名称、制法及工艺差别较大，质控标准难以统一。《中国药典》仅收载部分中药品种的炮制方法，有相应的定性和定量规定的炮制药材品种约占全部药材的 3%～4%。

加上各地放松对饮片的严格依法管理，致使在全国 17 家中药材市场上流通的商品仍以饮片为主，从而使中药饮片的质量问题愈加严重，甚至发生因服用炮制不当的中药而致死的事件。

3.2.3.2　中药饮片质量控制的发展

在“中药标准化”等国家重大专项的支持下，研究人员针对中药复杂体系这一特点，通过中药质量保障关键技术的突破，努力攻克制约中药产业高质量发展的质量控制瓶颈。中药质量评价及控制技术取得了长足的进步，中药质量研究由模糊定性向精确定量发展，从依据简单指标成分判断向整体控制发展，建立了以化学标志物检测为核心的中药质量检验控制体系。但是，当前仍有一些“卡脖子”的关键技术瓶颈，如中药质量信息化、过程溯源管控、快速检验技术等，制约着中药质量控制水平提升，亟待突破。

在国家中药标准化重点专项、国家重点研发计划项目“中药饮片质量识别关键技术研究”、国家中医药行业专项“30种中药饮片产地加工与炮制生产一体化关键技术规范研究”、中医药行业科研专项“中药麸制及有毒中药醋制技术规范化研究”等项目的支持下，中药饮片质量评价标准、中药饮片分级及质量评价、中药饮片炮制工艺规范化、炮制共性技术等方面均取得了一系列积极进展，初步阐明了中药炮制减毒增效主要药效与生化指标、化学成分的变化规律。同时我国开展了《中国药典》收载的部分品种产地加工技术与质量研究，建立了传统净、切、晒等生产加工炮制方法的规范化与生产控制方法，完成了从人工传统加工模式向机械化生产的转化，为提升饮片产业的科技内涵提供了必要的支撑，开拓了未来中药饮片生产自动化、信息化、智能化的发展方向。以国家标准为主体，地方标准、行业标准、团体标准、企业标准为补充的中药材质量标准体系基本形成，标准不断更新完善，标准的指导和示范作用不断加强。

拓展阅读 3-3

3.3 中药与天然药物制药的工业生产过程

现代科学技术的发展，推动了中药事业的不断进步，中药生产摆脱了过去“作坊”式的生产方式，广泛采用现代科学技术，应用新工艺、新辅料、新设备，研究开发中药新剂型，制备生产新制剂，从而从根本上改变了中药制剂领域的落后面貌，从整体上提高了中药水平，确保中药制剂的质量疗效与稳定性，为中药实现现代化，走向世界参与国际竞争，奠定了坚实的基础。

拓展阅读 3-4

中药和天然药物制药的工业生产过程可简要地用图 3-2 来表示。

图 3-2 中药和天然药物制药的工业生产过程

下面对每一个生产过程进行简要介绍。

3.3.1 粉碎

粉碎是指借助机械力的作用将大块的固体物料制成适宜粒度的碎块或粗粉的过程。它是中药和天然药物生产前处理过程中的必要环节。通过粉碎，可增加药物的表面积，促进药物的溶解与吸收，加速药材中有效成分的浸出。一般来说，动植物细胞的最小直径在 10μm 左右，如果通过粉碎的方式将其制成 10μm 左右的微粉甚至更细一些的超微粉，就可以破坏大部分动植物细胞的细胞壁，破壁后中药的有效成分就会暴露，从而提高有效成分的活性和生物利用度。根据中药不同来源与性质，粉碎可采用单独粉碎、混合粉碎、干法粉碎和湿法粉碎等方法。可选用的粉碎机械有锤击式粉碎机、风选式粉碎机、万能粉碎机、球磨机、新型无尘粉碎机等。最近十年来，多采用球磨机、行星磨、振动磨、转子磨粉碎机组、气流超微粉碎机等将名贵中药材（如三七、人参、灵芝孢子）粉碎成微米级或者超微米级粉末，从而提高药材的生物利用度。

3.3.2 浸提

3.3.2.1 溶剂

浸提过程中影响比较大的一个因素是溶剂。溶剂的选择恰当与否，直接关系到提取效率。工业生产中常用的溶剂有水、乙醇及一定比例的乙醇水溶液。

水：是工业生产中常用溶剂之一，用水为溶剂，价廉易得，极性大且溶解范围广。药材中的大分子物质如树胶、黏液质、蛋白质、淀粉、生物碱盐、皂苷等都能溶于水。其缺点是对溶解成分的选择性差，浸出液中杂质较多，给后续处理和制剂带来麻烦。此外，由于一些新鲜药材中含有酶，会导致一些有效成分（如苷类）的水解。

乙醇：工业生产中常用，价格也比较便宜。它溶解范围广，可以溶解一些水溶性的成分（如生物碱盐、苷、糖等），又能溶解一些脂溶性的成分（如香豆素、挥发油等）。能以任意比例与水混溶，所以常与水混合配制成不同比例的醇水混合溶液来进行浸提。

两种溶剂性质比较见表3-1。

表3-1 水及乙醇的性质比较

溶剂	沸点/℃	极性	价格	毒性	在水中的溶解度	能溶解的成分
水	100	大	极其便宜	无		树胶、黏液质、蛋白质、淀粉、生物碱盐、皂苷、鞣质
乙醇	77	亲水性	比较便宜	无	任意比与水互溶	溶解范围广：生物碱、苷类、糖、香豆素、挥发油、醌、黄酮、萜

生产中根据生产目的和工艺进行选用。总的原则是：成本要低，安全性要好，不与有效成分反应，浸提效率要高，选择性好，对后续操作影响小。如果使用单一溶剂的效果不理想，可以采用混合溶剂。

3.3.2.2 浸提的方法

中药和天然药物提取的传统方法有浸渍法（常温浸渍法、温浸法、煎煮法）、渗漉法、回流法等。我国古代医药典籍中就有用水煎煮、酒浸渍提取药材的记载。近年来，科技人员对传统浸提方法的工艺参数进行了较为系统的考察，建立了目前公认的参数确定方法。即以指标成分的浸出率为指标，通过正交设计、均匀设计、比较法等优选浸提工艺条件，确定参数。

(1) 煎煮法　是用水为溶剂，将药材加热煮沸一定的时间，以提取其所含成分的一种常用方法。是传统汤剂的常用制备方法，也是制备一部分中药丸剂、颗粒剂、片剂、注射剂或提取某些有效成分的基本方法之一。适用于有效成分能溶于水，且对热较稳定的药材。由于煎煮法能提取较多的成分，符合中医传统用药习惯，故对于有效成分尚未清楚的中药或方剂进行剂型改进时，通常采取煎煮法粗提。但用水煎煮，浸提液中除有效成分外，往往水溶性杂质较多，尚有少量脂溶性成分，给后续操作带来不利，且煎出液易霉败变质。根据煎煮法加压与否，可分为常压煎煮法和加压煎煮法。常压煎煮法适用于一般性药材的煎煮，加压煎煮适用于药物成分在高温下不易被破坏，或在常压下不易煎透的药材。工业生产中常用蒸汽进行加压煎煮。

(2) 浸渍法　是简便而较常用的一种提取方法。根据提取温度的不同，可以分为冷浸法、温浸法等，最常用的应属冷浸法，该法在室温下进行，又称常温浸渍法。药酒、酊剂的制备常用此法，若将浸提液过滤浓缩，可进一步制备流浸膏、浸膏、片剂、颗粒剂等。此法适用于黏性药物、无组织结构的药材、新鲜及易于膨胀的药材、价格低廉的芳香性药材；不适用于贵重药材、毒性药材及高浓度的制剂。因为溶剂的用量大，且呈静止状态，溶剂的利用率较低，有效成分浸出不完全，难以直接制得高浓度的制剂。另外，浸渍法所需时间较长，不宜用水为溶剂，通常用不同浓度的乙醇，故浸渍过程应密闭，防止溶剂的挥发损失。

(3) 渗漉法　是将药材粗粉置于渗漉器内，溶剂连续地从渗漉器的上部加入，渗漉液不断地从下部流出，从而浸出药材中有效成分的一种方法。渗漉时，溶剂渗入药材的细胞中溶解大量的可溶性成分后，浓度增高，密度增大而向下移动，上层的溶剂置换其位置，造成良好的浓度差，溶剂相对药粉属于流动浸出，溶剂的利用率高，有效成分浸出较完全，提取效果优于浸渍法。故适用于贵重药材、毒性药材及高浓度制剂；也可用于有效成分含量较低的药材的提取。但对新鲜且易膨胀的药材、无组织结构的药材如大蒜、鲜橙皮等，既不易粉碎，也易与浸出溶剂形成糊状，无法使溶剂透过药材，故不宜选用此法。渗漉法不经漉过处理可直接收集渗漉液。因渗漉过程所需时间较长，不宜用水为溶剂，通常用不同浓度的乙醇，需防止溶剂的挥发损失。

(4) 回流法　是用乙醇等易挥发的有机溶剂进行加热提取有效成分，挥发性溶剂形成蒸气后又被冷凝，重复流回浸出器中浸提药材，这样周而复始，直至有效成分提取完全。由于溶剂能循环使用，故较渗漉法的溶剂耗用量少，提取效率高。此法技术要求高，能耗高；采用高温操作，引起热敏性从而使有效成分的大量分解，不适用于受热易破坏的药材成分的浸出。工业生产中此方法使用较少。

(5) 水蒸气蒸馏法　用于提取具有挥发性能随水蒸气蒸馏而不被破坏，不与水发生反应，不溶或难溶于水的成分。因为这类成分，在 100℃时有一定蒸气压，当水沸腾时，该类成分一并随水蒸气带出，达到提取的目的。此法适合于一些芳香性、有效成分具有挥发性的药材。由于水的沸点是 100℃，温度比较高，不适合于有效成分易氧化或分解的药材。

总体来说，这些传统提取方法普遍存在有效成分提取率不高、杂质去除率低、生产周期长、能耗高、溶剂用量大等缺点，用这些方法处理后的产品往往难以克服传统中成药“粗、大、黑”的缺点，疗效也难以有效提高。

3.3.3 分离和纯化

经过上述方法浸提后得到的药材提取液一般体积较大，有效成分含量较低，仍然是杂质和多种成分的混合物，需除去杂质，进一步分离并进行精制。分离纯化工艺应根据粗提取液的性质，选择相应的分离方法与条件，将无效和有害成分除去，尽量保留有效成分或有效部位，为制剂提供合格的原料或半成品。

常用的分离纯化方法有沉降分离法、滤过分离法、离心分离法。常见的精制方法有水提醇沉法（水醇法）、醇提水沉法（醇水法）、酸碱法（调pH法）、盐析法、离子交换法和结晶法。具体的方法随各种粗提取液的性质、分离纯化目的不同而异。

3.3.3.1 沉降分离法

沉降技术是利用某种力的作用，利用分散介质的密度差，使之发生相对运动而分离的过程。沉降设备有旋风分离器、间歇式沉降器、半连续式沉降器、相连续式沉降器等。

3.3.3.2 离心分离法

离心分离是将待分离的药液置于离心机中，利用离心机高速旋转的功能，使混合液中的固体与液体或两种不相溶的液体产生不同的离心力，从而达到分离的目的。离心分离的效果与离心机的种类、离心方法、离心介质及密度梯度等诸多因素有关，其中主要因素是确定离心转速和离心时间。此法的优点是生产能力大，分离效果好，成品纯度高，尤其适用于晶体悬浮液和乳浊液的分离，所用的离心机有常速离心机、高速离心机和超高速离心机。

3.3.3.3 水提醇沉法

该法是应用较广泛的传统精制方法。中药材中的大部分有效成分都易溶于水和乙醇，而树胶、黏液质、蛋白质、糊化淀粉等杂质分子量比较大，能溶于水而不溶于乙醇、丙酮。因此先以水为溶剂来提取药材，得到的水提液中常含有树胶、黏液质、蛋白质、糊化淀粉等杂质，此时可向水提液中加入一定量的乙醇，使这些不溶于乙醇的杂质自溶液中沉淀析出，而达到与有效成分分离的目的。例如，自中草药提取液中除去这些杂质，或从白及的水提液中获取白及胶，均可采用加乙醇沉淀法；自新鲜瓜蒌根汁中制取天花粉蛋白，可滴入丙酮使天花粉蛋白分次沉淀析出。目前，提取多糖及多肽类化合物，多采用水溶解、浓缩、加乙醇或丙酮析出的办法。

《中国药典》（2025年版）所载玉屏风口服液、抗感颗粒都采用本法进行精制；医院制剂以及营养保健口服液中很大一部分都应用了水提醇沉法。需要注意的是在长期应用中，发现水提醇沉法存在不少问题。如成本高，药物中的有效成分（如生物碱、苷类、有机酸等）均有不同程度的损失，而多糖和微量元素的损失尤为明显。

3.3.3.4 醇提水沉法

此法原理与水提醇沉法类似，都是利用了杂质在水和乙醇中溶解度的差别。因此先以乙醇为溶剂来提取药材，得到的醇提液中常含有叶绿素等脂溶性杂质，此时向醇提液中加入一定量的水，使这些不溶于水的杂质自溶液中沉淀析出，而达到与有效成分分离的目的。对于含树胶、黏液质、蛋白质、糊化淀粉类杂质较多的药材较为适合。

3.3.3.5 酸碱法（调 pH 法）

利用中药或天然药物总提取物中的某些成分能在酸（或碱）性溶液中溶解，加碱（或加酸）改变溶液的 pH 后，这些成分形成不溶物而析出，从而达到分离的目的。例如，香豆素属于内酯类化合物，不溶于水，但遇碱开环生成羧酸盐溶于水，再加酸酸化，又重新形成内酯环从溶液中析出，从而与其他杂质分离。

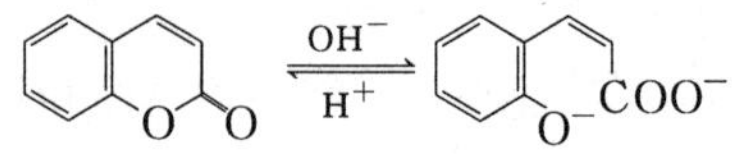

香豆素（不溶于水）　　羧酸盐（溶于水）

生物碱一般不溶于水，遇酸生成生物碱盐而溶于水，再加碱碱化，又重新生成游离生物碱。

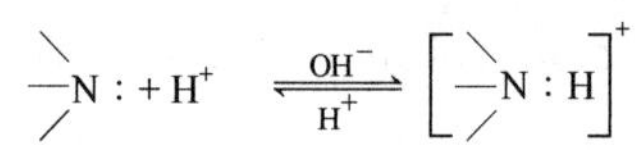

生物碱　　生物碱盐

这些类型的化合物可用与水不相混溶的有机溶剂进行萃取分离，提取分离流程见图 3-3。

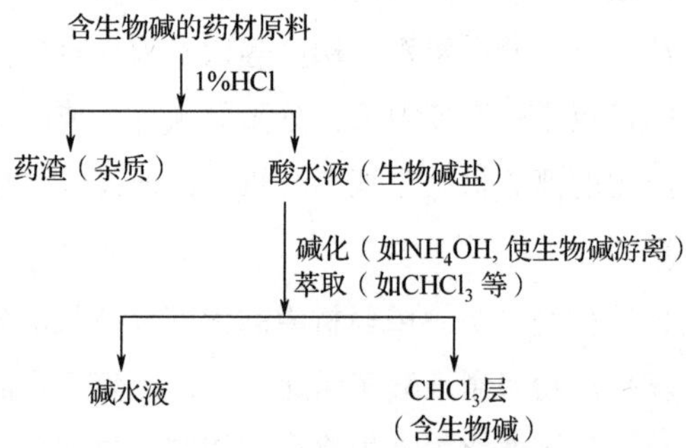

图 3-3 酸碱法提取生物碱

3.3.3.6 离子交换法

该法是利用离子交换树脂与中药提取液中某些可离子化的成分起交换作用，而达到提纯的方法。离子交换树脂是一种具有交联网状结构及离子交换基团的高分子材料。外观为球形颗粒，不溶于水，但可在水中膨胀。以强酸性阳离子交换树脂为例，其基本结构见图 3-4。

树脂分子中具有的交换基团，在水溶液中能与其他阳离子或阴离子发生可逆的交换作用，根据交换基团的不同，离子交换树脂又分为阳离子和阴离子两种类型。其交换反应的通式见图 3-5。

离子交换法分离天然产物操作方便，生产连续化程度高，而且得到的产品往往纯度高，成本低，因此被广泛用于氨基酸、肽类、生物碱、酚类、有机酸等中药和天然药物的工业化生产。有报道用离子交换法，从车前叶中分得具有补体活化作用的多糖。

中药或天然药物经过提取、分离、纯化之后就可以进行制剂。关于这一部分，将在后面的相关章节中详细阐述，本节不再赘述。

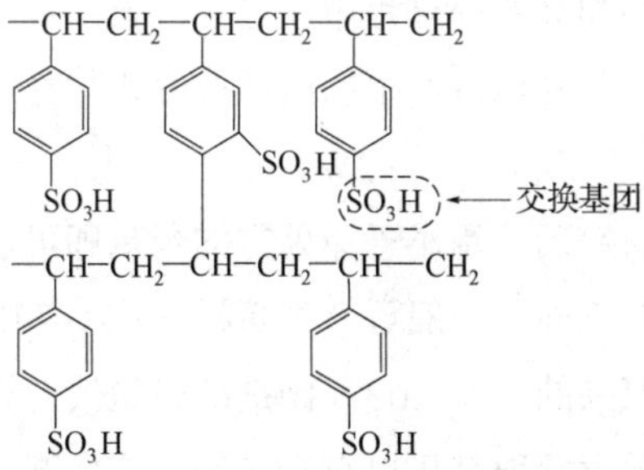

图 3-4 强酸性阳离子交换树脂结构

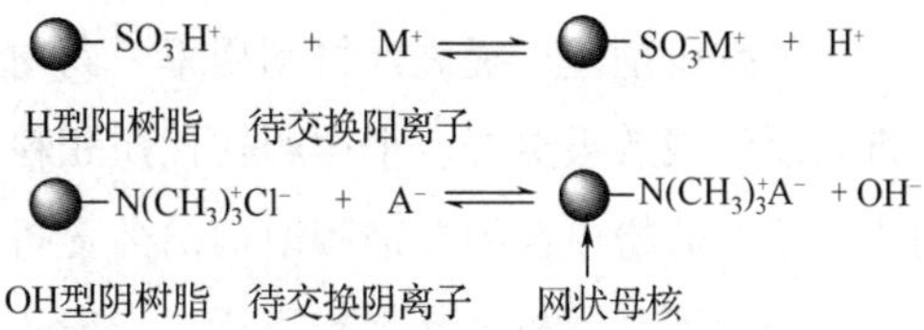

图 3-5 离子交换树脂的交换反应通式

3.3.4 高新技术在提取、分离、纯化中的应用

随着科学技术的进步，学科之间交叉渗透，一些新方法、新技术已开始应用于中药生产过程。

3.3.4.1 超微粉碎技术（ultrafine communication technology）

中药的超微粉碎是近十几年来发展迅速的一项新技术，主要指细胞级微粉碎。以动植物类药材细胞破壁为目的，运用现代超微粉碎技术，可将原生药粉碎到 5～15μm。中药经超微粉碎后粉末粒径小（一般在 15μm 以下）且分布均匀，比表面积显著提高，植物细胞破壁率高（一般药材细胞的破壁率 > 95%）。其优点主要体现在以下几个方面。

（1）药物有效成分（特别是难溶性成分）的溶解和释放加快　因为超微粉碎的药物粉体粒径小，破壁率高，有效成分暴露，所以在进入生物体后，其中的可溶性成分能迅速溶解、释放，即使溶解度低的成分也因超微粉具有较大的附着力而紧紧黏附在肠壁上，其有效成分会快速通过肠壁被吸收而进入血液，并且由于附着力的影响，排出体外所需的时间较长，从而提高了药物的吸收率。因此经超微粉碎的药物其有效成分的溶解速率、释放速率都比普通粉碎要快。如对中药珍珠采取气流超细粉碎和球磨粉碎两种方法，并从粉碎时间、粒度上加以比较，结果气流超细粉碎的粉碎时间仅为原来的 1/30 左右，而粒度则减小到原来的 1/3 左右。

（2）药物有效成分的溶出速率加快　中药材经超微粉碎处理后，粒径减小，比表面积增大，吸附性、溶解性增强，溶出速率、化学反应速率增加，稳定性增强，与肠胃体液的有效接触面积也就越大，有利于药物的吸收，从而提高治疗效果。

（3）药物的药效学活性提高　在不破坏中药有效成分的前提下，经超微粉碎后的药物粉体的溶解度和释放出来的有效成分种类增加，单位时间内生物机体对有效成分的吸收效率提高，药物起效时间缩短，作用时间延长，所以对机体的作用效果更好，强度更大。对不同粉碎度的中药三七（具有止血愈伤、活血散瘀、抗炎消肿的功效，是云南白药的主要原料之一，其有效成分为三七总皂苷）进行了体外溶出度试验，结果表明三七 45min 溶出物含量和三七总皂苷溶出量大小顺序为：微粉>细粉>粗粉>颗粒。

（4）无过热现象，有利于保留生物活性成分　在超微粉碎过程中无过热现象，甚至可以在低温状态下粉碎，并且粉碎速度快，这样可以最大限度地保留生物活性成分和营养成分。因此也适用于含芳香性、挥发性成分的药材。

（5）减少剂量，提高药材利用率　药材经超微粉碎后，用小于原处方的药量即可获得原处方的疗效或效果更好。根据药材性质和粉碎程度的不同，一般可节省药材 30%～70%。据初步统计，微粉中药的丸剂和散剂给药量可减少到原来的 1/5～1/3，汤剂给药量仅为原来的 1/20～1/5。而且药材经超微粉碎后，一般不用进行煎煮浸取就可以直接制剂，这样既可以减少有效成分的损耗，提高药材的利用率，又可以减少工序。

目前，中药超微粉碎存在的主要问题如下。

①中药材的属性和所含有效成分各不相同，对粉碎后颗粒大小的要求以及技术设备、水平都不尽相同。

②中药经超微粉碎后，由于粒径的减小容易使颗粒处于不稳定状态，易聚集形成假大颗粒，易吸附空气中的水分和杂质，这些都不利于微粉中药的制剂、保存、运输。

目前该技术常用于一些作用独特的传统名贵中药的粉碎（如西洋参、灵芝孢子、珍珠等），这些滋补保健中药经微粉化后可使利用率大大增加。

3.3.4.2　半仿生提取法（semi-bionic extraction method，SBE）

半仿生提取法是为经消化道给药的中药制剂所设计的一种新提取工艺。其应用原理是将整体药物研究法与分子药物研究法相结合，从生物药剂学的角度，模拟口服给药及药物在胃肠道的转运过程，采用选定 pH 的酸性水和碱性水依次连续提取药料，提取液分别滤过、浓缩，制成口服途径给药的制剂。其目的是提取含指标成分高的活性混合物，它与纯化学观点的酸碱法是不能等同的，具体做法是以一种或几种有效成分、总浸出物等作指标和（或）主要药理作用作指标选择提取工艺，不拘泥于某种化学成分或适合纯化学成分的药理模型，而是考虑到综合成分的作用。以芍药苷、甘草次酸为指标，比较芍甘止痛颗粒半仿生提取法和传统水煎煮法的提取率，结果半仿生提取法优于传统水煎煮法。

SBE 既体现了中医临床用药综合作用的特点，又符合口服药物经胃肠道运转吸收的原理。同时不经乙醇处理，可以提取和保留更多的有效成分，缩短生产周期，降低成本。并可利用一种或几种指标成分的含量，控制制剂的内在质量。但目前该技术仍沿袭高温煎煮法，长时间高温煎煮会影响许多有效成分，降低药效。

3.3.4.3　微波辅助萃取法（microwave extraction method 或 microwave assisted extraction method）

微波辅助萃取技术是微波和传统的溶剂萃取法相结合后形成的一种新的萃取方法。1986 年，匈牙利学者首次报道了利用微波能从土壤、种子、食品、饲料中分离各种类型的化合物。此后，其应用范围逐渐扩展。近年来，该技术在天然药物化学成分提取领域中的应用日益受到重视。

微波指频率在 300MHz～300kMHz 之间的电磁波。介质在微波场中分子会发生极化，将其在电磁场中所吸收的能量转化为热能。介质中不同组分的理化性质（如介电常数、比热容、含水量等）不同，吸收微波能的程度不同，由此产生的热量和传递给周围环境的热量也不相同。用微波炉来加热食物也是这样的工作原理。

微波技术在中药萃取中的应用主要体现在两个方面：一方面通过快速破坏细胞壁，加快有效成分的溶出；另一方面使许多难溶物质在微波的作用下得到较好的溶解，从而提高了萃取的速度和得率。与常规方法相比，具有萃取时间短、溶剂用量少、提取率高、溶剂回收率高、不会破坏天然热敏物质等优点。如微波强化萃取薄荷叶中的薄荷油，与传统乙醇浸提相比，微波处理的薄荷油几乎不含叶绿素和薄荷酮。

3.3.4.4　高速逆流色谱（high speed counter-current chromatography，HSCCC）提取技术

高速逆流色谱提取技术是一种不用任何固相载体或支撑体的液-液分配色谱技术，能实现连续有效的分配分离功能。该技术采用一根可长达一百多米的空心柱，利用螺旋管的方向性与高速行星式运动相结合而产生一种独特的流体力学现象，使两相溶剂在螺旋管中实现高效的接触、混合、分配和传递，从而实现无载体快速高效分离、分析各类化合物。该技术诞生于 1982 年，随后美国、日本、中国、俄罗斯、法国、英国、瑞士等国都开展了此项研究，并广泛地将其应用于天然药物有效成分的分离制备，包括生物碱、黄酮、蒽醌、木脂素、肽类和蛋白质等各类化合物。

HSCCC 是基于液-液分配原理的。HSCCC 的工作原理：当仪器工作时，互不相溶的两相溶剂在绕成线圈的聚四氟乙烯管内具有单向性流体动力学平衡性质，溶剂在聚四氟乙烯管内作高速行星运转时，如用其中一相溶剂作固定相，则恒流泵可以输送另一相溶剂载着样品穿过固定相。两相溶剂在螺旋管中实现高效接触、混合、分配和传递。由于样品中各组分在两相中的分配能力不同，因此在聚四氟乙烯管中移动的速度也不同，因而能使样品中各组分得到分离（如图 3-6 所示）。对于不同的组分可以采用不同的溶剂系统，控制不同的条件加以分离分析。

HSCCC 的优点：

(1) 操作简便，容易掌握　该仪器操作简单，对样品的预处理要求低，仅需一般的粗提物即可。

(2) 分离范围广　可以从小分子、中分子到生物聚合物的分离，没有分子大小的限制。

(3) 分离量较大　进样量可从 mg 级到 g 级，体积可从几毫升到几百毫升，可以用于中药粗提物中各成分的分离或进一步精制。

(4) 回收率高　由于该技术没有固定载体，不存在吸附和降解，理论上样品的回收率可达 100%。在实际操作中只要调整好分离条件，一般都有很高的回收率。

(5) 分离效率高　HSCCC 能实现梯度操作和反相操作，能重复进样，不存在固态载体所造成的吸附损耗、样品变性、沾染和色谱峰形拖尾畸变等问题，最终得到的产品纯度高。

目前，高速逆流色谱仪已成功地开发出分析型和制备型两大类，用于中药成分的定量分析和分离制备。分析型 HSCCC 的分离度和重现性与 HPLC 类似，但仪器价格低廉、性能可靠、分析成本低、易于操作，是一种适用于中药质控的现代化仪器。制备型 HSCCC 的特点是高流速、高浓度，可用于中药粗提物中各成分的分离，也可进一步精制。甚至从粗提物一步纯化到纯品，来制备中药化学成分标准品。在这个方面，北京市新技术应用研究所已取得了较好的科研成果。

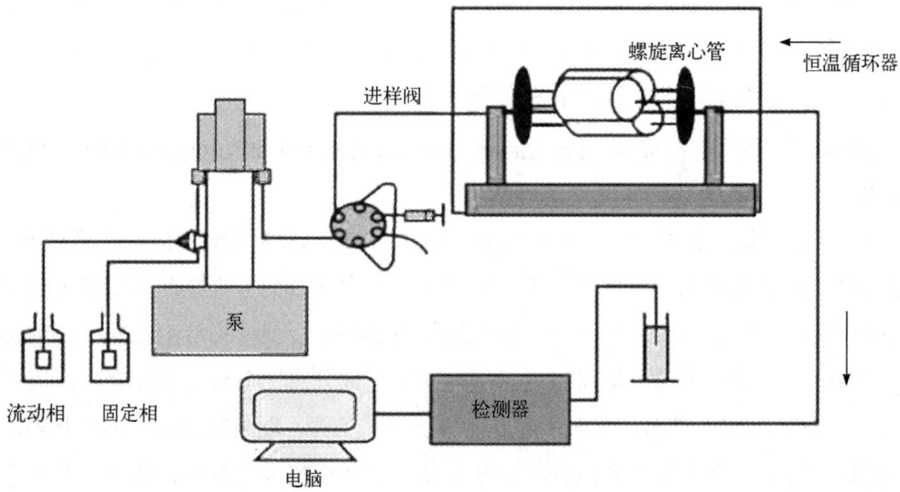

图 3-6 HSCCC 的分离流程

3.3.4.5 超声波提取法（ultrasonic wave extraction method）

中药有效成分大多为细胞内产物，提取时往往需要将细胞破碎，而现有的机械或化学破碎方法有时难以取得理想的破碎效果。超声波是一种频率范围在 15～60kHz 的高频机械波，它在溶液体系中产生的空化作用可加速植物有效成分溶出，具次级效应，如机械振动、乳化、扩散、击碎、化学效应等，也能加速欲提取成分的扩散、释放并与溶剂充分混合而利于提取。

拓展阅读 3-5

超声波提取法最大的优点是提取时间短、无须加热、产率高、低温提取有利于有效成分的保护等，可以为中药大生产的提取分离提供合理化生产工艺、流程及参数。超声波作用可以激活某些酶与细胞参与的生理生化过程，从而提高酶的活性，加速细胞新陈代谢过程；超声波的热效应、机械作用、空化效应是相互关联的，通过控制超声波的频率与强度可突出其中某一作用，减小或避免另一个作用，以达到提高有效成分提取率的目的。

有学者以姜黄素-乙醇水溶液的浸提过程为研究对象，研究了超声场介入对固液体系的浸取速率和提取率的影响，并与升温及机械搅拌进行了比较，发现超声波提取不仅加快了动力学过程，还提高了收率。研究不同频率超声波对提取黄芩中有效成分（黄芩苷）的影响，结果发现：在同一提取时间，频率分别为 20kHz、800kHz、1100kHz 时，黄芩苷的得率在 20kHz 下最高，原因是该频率的超声波有利于黄芩苷转移和黄芩苷与水的混合。应用超声波从槐米中提取芦丁的总提取率能达到 99.82%。

目前，超声波在天然药物的有效成分提取方面已有了一定的应用。但超声波作用的时间和强度需要一系列实验来确定。超声波发生器工作噪声比较大，需注意防护，工业应用有一定困难。而且在大规模提取时效率不高，故仅作为一种强化或辅助手段。

3.3.4.6　酶提取法（enzyme extraction method）

中药中各种有效成分与果胶、淀粉、植物纤维等非需成分混杂在一起。这些非需成分一方面影响植物细胞中活性成分的浸出，另一方面也影响中药液体制剂的澄清度。传统的提取方法（如煎煮、醇浸出等）提取温度高、提取率低、成本高、不安全，而选用恰当的酶，可以通过酶反应较温和地将植物组织分解，加速有效成分的释放提取，选用相应的酶可将这些非需成分分解除去，也可促进某些极性低的脂溶性成分转化为糖苷类易溶于水的成分，从而有利于提取。

目前应用于中药提取方面较多的是纤维素酶，因为大部分中药（植物性药材）的有效成分包裹在细胞壁内，而细胞壁多由纤维素组成，利用纤维素酶能将细胞壁降解，使有效成分破壁而出。在提取穿心莲内酯（穿心莲的主要有效成分）之前，加入纤维素酶进行酶解，与传统工艺比较，穿心莲内酯提取率大大提高，并且两种提取工艺得到的成分没有区别，说明酶的加入不影响所提取的成分。将纤维素酶应用于薯蓣皂苷元的提取，工艺只比原工艺多了一步（对药材的酶解处理），但薯蓣皂苷元的收率得到提高。在国内，上海中药制药一厂首先应用酶法成功地制备了生脉饮口服液。

由此可见，酶法是一项很有前途的新技术。但该技术也存在一定的局限性，其对实验条件要求较高，为使酶发挥最大作用，需先通过实验确定，掌握最适温度、最适 pH 及最适作用时间等；且酶的浓度、底物的浓度、温度、酸碱度、抑制剂和激动剂等对提取物有何影响，还需要进一步研究，才能拓宽其应用领域。

3.3.4.7　大孔吸附树脂纯化分离技术

大孔吸附树脂是 20 世纪 70 年代末发展起来的有较好吸附性能，具有多孔骨架结构的高分子材料。一般为白色的球状颗粒，平均孔径在 30～100Å（1Å=0.1nm），粒度为 20～60 目。它的理化性质稳定，不溶于酸、碱及有机溶剂，不受无机盐类及强离子低分子化合物的影响。大孔树脂呈网状结构的微小孔穴，其构成多为苯乙烯型和 1-甲基丙烯酸酯型。前者为非极性树脂，后者为中性树脂。又依据树脂的结构、孔径和比表面积的不同，分为不同的类型和型号。根据药液成分的不同，提取的物质不同，可选择不同型号的树脂，不同的树脂有不同的针对性。当药液通过大孔树脂吸附，其中的有效成分吸附在树脂上，再经洗脱回收，可除掉药液中杂质，是一种纯化、精制药物的有效方法。

大孔树脂的吸附原理主要是依靠它和被吸附的分子（吸附物质）之间的范德瓦耳斯力，通过它巨大的比表面积进行物理吸附而工作的，使有机化合物根据吸附力及其分子量大小可以经一定溶剂洗脱而分开，达到分离、纯化、除杂、浓缩等不同目的。此外，它的吸附作用与表面电性和形成氢键等有关。操作的基本程序大多是：

提取液→通过大孔树脂→吸附有效成分的树脂→洗脱→洗脱液回收→洗脱液干燥→半成品

影响大孔树脂分离纯化效果的因素主要有：树脂的型号、孔径和结构；酸碱度；吸附柱的长度、流速和树脂用量；树脂的预处理与再生；洗脱条件。

中药和天然药物所含成分不同，与树脂结合的方式也不同。以下面四种药材水提液为样本，在 LD 605 型树脂上进行动态吸附研究，比较其吸附特性参数。表 3-2 的结果表明除无机矿物质外，其他中药有效部位均可不同程度地被树脂吸附纯化。

表 3-2　四种药材水提液在大孔树脂上的动态吸附研究

药材	黄连	葛根	丹参	石膏
有效部位	生物碱	黄酮	水溶性酚类化合物	无机矿物质
有效部位在树脂上的吸附情况	能吸附	能吸附	能吸附	不能吸附

在中药提取中，同一工艺、不同型号的树脂也会有不同的提取效果。不同结构的大孔吸附树脂对亲水性酚类衍生物的吸附作用研究表明：不同类型大孔吸附树脂均能从极稀水溶液中富集微量亲水性酚类衍生物，且易洗脱，吸附作用随吸附物质的结构不同而有所不同，同类吸附物质在各种树脂上的吸附容量均与其极性及水溶性有关。其主要用途是分离、脱盐、浓缩及去除杂质。其优点如下。

①大孔树脂吸附色谱法比表面积大，吸附容量大、选择性好、易于解吸附、机械强度高、再生处理简便、吸附速率快、工艺简单、生产成本低、不受无机物影响，在我国已广泛用于中药有效成分的提取、分离、纯化工作中。

②在中药制剂工艺过程中，应用大孔树脂吸附技术所得提取物体积小、不吸潮、易制成外形美观的各种剂型，特别适用于颗粒剂、胶囊剂和片剂。

3.3.4.8　膜分离技术（membrane separation technology）

用天然或人工合成的高分子薄膜，以外界能量或化学位差为推动力，对双组分或多组分的溶质和溶剂进行分离、分级、提纯和浓缩的方法，统称为膜分离法。使用膜分离技术（包括微滤、超滤、纳滤和反渗透等，见图 3-7）可以在原生物体系环境下实现物质分离，可以高效浓缩富集产物，有效去除杂质。

由于膜分离可在常温下操作，因此特别适用于热敏性物质，如生物或药物成分的分离和提纯。

中药和天然药物的化学成分非常复杂，通常含有生物碱、苷类、黄酮类等小分子有效成分，同时还含有蛋白质、树脂、淀粉等无效成分。研究表明中药有效成分的分子量大多数不超过 1000，而无效成分的分子量在 5000 以上（需要注意的是，有些高分子化合物具有一定的生理活性或疗效，如香菇中的多糖、天花粉中的蛋白质）。膜分离技术正是利用膜孔径大小特征将成分进行分离提纯，体现出它的优越性，因而在中药领域中的应用日益广泛

（表 3-3）。

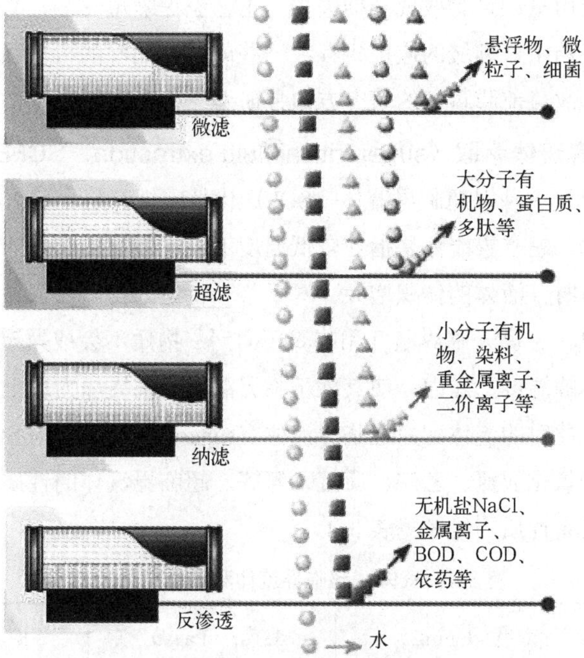

图 3-7　膜分离技术的分类

表 3-3　中药生产中的膜分离技术

过程	膜类型	膜孔径	推动力	传递机理	主要应用
微滤（MF）	多孔膜	⩾0.1μm	压力差 0.01～0.1MPa	筛分	无菌过滤细胞收集、去除细菌和病毒
超滤（UF）	非对称膜	10～100nm	压力差 0.1～1MPa	筛分	滤除细菌、微粒、大分子杂质（胶质、鞣质、蛋白质、多糖等）
纳滤（NF）	非对称膜或复合膜	1～10nm	压力差 0.5～1.5MPa	筛分、Donnan 效应	药物的纯化、浓缩脱盐和回收
反渗透（RO）	非对称膜或复合膜	⩽1nm	压力差 1～10MPa	溶解扩散	药物的纯化、浓缩和回收；无菌水的制备

在表 3-3 所述的几种方法中，目前应用较多的是超滤技术。1 万～3 万分子量的超滤膜可以制备注射用水、输液及中药注射液，5 万～7 万分子量的超滤膜可以制备口服液和固体制剂。如抗厥注射液（复方山茱萸制剂）、刺五加注射液、丹参注射液的制备工艺均可采用超滤法。超滤法制备中药注射液工艺简单，可去除杂质和热原，主成分损失率低，可部分脱色，澄清度及制剂稳定性好。用于口服液的澄清，也能较好地保留有效成分，且澄清度、稳定性及除菌效果均比水提醇沉法好。如应用超滤法澄清和精制生脉饮口服液，在澄清度、去杂降浊效果、有效成分含量等方面的考察显示，与原工艺相比，本法更能去除杂质，保留有效成

分。用超滤法提取黄芩苷一次，产率和纯度均高于常规方法。用超滤法制备神宁胶囊，与醇沉法相比能减少中药用量，且有效成分损失少，工艺流程缩短。

膜分离技术在中药生产领域的应用也存在一些问题，如膜的机械强度不高、耐腐蚀性差和使用寿命较短等，故目前膜科学的研究方向是研发一些新型无机膜，并提高其性能。

3.3.4.9 超临界流体萃取（supercritical fluid extraction，SCFE）技术

超临界流体萃取是一种以超临界流体（SCF）代替常规有机溶剂对中药有效成分进行萃取和分离的新型技术。超临界流体是指在较低温度下，不断增加气体的压力时，气体会转化成液体，当温度增高时，液体的体积增大，对于某一特定的物质而言，总存在一个临界温度（T_c）和临界压力（P_c），高于临界温度和临界压力后，物质不会成为液体或气体，这一点就是临界点。改变气体的温度、压力，使其处于临界温度和临界压力以上，形成一种介于液体和气体之间的流体，此时的流体即为超临界流体（supercritical fluid，SCF），这类物质比较多，如二氧化碳、一氧化亚氮、乙烷、庚烷、氨等。超临界流体的性质与气体、液体的性质有比较大的差异，三者性质的比较见表 3-4。

表 3-4 气体、超临界流体和液体性质比较

状态	密度/（g/mL）	黏度/（Pa·s）	扩散系数/（cm^2/s）
气体	（0.6～2.0）$\times10^{-3}$	0.05～0.35	0.01～1.0
超临界流体	0.2～0.9	0.20～0.99	（0.5～3.3）$\times10^{4}$
液体	0.8～1.0	3.00～24.00	0.5～2.0

从表 3-4 可以看出，超临界流体既有气体的低黏度和扩散系数，又有液体的高密度和溶解度，因而具有很好的传质、传热和渗透性能，对许多物质有很强的溶解能力；超临界流体的物理化学性质在临界点附近对温度、压力的变化十分敏感，即在不改变其化学组成的条件下，可以用压力及温度连续调节其性质；少量的共溶剂也可大幅度改变超临界流体的性质。它的这些特异性能，使其在医药、化工、食品、香料等方面获得了广泛的应用。由于二氧化碳本身无毒、无腐蚀性、临界条件适中、价廉易得、可循环使用，故成为 SCFE 技术中最常用的超临界流体，称为超临界 CO_2 流体萃取法。

早在 1879 年，有关超临界流体对液体和固体物质具有显著溶解能力的这种物理现象就有报道。1978 年，建立了世界上第一套用于脱除咖啡豆中咖啡因的工业化 SCFE 装置。此后各国学者迅速认识到超临界流体的独特物理化学性质，开始进行多方面的研究工作，一度使 SCFE 成为科学研究领域的热点之一，也使 SCFE 应用和发展到许多领域。

利用该技术提取中药中的有效成分也是其应用领域之一。许多中药提取分离的 SCFE 工艺条件被提出，正逐步推广应用到规模生产中去。目前，该技术在我国已成功地应用于银杏叶、金银花、紫草、紫杉、沙棘油、月见草、黄花蒿、白芍、生姜、当归、大蒜、木香等 30

多种药材的提取。该技术的应用方向有以下几种。

①单一成分或几种极性相似成分的提取分离。

②复方中药制剂提取物的提取分离，获得多种成分的萃取物，同类物质按照沸点由低到高逐渐进入超临界相。

③与其他单元操作结合应用来提取分离所需的活性成分，去除非需要成分或有毒成分。如银杏叶提取物（GBE）中酚酸性成分（毒性成分）的去除，可使该类成分降低到 10^{-5} 级。

④去除或减少粗提取物中有机溶剂残留量、农药残留量及重金属残留量，便于与国际标准接轨。

⑤与色谱、质谱、高效液相色谱等分析仪器联用，成为一种有效的分离、分析手段，能高效、快速地进行药物成分的分析。

与中药传统方法相比，SCFE 具有独特的优点。

①萃取能力强，提取率高。用超临界 CO_2 萃取中药有效成分，在最佳工艺条件下，能将要提取的成分几乎完全提取，从而大大提高产品收率和资源的利用率。

②可以在低温下提取。超临界 CO_2 临界温度低（35～40℃），操作温度低，能较完好地保存中药有效成分不被破坏、不发生次生化。因此，特别适合那些对热敏感性强、容易氧化分解破坏的成分的提取。

③完全没有有机溶剂残留。全过程不使用有机溶剂，所以产品是纯天然的。

④超临界 CO_2 可以提取许多传统法提不出来的物质，且较易从中药中发现新成分，从而发现新的药理药性。

⑤提取时间快、生产周期短。超临界 CO_2 萃取（动态）循环一开始，分离便开始进行。一般提取 10min 便有成分分离析出，2～4h 便可完全提取。同时，它不需浓缩步骤，即使加入夹带剂，也可通过分离功能除去或只是简单浓缩。

⑥超临界 CO_2 萃取，操作参数容易控制，从而确保有效成分及产品质量稳定。

⑦超临界 CO_2 还具有抗氧化、灭菌作用，有利于保证和提高产品质量。经药理、临床证明，超临界 CO_2 萃取中药，不仅工艺上优越，质量稳定且标准容易控制，其药理、临床效果能够保证或更好。

⑧超临界 CO_2 萃取工艺，流程简单，操作方便，节省劳动力和大量有机溶剂，减小“三废”污染。

需要注意的是，因为 SCFE 采取的萃取剂均为脂溶性，所以对极性偏大或分子量偏大（一般大于 500）的有效成分提取率较差，可以通过加入合适的夹带剂进行改善。超临界 CO_2 萃取中药一般采用的萃取装置如图 3-8 所示。

超临界流体萃取技术适于一些资源少、疗效好、剂量小、附加值高的产品。伴随着高压技术的不断发展和提高，SCFE 技术与设备的投资费用将会大大降低，若与其他单元操作结合应用，其效率会更高，对促进中药生产现代化发展将会起到积极的推动作用，在中药提取分离中的应用前景广阔。

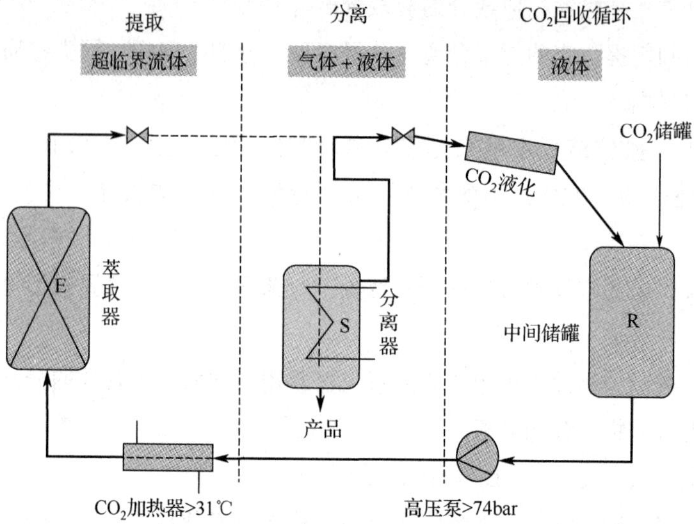

图 3-8 超临界 CO_2 萃取装置

注：1bar=10^5Pa

3.3.4.10 絮凝沉淀法

絮凝沉淀法是在混悬的中药提取液或提取浓缩液中加入一种絮凝沉淀剂，蛋白质、果胶等与该沉淀剂发生分子间作用，从而沉降，达到精制和提高成品质量目的的一项新技术。

中药制药工业对中药提取液的澄清，最经典的方法是醇沉法。但已有不少报道认为将乙醇作为澄清剂有诸多不合理性，如把不溶于醇的无机物成分作为杂质除去是不妥的，许多具有生物活性与免疫作用的蛋白质、多糖也极易被乙醇沉淀。另外，醇沉法工艺时间长、成本高、乙醇损耗量一般在 30%以上，成品中残存的乙醇也可能对药效有所影响。采用絮凝沉淀法应用于中药药液的澄清，不仅可降低成本、缩短生产周期，也能保证制剂稳定性及有效成分的含量。目前在中药提取液的澄清工艺中所使用的絮凝剂种类很多，有鞣酸、明胶、蛋清、101 澄清剂、ZTC 澄清剂、壳聚糖等。

（1）101 澄清剂 为水溶性的胶状物质，安全无毒，不引入杂质并可随沉淀后的不溶性杂质一同除去，通常配成 5%的水溶液使用。有研究证明，101 澄清剂应用于黄芪、茯苓提取液的澄清，能保持药液中氨基酸与总有机酸等有效成分的含量。应用于麻黄、莲子心、黄连等提取液的澄清，能保证药液中生物碱的含量。应用于玉屏风口服液的澄清，总浸出物与多糖的含量均比药典工艺高。

（2）壳聚糖 壳聚糖又称可溶性甲壳素，是一种含氨基多糖的天然高分子物质，带正电荷，可沉降药液中带负电荷的悬浮物，为一种新型的絮凝澄清剂。用其来澄清白芍提取液，能很好地保留其中的有效成分芍药苷。另有学者考察壳聚糖对 80 种药材（含有不同成分、不同药用部位）的澄清范围，对其中部分单味药材进行薄层色谱鉴别及含量测定，并将絮凝液与水煎液、醇沉液作比较，结果表明壳聚糖用于大部分单味中药浸提液均能起到一定的澄清作用，保留其中大部分有效成分，并能明显提高多糖和有机酸的转移率。

(3) ZTC天然澄清剂 可除去鞣质、蛋白质、胶体等不稳定成分，并且不影响中药的有效成分（如黄酮、生物碱、苷类、氨基酸、多肽、多糖等）。应用于八珍口服液的澄清，药液中芍药苷、氨基酸、多糖、总固体的含量高于水提醇沉法所得药液，药理实验也证明该方法所制得的药液，其作用优于八珍丸。

在中药生产过程中应用的新技术还有高速离心、分子蒸馏等。在此就不一一阐述。

3.4 中药和天然药物前处理、浸提、分离纯化的工艺设计和优化

中药材经过提取、分离与纯化、浓缩与干燥，到制成符合制剂要求的原料，涉及生产工艺、装备及质量管理的多个环节，任何一个环节的疏忽，都会导致药品质量不合格，致使同一厂家的同一品种不同批次之间的质量差异较大，不同厂家同一品种的质量差异就更大。有效成分的含量是衡量产品质量的一个关键指标，药材中有效成分的浓度不高，会加大服用剂量，同时由于无效或效用低的部分的存在会使中药容易吸潮变质，难以保存，因此必须对中药材的有效成分进行提取分离。提取是从药材原料中分离有效成分的第一步单元操作，直接关系到产品有效成分的含量，影响内在质量、临床疗效及经济效益。因此在中药生产中，有效成分提取、分离的工艺设计尤为重要。

一套具有较高水平的中药提取、分离、纯化工艺应具备如下特点：能基本实现连续操作，对每个关键工序进行数据监测、控制，对实施整个过程进行跟踪，既能进行单元操作，又能找出最佳工序条件。本节对各个环节的工艺设计进行简要介绍。

3.4.1 前处理工艺设计和优化

前处理包括药材的清洗、干燥、切片及粉碎。药材的前处理，特别是药材的粉碎和均匀度与药材的浸提、分离、纯化、制剂，都有较密切的关系。因此要求药材的粒度适宜均匀，以便各颗粒需要的萃取时间大体相等。采用一套能产生粒度适宜和均匀颗粒的粉碎机组，是保持提取工序稳定运行较关键的步骤。

如果选择超微粉碎，应视具体情况选择合适的超微粉碎设备。另外还可以对药物进行超微粉碎前的预处理：热处理（适用于水分多的黏性药材或油性大的种子类药材）、冷处理（适用于含糖分高的药材）、水处理（适用于复方制剂中含黏液质较多的药材或胶性极大的药材）和油处理（适用于油胶树脂类药材）等。

3.4.2 浸提工艺设计和优化

浸提是一个复杂的过程，当药材加入溶剂后，溶剂通过浸泡扩散作用，将药材中所含的化学成分逐渐溶解，使其扩散到溶剂中，直到细胞内外溶液中被溶解的化学成分的浓度达到平衡。因此，在浸提过程中，药材的粉碎度、浸提温度、时间、溶剂等，都是影响浸提的因素，必须选用合理的条件，提高有效成分的提取率。

3.4.2.1 影响浸提的因素

（1）温度对浸提质量的影响　渗透、溶解、扩散能力随温度升高而增大，溶液的黏度随温度升高而降低，因此，浸提中加热可加强分子运动，又可软化组织，提高溶解度，加速扩散，从而提高提取率。但对含有大量淀粉、黏液质等多糖类的药材，由于加热可增加它们在水中的溶解度或有效成分遇热易分解，因而影响过滤速度或产品疗效，故应避免加热提取。对新鲜药材，加热有利于成分的提取。用有机溶剂提取药材时，加热虽可提高提取率，但需注意防止溶剂挥发损失，且应注意操作安全。

（2）提取时间对提取质量的影响　有效成分的提取率随提取时间的延长而增加，直至达到平衡为止。当然过长是没有必要的，不仅浪费时间，且往往使杂质随时间延长而大量提出，影响质量。如提取大黄中的大黄酸，用很短的热浸法煮沸 3min，其含量可达最高值，几乎接近原料中的含量。与此相反，提取黄连中的小檗碱和黄连碱时，要加入大量的水，进行较长时间的提取，才能使有效成分溶出。所以应当选择合适的提取时间。目前水煎中药一般以煮沸后再煎 0.5h 即可，用乙醇加热提取则多为煮沸后再延长 0.5～1h。

（3）粒度对提取质量的影响　药材粉末的粒度越小，比表面积越大，提取率越高。但粒度过小会使吸附作用加强，因而扩散速率受到影响，使杂质浸出量也增加，导致分离提纯困难、生产成本增加。而且黏液质等多糖类用水提取时，由于药粉过细易产生更大的胶冻现象，使大量细胞破裂，溶质间更易形成糊状，影响有效成分的浸出，且不易过滤。一般来说，用水提取时，药材粉碎度以通过粗筛的药粉或切成薄片为宜；以乙醚、乙醇等有机溶剂提取时，以采用通过 20 目筛的药粉为宜；含淀粉较多的根、根茎类药，宜粗不宜细；而含纤维较多的叶类、全草、花类、果仁等可略细，以 20 目筛药粉为宜，主要以不影响过滤等操作而且有较高的提取率为准。

（4）溶剂对提取质量的影响　提取过程的实质是中药中的有效成分从药材内部向溶剂中转移的过程。因此有效成分在所使用溶剂中的溶解度大小非常重要。不同的溶剂对各种成分的溶解性不同，同一种药材原料用不同的溶剂提取，可得到成分不同的提取液。如番泻叶以冷水为溶剂提取时，可得大量的有效成分蒽醌衍生物及少量无效成分（如叶绿素等）；但用浓醇提取时，则可得大量有害成分树脂，能引起腹痛，而蒽醌衍生物却提出甚少。山道年在水中的溶解度很小，但用蛔蒿为原料提取山道年时，由于原料中其他杂质的存在，山道年在水中的溶解度加大。叶绿素可溶于石油醚，但中药中的叶绿素用石油醚就不易提出，这是因为植物中的叶绿素往往与蛋白质结合，改变了它本来的理化性质。此外提取溶剂的酸碱度、固液比、提取次数等因素均会对提取物质量产生影响。

3.4.2.2 提取工艺的设计和优化

由于中药成分复杂，若要体现中医药理论指导的自身特色，需尽可能保留中药传统制剂合理的本质，注重成分和疗效的密切相关性等诸方面，则中药提取工艺的研究和选择十分重要。加之单方、复方，不同处方不同剂型，同一处方不同剂型等各种因素和条件，既要考虑共性的一面，更要考虑个性的一面，没有一个各处方、各剂型皆适合的工艺模式。尤其是在确定中药制剂的提取方法时，要针对具体处方和中药材进行实验筛选后确定，不能都用汤剂煎煮的常规方法。

（1）传统提取技术的优化　主要是针对传统浸提方法工艺参数进行较为系统的考察，以指标成分的浸出率为指标，通过正交设计、均匀设计、比较法等优选浸提工艺条件，确定参数。

（2）装置及相关系统的选择　提取工序是整个提取生产线的关键。根据不同工艺的需要选择不同的提取方式。不同的提取方式及其特点见表 3-5。

表 3-5　不同的提取方式及其特点

提取方式	特点
静止提取	提取效率差，设备结构简单
外循环提取	提取效率高
罐内搅拌加外循环的强化提取	提取效率高，但设备结构较复杂
其他形式的强化提取	不同药材的效果不一，但设备结构较复杂，需添加诸如电磁振动、脉冲、超声波设备等

3.4.3 分离纯化工艺设计和优化

3.4.3.1 工艺的选择应考虑的基本因素

以去除中药水提液中醇不溶性杂质为目的的分离工艺，仍较多地采用水提醇沉法；乙醇提取液或澄清度要求较高的剂型多需经过醇提水沉法处理；分离中药提取物中某些可离子化的成分，采用离子交换法，利用中药成分在水中的溶解度与酸碱度有关的性质，可采用调 pH 法使其溶解或分离；除去中药提取液中主要带负电荷的杂质以提高澄清度为目的，常采用絮凝技术；中药提取液中的低分子有效成分与高分子杂质的高效分离，可采用透析法或超滤法。根据不同的工艺来选择所需的设备。

3.4.3.2 优化工艺应具有的基本特点

最终设计的整套工艺应具有如下特点。

①采用性能良好的粉碎机，使药材颗粒均匀。

②采用定时批量进料，动态提取，增大提取强度。

③药液定时出料，采用专用沉降式离心机，连续进行分离，药渣自动出料或通过机械密

封装置送至室外。

④采用先进、成熟的浓缩和离心喷雾设备，以获得优质的浸膏粉末。

⑤对生产过程中的各项温度、压力、料液液位、流量、浓度等进行自动检测和控制，生产可实现全自动控制，并可用于车间的全面管理，为产品的质量提供可靠保证。

⑥在整个生产过程中，物料都能在管道或密闭的设备内，不与外界发生直接接触，符合药品生产要求。

参考文献

[1] 徐莲英, 陶建生, 冯怡, 等. 中药制剂发展的回顾[J]. 中成药, 2000, 22(1): 6-21.

[2] 臧振中, 杨明, 管咏梅. 自动控制技术在中药提取工艺中的应用与展望[J]. 世界科学技术-中医药现代化, 2018, 20(11): 1943-1949.

[3] 李绍平, 赵静. 中药质量控制研究关键科学问题[J]. 药物分析杂志, 2023, 43(7): 1104-1109.

[4] 谷佳玉. 壳聚糖絮凝剂的研究进展与应用[J]. 山东化工, 2013, 42(8): 64-67, 70.

[5] 孙晓倩, 徐凌霞. 中药制药过程监测及工艺优化方法研究进展[J]. 当代化工研究, 2022, 24: 167-169.

[6] 周鹏, 宋晨, 池仕红, 等. 中药提取工艺研究进展[J]. 中兽医医药杂志, 2022, 41(5): 37-43.

[7] 郭好好, 王晶, 陈圆, 等. 高速逆流色谱法提取分离天然产物中生物碱的应用[J]. 中国中药杂志, 2023, 48(08): 1989-1999.

[8] 陈兴广, 江姗, 陈誉丹, 等. 高速逆流色谱技术在中药领域应用的研究进展[J]. 广东化工, 2020, 47(18): 105-108.

[9] 王玺, 仇萍, 彭晓珊, 等. 集成膜技术在中药制药工业中的应用研究进展[J]. 中国药学杂志, 2020, 55(22): 1836-1841.

[10] 张强, 李景剑. 超滤膜分离技术在中药制剂生产中的应用[J]. 广东化工, 2023, 50(4): 120-123.

[11] 赖菁华, 刘立科. 大孔吸附树脂在中药提取分离中的应用研究[J]. 海峡药学, 2016, 28(10): 34-36.

[12] 刘川铭, 刘猛刚, 缪菊连. 超临界 CO_2 萃取技术在中药提取中的应用研究进展[J]. 广州化工, 2021, 49(17): 26-28.

[13] 邓双炳, 吕翔, 王章伟, 等. 减排、集采等新形势下关于中药提取研究的思考[J]. 南京中医药大学学报, 2022, 38(5): 445-451.

[14] 徐小彬. 中药提取工艺优化及有效成分评价[J]. 化工设计通讯, 2023, 49(12): 214-219.

[15] 张雅娟, 姜云耀. 中药材质量的研究方法和进展[J]. 中医药学报, 2021, 49(7): 106-112.

[16] 陈凯先, 张卫东. 中药现代化与中药创新[J]. 中国食品药品监管, 2022(8): 4-13.

[17] 张伯礼, 杨胜利, 果德安. 中药现代化与国际化探索[J]. Engineering, 2019, v. 5(1): 7-10.

[18] 刘怡君. 中药饮片质量标准的研究现状及相关思考[J]. 中国质量监管, 2023, (6): 92-93.

[19] 毕琳丽, 马冰洁, 陆婉婷. 中药饮片生产和流通企业质量控制中的实践和建议[J]. 上海医药, 2023, 44(15): 61-64.

[20] 朱颖, 宋佩林, 周海伦, 等. 从 1. 0 到 4. 0 的中药炮制技术发展现状评析及展望[J]. 中国实验方剂学杂志, 2024, 30(1): 276-285.

[21] 潘秀英. 中药前处理与药物粉碎的应用探讨[J]. 化工管理, 2014, 7: 17.

[22] 李淑芳, 陈晓明, 丁舒, 等. 高速逆流色谱技术在天然产物研究中的应用进展[J]. 保鲜与加工, 2021, 21(9): 122-128.

[23] 王喜军, 陈随清. 生药学[M]. 北京: 中国中医药出版社, 2023.

[24] 华会明, 娄红祥. 天然药物化学[M]. 8 版. 北京: 人民卫生出版社, 2022.

[25] 冯年平. 中药药剂学[M]. 北京: 科学出版社, 2017.

[26] 凌一揆, 颜正华. 中药学[M]. 5 版. 上海: 上海科学技术出版社, 2022.

[27] 李冀, 左铮云. 方剂学[M]. 北京: 中国中医药出版社, 2021.

思考题

3-1. 传统中药、民间药和民族药三者有何异同?

3-2. 中药与天然药物的工业化生产中有哪些高新技术?

3-3. 中药与天然药物制药的工业生产过程有哪几个基本步骤?

3-4. 影响浸提的因素有哪些?

3-5. 请列举出我国古代药物发展史上影响较大的三部著作，并简要描述它们的内容和特点。

3-6. 如何理解中药的毒性?

3-7. 有效成分与生理活性成分有何异同?

3-8. 工业大生产中如何选择溶剂?

3-9. 中药与天然药物提取的传统方法有哪些? 各有何特点?

3-10. 什么是超临界流体萃取? 它用于中药和天然药物的提取分离有何优缺点?

3-11. 水提醇沉法和醇提水沉法有何异同?

第4章

生物制药技术与工程

4.1 概　　述

4.1.1 生物药物及生物技术药物简介

4.1.1.1 生物药物定义及发展史

生物药物是指以生物体、生物组织、细胞、体液等为原料，通过综合利用物理学、化学、生物化学、生物技术和药学等学科的原理和方法，制造出的一类用于预防、治疗和诊断的制品。广义的生物药物包括从植物、动物、微生物及海洋生物等生物体中制取的生化药物，通过发酵生产的微生物药物，运用以基因工程为核心的现代生物技术生产的生物技术药物等。需要说明的是，广义的生物药物通常包括天然植物药物，但本书将其与中药一起在第3章做了介绍，故本章所指的生物药物一般不包括该类药物。

生物药物的发展有着非常悠久的历史，《左传》记载，鲁宣公十二年（公元前597年）就有“麴”（类似植物淀粉酶制剂）的使用。到公元4世纪，葛洪著《肘后备急方》中记载用海藻酒治疗瘿病（地方性甲状腺肿）。而沈括著《沈存中良方》将生物药物的使用进一步加以扩展，至明代李时珍《本草纲目》更是达到了一个历史高峰。1796年，英国医生琴纳（E. Jenner）发明了用牛痘疫苗治疗天花，从此用生物制品预防传染病得以肯定。1860年，巴斯德（L. Pasteur）发现细菌，开创了第一次药学革命，为抗生素的发现奠定了基础。1928年英国弗莱明（A. Fleming）发现青霉素至1941年在美国开发成功，标志着抗生素时代的开创，推动了发酵工业的快速发展。生物制药最具里程碑意义的事件当属1921年，加拿大科学家F.C.Banting和C.Best最初发现、纯化了胰岛素并成功应用于临床。随后甲状腺素、各种必需氨基酸、必需脂肪酸和多种维生素等一批生物药物相继应用于临床或保健。20世纪40～50年代又发现了肾上腺皮质激素和脑垂体激素，20世纪60年代以来，从生物体内分离纯化酶制剂的技术日趋成熟，酶类药物如尿激酶、链激酶、溶菌酶、天冬酰胺酶、激肽释放酶相继得到广泛应用并成为具有独特疗效的药物。

生物技术的发展带动了生物制药技术的发展。20世纪50年代提出的DNA双螺旋理论及 20 世纪 70 年代发展的重组 DNA 技术、单克隆抗体技术使生物制药进入了崭新的时代。1978 年重组人胰岛素获得成功，1982 年美国和英国批准使用 DNA 重组人胰岛素。1979 年人生长激素又宣告用基因工程法研制成功。1980 年初人干扰素基因在大肠杆菌中表达成功。1986 年人干扰素-α在美国投入市场，其后重组干扰素-γ也在欧美获准上市。1987 年，乙肝疫苗在美国上市，组织型纤溶酶原激活物（t-PA）也在同年上市。随后，美国、日本和欧洲都积极加快了各种基因工程药物的研究开发，如干扰素-α、人生长激素、促红细胞生成素（EPO）、集落刺激因子（CSF）等。目前，促甲状腺激素（TSH）和蛋白质、核酸和多肽的快速分离纯化系统的采用大大加速了生物药物的研究和开发步伐。而人类基因库的多样性为寻找疾病基因，从而为以后的新药研制与开发奠定了基础。现在，生物药物已发展成为药物新的重要门类，目前已接近形成与化学药物和中药三足鼎立之势。

4.1.1.2　生物技术药物

在生物药物大类中，生物技术药物又称基因工程药物，是指以 DNA 重组技术生产的蛋白质、多肽、酶、激素、疫苗、单克隆抗体和细胞因子类药物，也包括用蛋白质工程技术制造的上述产品及其修饰物。另外，应用生物技术研究开发的反义药物、用于基因治疗的基因药物和核酶也属于生物技术药物发展领域。

目前，生物技术药物（biotechnological drug）得到了迅速发展，成为另一新的制药工业门类。生物技术药物进一步分为四大类。

（1）基因工程药物　应用基因工程和蛋白质工程技术制造的重组活性蛋白、多肽及其修饰物，如治疗蛋白、抗体、疫苗、连接蛋白、融合蛋白和可溶性受体等。

（2）基因药物　治疗基因、反义核酸和核酶等。

（3）天然生化药物　动物、植物、微生物和海洋生物来源的天然生化活性物质。

（4）合成或半合成的生物药物。

从以上可以看出，在四大类生物药物中，生物技术药物占了两大类。经过三十多年的快速发展，截至目前，美国 FDA 已经批准了超过 120 款抗体药物，其中诞生了数个年销售额超过 50 亿美元的“超级重磅药物”。生物技术药物在近几十年来获得了飞速发展，表 4-1 列举了一些具有代表性的生物技术药物。

表 4-1　近年上市的部分生物技术药物及用途

药物名称	上市时间	用途	药物名称	上市时间	用途
基因重组人胰岛素	1982 年	糖尿病	贝伐珠单抗	2004 年	结直肠癌
单克隆抗体药物	1986 年	肾移植排斥	喜达诺	2009 年	银屑病
重组人促红细胞生成素	1989 年	贫血	骨髓间充质干细胞	2010 年	1 型糖尿病
赖脯胰岛素	1996 年	糖尿病	脐血的干细胞制剂	2012 年	软骨损伤
利妥昔单抗	1997 年	肿瘤	替萨吉尼克莱塞细胞	2017 年	白血病、淋巴瘤

续表

药物名称	上市时间	用途	药物名称	上市时间	用途
干扰素 β-1a	1996 年	多发性硬化症	RPE65 基因治疗药物	2017 年	视力丧失
重组人凝血因子Ⅸ	1997 年	B 型血友病	B 细胞成熟抗原（BCMA）的定向嵌合抗原受体（CAR）T 细胞疗法	2021 年	骨髓瘤
重组人白介素-11	1997 年	血小板减少等症状	CD19 导向的遗传修饰自体 T 细胞免疫疗法	2021 年	淋巴瘤
重组集成干扰素α	1998 年	丙型肝炎	靶向 BCMA 的 CAR-T 细胞疗法	2022 年	骨髓瘤
阿达木单抗	2003 年	肿瘤	基于腺相关病毒（AAV rh74）的基因疗法	2023 年	肌营养不良

4.1.1.3 国外生物制药技术发展简况

全球生物技术发展经历了三次跨越式发展：1972—1997 年是生物制药第一次跨越式发展，在该阶段，1972 年 DNA 体外重组技术建立，1975 年杂交瘤技术建立，1978 年基因重组胰岛素首次生产，1982 年基因重组家畜疫苗首次上市，1986 年单克隆抗体首次上市；1997 年至 21 世纪 20 年代，生物制药行业实现第二次跨越式发展，在该阶段，1998 年人体胚胎干细胞系建立；21 世纪 20 年代至今生物制药行业实现了第三次跨越式发展，在该阶段干细胞治疗、基因治疗上市。随着生物技术的快速发展，全球生物医药行业的市场规模不断扩大。

美国是现代生物技术的发源地，也是第一个应用现代生物技术研制新型药物的国家，多数基因工程药物都首创于美国。1973 年美国斯坦福大学第 1 次将两种不同 DNA 分子进行体外重组，并在大肠埃希菌（俗称大肠杆菌，*E.coli*）中获得表达。从此揭开了基因工程技术的序幕，为基因工程开启了通向现实的大门，使人们有可能在实验室中组建按自己愿望设计出来的新的生命体。1977 年美国的研究者首次用基因操纵手段获得了生长激素释放抑制因素（somatostatin）的克隆。这是人类第 1 次用基因工程方法生产具有药用价值的产品，标志着基因工程药物开始走向实用化阶段。IQVIA 全球药品销售数据库（Midas）分析数据显示，2018 年全球生物药市场规模达 4428 亿美元，对总药品市场的贡献近 3 成；2019 年全球药品销售 TOP10 的数据显示，2019 年全球销售额前 10 的药品中，生物药占 80%。1985 年美国率先提出人类基因组计划，随后英国、德国、日本、法国、中国 6 个国家共同参与。这一跨世纪的巨大工程已于 2005 年完成，并向世界公布整个人类 DNA 遗传密码。该计划的实施有力地带动了生物技术、仪器设备等一系列产业的发展。

在 20 世纪 90 年代，美国政府投入生物技术的资金年均 100 亿美元。由于生物制药向化学制药公司提出了挑战，化学制药公司通过并购形式逐渐将资本输入生物技术领域。美国在生物技术领域领先的研究包括人类基因组、药物基因组、动物克隆技术、血管发生、艾滋病疫苗等方面，经过 20 多年的发展，生物技术已从最初狭义的重组 DNA 技术扩展到利用生物分子、细胞和遗传学过程生产药物和动植物变种的技术。2019—2023 年，美国 FDA 批准上市的新药中，生物制品和细胞与基因疗法产品的数量从 11 个逐年上升至 24 个。此外，生物制品占据逾一半的畅销品种。从 2023 年全球销售额前十的药品来看，其中包含 5 个单抗、3 个化药、1 个多肽以及 1 个疫苗。

欧洲和日本在发展生物药品方面进展也较快，英国、法国、德国、俄罗斯等国在开发、研制和生产生物药品方面也成绩斐然，在生物技术的某些领域甚至赶上并超过美国。1982 年欧洲首次批准应用 DNA 重组技术生产动物疫苗（抗球虫病疫苗），同年美国和英国批准使用 DNA 重组人胰岛素。1989 年，干扰素-β在日本投放市场。随后欧洲有关国家和日本都积极加快了各种基因工程药物的研究开发，如干扰素-α、人生长激素、促红细胞生成素（EPO）、集落刺激因子（CSF）等。

英国生物技术产业仅次于美国，在这一领域已经获得 20 多个诺贝尔奖。DNA 结构及单克隆抗体结构的阐明，DNA 指纹技术、抗体工程等发明创造为生物技术产业发展创造了十分有利的条件。

20 世纪 80 年代初，德国处于世界遗传工程的前列，拥有世界生物技术专利总数的 20%，仅比美国低 10 个百分点。近年来，德国政府采取了一系列鼓励发展生物技术的措施，政府投资 3.5 亿美元，取得了明显的进展。到了 2008 年，德国生物医药行业的销售额为 44 亿欧元，一度占德国医药行业销售额的 16%，并且德国新批准药品的 31%为生物药剂，德国曾经成为美国之外最大的生物医药生产国，也是欧洲新药研发最多的国家。目前德国生物医药行业尤其在心脏、血液循环、糖尿病、癌症等疾病的病原研究、预防、基因治疗等领域拥有国际先进的水平。

日本特别重视生物医药技术的产业化，素有“美国发明，日本产品”之说，目前日本已有 65%的生物技术公司从事于生物医药研究。日本麒麟公司在生物医药方面的实践位居世界前列，主要产品有干扰素、促红细胞生成素、粒细胞集落刺激因子（G-CSF）、胰岛素等。日本政府的健康与医疗战略推进专门调查会在 2024 年提交了第三期“医疗领域研究开发推进计划（2025—2029 年）”草案。该计划旨在加强以成果为导向的研究，以提升日本的药物研发能力，加速从基础研究到实际应用的连贯性研发，同时推动数字化转型，并加强对传染病突发事件的应对措施。

目前，生物技术药物广泛用于临床，使全世界上亿患者从中受益。其中重要的生物制药产品有促红细胞生成素、重组人胰岛素、干扰素、乙肝疫苗、重组人生长激素、抗血友病因子、组织纤溶酶原激活剂（t-PA），年销售额均在 100 亿美元以上。随着医药生物技术基础研究的不断深入，生物制药新技术、新设备、新品种的不断开发，21 世纪已经成为生物技术药物发展的黄金时代。

4.1.1.4 我国生物技术制药发展简况

我国生物制药（医药）技术起步较晚，但受到重视。经过多年的发展，进入临床研究的生物医药品种已达 150 多个，其中 1/5 为 1 类新药。北京、上海、广州、深圳等地已建立了 30 多个规模化生物医药产业园区，并出台了一些优惠政策，在税收、金融、人才引进、进出口等方面对生物医药企业给予全面支持。目前已经培育了一批龙头企业，在我国生物医药发展中起着主导作用。2003 年，我国已有基因工程干扰素等 21 种生物技术药物投入生产。目前，我国已建成各类生物技术重点实验室和工程研究中心约 500 个，形成了百万人的生物技术研究和开发管理队伍，涉及现代生物技术的企业约 600 家，其中医药生物技术企业约 400 家。生物技术产业已经开始从跟踪仿制向自主创新转变，从实验室探索向产业化转变，从单项技术突破向整体协调发展转变。

在国家有关科技计划特别是 “863 计划” 的大力支持下，我国生物医药技术得到了迅速发展，在基因工程药物和疫苗、单抗导向药物、人工血液代用品、生物芯片的研制，疾病相关基因的定位和克隆、体细胞克隆、遗传病的基因诊断技术、基因治疗、肿瘤免疫治疗、抗血管生成治疗、组织工程、干细胞的研究等方面均取得了可喜成果，逐步缩短了与先进国家的差距，已经开始步入国际先进国家行列，具备了一定的国际竞争能力。一批基因工程药物和疫苗正在从实验室研究向产业化转化，基因工程制药产业已初具规模，应用于诊断或靶向药物的单抗和单抗衍生物的研究进展顺利，为下一阶段抗体产品的产业化奠定了基础；人工血液代用品即将进入临床研究；疾病相关基因的定位和克隆研究获得了重大突破；体细胞克隆和遗传病的基因诊断技术达到国际先进水平；B 型血友病、恶性肿瘤、闭塞性外周血管病等 6 个基因治疗方案已进入临床疗效研究；纳米技术开始应用于医药研究。1999 年我国作为唯一的发展中国家加入国际人类基因组计划，2000 年 6 月如期完成了所承担的 1%的测序任务。2001 年，国际人类蛋白质组组织宣告成立。之后，该组织正式提出启动两项重大国际合作行动：一项是由中国科学家牵头执行的“人类肝脏蛋白质组计划”；另一项是由美国科学家牵头执行的“人类血浆蛋白质组计划”。其中，“人类肝脏蛋白质组计划” 是国际上第一个人类组织/器官的蛋白质组计划，由我国贺福初院士牵头，这是中国科学家第一次领衔的重大国际科研协作计划，总部设在北京。它的科学目标是揭示并确认肝脏的蛋白质，为重大肝病预防、诊断、治疗和新药研发的突破提供重要的科学基础。以上这些为我国医药生物技术在源头上的创新和参与国际竞争奠定了良好基础。

我国医药生物技术及其产业发展到今天已初具规模。当前我国生产的生物技术药物主要以仿制产品为主，产品主要是基因工程药物和疫苗。目前，我国累计开发成功 20 多种基因工程药物和疫苗，取得了新药证书，其中 3 种是拥有自主知识产权的 1 类新药：重组人干扰素 α1b、重组牛碱性成纤维细胞生长因子和重组链激酶。世界上销售额排名前 10 位的基因工程药物和疫苗，我国已能生产 8 种。目前国内市场上国产基因工程药物和疫苗中干扰素有 15 种，主要用于治疗乙肝、丙肝、病毒性角膜炎、妇科病、类风湿关节炎及疱疹等。白细胞介素-2（癌症辅助治疗）、G-CSF（刺激产生白细胞）、GM-CSF（刺激产生白细胞和骨髓移植）、促红细胞生成素（产生红细胞）、重组人生长激素（治疗生长激素缺乏症）、重组人胰岛素、基因乙肝疫苗、口服霍乱疫苗和痢疾疫苗等已开发成功，并获准上市或取得新药证书。

目前，我国已经产业化的抗体主要是体外诊断抗体，常规使用的单抗试剂盒已广泛应用于病原体（病毒、细菌、寄生虫）、肿瘤标志物、激素、自身抗体、细胞表面抗原等检测。国内单抗诊断试剂市场广阔，全国单抗诊断试剂市场规模预计不低于 100 亿元。我国正在进行针对肝癌、肺癌、胃癌等实体瘤以及白血病等靶向药物和高效“弹头”药物研究，同时也进行了人源化单抗、人-鼠嵌合抗体的制备、高效表达载体系统的构建、抗体库等制备抗体新技术的研究。我国治疗性单抗逐步从实验室扩展到临床研究，碘标记的肝癌单抗用于肝癌的放射免疫显像和治疗已进入Ⅱ期临床研究，并取得满意结果。工程抗体的研究也从嵌合抗体到利用噬菌体抗体库技术制备获得了抗 HbsAg 的全分子人源性抗体。

我国在基因治疗领域的工作开展得相对较早，早在 1991 年就开展了 B 型血友病的基因治疗，且获得了很好的疗效。先后有十几位 B 型血友病患者进行了基因治疗。由我国科学家进行的血管内皮生长因子基因治疗阻塞性血管疾病研究进入了特殊临床试验阶段，我国是继美国之后第二个进行此项临床试验的国家。我国在研发基因治疗药物和抗血管治疗药物方面也取得了重大进展，还有多个重大疾病生物治疗方案和治疗药物正在进行临床前期试验和研究。例如，恶性脑胶质瘤多基因治疗综合方案的前期研究及临床研究；新型热休克蛋白（HSP）与抗原融合蛋白靶向性致敏/基因修饰的树突状细胞治疗癌胚抗原（CEA）阳性肿瘤的应用研究；高效表达血管生成抑制因子的基因病毒系统的研制；重组腺病毒载体介导导入野生型 *p53*、*GM-CSF* 和 *B7-1* 基因对恶性肿瘤的生物治疗；表皮生长因子（EGF）受体介导的载体系统对肝癌、肺癌的靶向性基因治疗临床前期的研究；人肝细胞生长因子基因治疗梗死性血管病和病理性瘢痕等。

人类胚胎干细胞对于人类一些疾病如心肌梗死、心肌坏死、帕金森病、阿尔茨海默病、脊髓损伤、皮肤烧伤等的修复与治疗具有广阔的应用前景。我国科学家在干细胞研究方面已取得了可喜的成绩。我国科学家率先在国际上报道了人体表皮细胞存在逆分化现象，即表皮细胞可逆分化转变为表皮干细胞，这一重要发现对揭示人体衰老的奥秘以及对创伤、难治性皮肤病等的临床治疗具有重要意义。由我国科学家第 6 次从人胚胎干细胞分化诱导得到心脏跳动样细胞团，这是我国在人类胚胎干细胞克隆领域获得的唯一此类细胞团；湖南在疾病基因组学、干细胞工程等尖端学科上的技术水平基本上与国外同步，在国际上抢先克隆出第一个神经性耳聋致病基因，实现了我国克隆遗传病基因零的突破，这将成为具有自主知识产权的基因产品。2023 年，我国首次证实了人胚胎干细胞来源的免疫及基质调节细胞（IMRCs）治疗半月板损伤的临床安全性及初步有效性，并进一步揭示了该干细胞修复半月板软骨的重要分子机制，为临床半月板损伤的治疗提供了一种全新、有效的治疗手段。同年，我国科学家在国际上首次成功构建了出生存活的高比例胚胎干细胞嵌合体猴。这些标志着我国干细胞研究已经跻身于世界先进水平。我国成功地把动物血红蛋白改造为安全有效的人血代用品，各项指标都达到了国际先进水平。由我国研制成功的用于治疗骨缺损的有机高分子材料在兔子体内进行试验，这种材料具有良好的生物相容性和骨传导性，新生骨组织在其上以爬行方式生长，一定程度上可使骨缺损尺寸降低到可自身修复的程度，较长时期不降解，力学性能保持良好，有望成为治疗骨缺损的替代物。

4.1.2 生物药物的分类及其作用

生物药物发展至今，已经形成了较为齐全的品种门类，按照生物药物的化学本质和化学特性进行分类，主要分为以下几类。

4.1.2.1 氨基酸类

这类包括天然氨基酸及其衍生物。在生化药物中，这是一类结构简单、分子量小、易制备的药物，有 60 多种。主要生产品种有谷氨酸、蛋氨酸、赖氨酸、天冬氨酸、精氨酸、半胱氨酸、苯丙氨酸、苏氨酸和色氨酸。氨基酸的使用可用单一氨基酸，如用蛋氨酸防治肝炎、肝坏死和脂肪肝；谷氨酸用于防治肝昏迷、神经衰弱和癫痫；*N*-乙酰半胱氨酸用于黏痰、脓性痰、呼吸道黏液的溶解药等，也可用复方氨基酸作血浆代用品和向患者提供营养等。

4.1.2.2 多肽和蛋白质类

主要是人体内的生理活性因子，如激素、免疫球蛋白和细胞生长因子。应用于临床的蛋白质和多肽药物已有 19 种：人胰岛素（用于糖尿病的治疗）、人生长激素（用于儿童生长激素缺乏症的治疗）、生长因子（用于儿童生长激素缺乏症的治疗）、组织型纤溶酶原激活剂（用于急性心肌梗死的治疗）、干扰素α2a（用于毛细胞性白血病的治疗）、干扰素α2b（用于毛细胞性白血病、生殖器疣的治疗）、促红细胞生成素（EPO）（用于透析性贫血、慢性肾衰竭的治疗）、白细胞介素-2（IL-2）（用于治疗肾细胞癌）、粒细胞集落刺激因子（G-CSF）（化学佐剂）、粒细胞-巨噬细胞集落刺激因子（GM-CSF）（用于自体骨髓移植）、血凝因子Ⅷ_C（用于治疗血友病）、血凝因子Ⅸ（用于治疗血友病）等。

4.1.2.3 酶及辅酶类

（1）酶类药物　酶类药物主要包括以下几类。

①助消化酶类：有胃蛋白酶、胰酶、凝乳酶、纤维素酶和麦芽淀粉酶等。

②消炎酶类：有溶菌酶、胰蛋白酶、糜蛋白酶、胰 DNA 酶、菠萝蛋白酶、无花果蛋白酶等，可用于消炎、消肿、清疮、排脓和促进伤口愈合。胶原酶还用于治疗褥疮和溃疡，木瓜凝乳蛋白酶用于治疗椎间盘突出症。胰蛋白酶还用于治疗毒蛇咬伤。

③心血管疾病治疗酶：弹性蛋白酶能降低血脂，用于防治动脉粥样硬化。激肽释放酶有扩张血管、降低血压的作用。某些酶制剂对溶解血栓有独特效果，如尿激酶、链激酶、纤溶酶及蛇毒溶栓酶。凝血酶可用于止血。

④抗肿瘤酶类：L-天冬酰胺酶用于治疗淋巴肉瘤和白血病，谷氨酰胺酶、蛋氨酸酶、组氨酸酶、酪氨酸氧化酶也有不同程度的抗癌作用。

⑤其他酶类：超氧化物歧化酶（SOD）用于治疗类风湿性关节炎和放射病。PEG-腺苷脱

氨酶（PEG-ADA，聚乙二醇化腺苷脱氨酶）用于治疗严重的联合免疫缺陷病。DNA 酶和 RNA 酶可降低痰液黏度，用于治疗慢性气管炎。

（2）辅酶类药物 辅酶在酶促反应中起着传递氢、电子或基团的作用，对酶的催化反应起着关键作用。如辅酶Ⅰ（NAD）、辅酶Ⅱ（NADP）、黄素单核苷酸（FMN）、黄素腺嘌呤二核苷酸（FAD）、辅酶 Q_{10}、辅酶 A 等已广泛用于肝病和冠心病的治疗。

4.1.2.4 核酸类及其衍生物

这类包括核酸（DNA、RNA）、多聚核苷酸、单核苷酸、核苷、碱基等。人工化学修饰的核苷酸、核苷、碱基等的衍生物亦属于此类药物。

（1）核酸类 从猪、牛肝中提取的 RNA 制品用于慢性肝炎、肝硬化和肝癌的辅助治疗。从小牛胸腺或鱼精中提取的 DNA 可用于治疗精神迟缓、虚弱和抗辐射。

（2）多聚核苷酸 多聚胞苷酸、多聚次黄苷酸、双链聚肌胞（PolyⅠ：C）、聚肌苷酸及巯基聚胞苷酸是干扰素的诱导剂，用于抗病毒、抗肿瘤。

（3）核苷、核苷酸及其衍生物 较为重要的有混合核苷酸、混合 DNA 注射液、ATP（三磷酸腺苷）、CTP（三磷酸胞苷）、cAMP、CDP-胆碱、GMP、IMP、AMP（一磷酸腺苷）和肌苷等。也可将它们进行化学修饰后用于治疗肿瘤和病毒感染。

4.1.2.5 糖类

糖类药物以黏多糖为主。多糖类药物的特点是具有多糖结构，由糖苷键将单糖连接而成。但由于单糖结构和糖苷键的位置不同，因而多糖种类繁多，药理功能各异。多糖类药物来源广泛，它们有抗凝、降血脂、抗病毒、抗肿瘤、增强免疫功能和抗衰老等多方面的生理活性。这类药物有肝素、硫酸软骨素 A、透明质酸、壳聚糖、取自海洋生物的刺参多糖（抗肿瘤、抗病毒等）。各种真菌多糖具有抗肿瘤、增强免疫功能和抗辐射作用，有的还有使白细胞升高和抗炎作用。常见的有银耳多糖、灵芝多糖、茯苓多糖、香菇多糖等。

4.1.2.6 脂类

脂类药物包括许多非水溶性的但能溶于有机溶剂的小分子生理活性物质，其在化学结构上差异较大，有以下几类。

（1）磷脂类 脑磷脂、卵磷脂可用于治疗肝病、冠心病和神经衰弱症。

（2）多不饱和脂肪酸（PUFA）和前列腺素 亚油酸、亚麻酸、花生四烯酸、二十四碳六烯酸（DHA）、二十碳五烯酸（EPA）等有降血脂、降血压、抗脂肪肝的作用，可用于冠心病的治疗。前列腺素是一大类含五元环的不饱和脂肪酸，已成功地用于催产和中期引产。

（3）胆酸类 去氧胆酸可治疗胆囊炎，猪去氧胆酸可治疗高血脂，鹅去氧胆酸可作胆石溶解药。

（4）固醇类 主要有胆固醇、麦角固醇和β-谷固醇。胆固醇是人工牛黄的主要原料，β-谷固醇有降低血胆固醇的作用。

（5）卟啉类 主要有血红素、胆红素。原卟啉用于治疗肝炎，还用于肿瘤的诊断和治疗。

4.1.2.7 生物制品类

从微生物、原虫、动物或人体材料直接制备或用现代生物技术、化学方法制成的作为预防、治疗、诊断特定传染病或其他疾病的制剂，统称为生物制品。如疫苗、类毒素和抗体等。

4.1.2.8 动物器官或组织制剂以及小动物制剂

动物器官或组织制剂是一类对其化学结构、有效成分不完全清楚，但在临床上确有一定疗效的药物，俗称脏器制剂，有近40种，如动脉浸液、脾水解物、骨宁、眼宁等。小动物制剂包括蜂王浆、蜂毒、地龙浸膏、水蛭素等。

4.1.3 生物药物的特性

由于来源于生物，且生产制备过程中的一些特殊性，与其他药物相比，生物药物具有自身的特性。

4.1.3.1 药理学特性

（1）治疗的针对性强　由于治疗的生理、生化机制合理，疗效可靠，因此治疗的针对性强。

（2）药理活性高　生物药物是从大量原料中精制出来的高活性物质，因此具有高效的药理活性。

（3）毒副作用小，营养价值高　由于生物药物主要有蛋白质、核酸、糖类、脂类等，这些物质的组成单元为氨基酸、核苷酸、单糖、脂肪酸等，因此不仅对人体无害而且还是重要的营养物质。

（4）常有生理副作用发生　由于生物药物是从生物原料制得的，而生物进化的结果使不同生物，甚至相同生物的不同个体之间的活性物质的结构都有很大差异，其中尤以分子量较大的蛋白质（含酶）更为突出。这种差异使得在用生物药物时就表现出副作用，如产生免疫反应、过敏反应等。

4.1.3.2 生产、制备中的特殊性

（1）原料中的有效物质含量低　如胰腺中胰岛素含量仅为0.002%，长春花植物中长春生物碱含量仅有0.0001%，杂质种类多且含量高，因此提取、纯化工艺复杂。

（2）稳定性差　生物药物的分子结构中一般具有特定的活性部位，而生物大分子药物是以其严格的空间构象来维持其生物活性功能的，因此一旦其空间构象遭到破坏，就会失去其药理作用。

（3）易变质　由于生物药物原料及产品均为营养价值较高的物质，因此极易染菌、腐败，从而造成有效物质被破坏，失去活性，并且易产生热原或导致过敏的物质等。因此生产过程中往往严格要求在低温和无菌下操作。

（4）注射用药有特殊要求　由于生物药物易被胃肠道中的酶所分解，所以给药途径主要是注射用药，因此对药品制剂的均一性、安全性、稳定性、有效性等都有严格要求。同时对

其理化性质、检验方法、剂型、剂量、处方、贮藏方式等亦有明确的要求。

(5) 检验的特殊性　由于生物药物具有特殊的生理功能，因此生物药物不仅要有理化检验指标，更要有生物活性检验指标，这也是生物药物生产的关键。

4.1.4　生物药物的原料来源

自然界中，生物体内的各种生化基本物质是丰富多彩的，各种生物就是生物药物最好的原料资源。因此，生物药物原料以天然的生物材料为主，包括人体、动物、植物、微生物和各种海洋生物等。由于纯天然的生物材料的有限性，随着生物技术的发展，有目的地人工制得的生物原料成为当前生物制药原料的重要来源，如用基因工程技术制得的微生物或其他细胞原料等。

拓展阅读 4-1

4.2　动物来源生物药物及其制备工艺

4.2.1　动物来源生物药物及其特点

动物来源生物药物是指以动物组织或器官为原料，运用各种生化提取分离技术，经提取、分离和纯化得到的一类天然药物。以酶及辅酶、多肽激素及蛋白质、核酸及其降解物、糖类及脂类等药物为主。

动物来源的生物药物除具有生物药物的共同特性以外，尚具有它自己的特点。

(1) 原料来源丰富　动物原料主要有牛、猪、羊等的器官、组织、腺体、血液、毛角等。其次是各种小动物。这类资源的来源丰富且健康、新鲜。这类原料品种繁多，可以制备出人体所需要的各种活性物质，是生产生物药物的主要资源。

(2) 须重视安全性　由于动物与人体的种属差异较大，因此活性物质的结构也有一定的差异。特别是蛋白质类药物在化学结构和空间结构上都会有不同程度的差别。蛋白质是抗原，不同来源的蛋白质注射于人体内要产生抗原反应，严重者会有生命危险。因此，对此类药物的安全性研究要特别引起重视。同时也要重视药效问题。

4.2.2　动物来源生物药物的制备

动物来源生化药物的提取与分离方法因原材料、药物的种类和性质不同而有很大差异。这里只给大家做一般性的概述。

4.2.2.1　动物药物原料的选择、预处理与保存方法

(1) 原料选择　生产原料选择的主要原则：有效成分含量高，原料新鲜；原料来源丰富，易得，原料产地较近；原料中杂质含量少；原料成本低等。有的还要注意动物的年龄与性别。

(2) 原料的预处理与保存　动物原料采集后要立即处理，去除结缔组织、脂肪组织等，

并迅速在–40℃下冷冻储藏。

4.2.2.2 药物的提取

(1) 生物组织与细胞的破碎　生物药物大部分存在于生物组织或细胞中，要提高提取率，必须对生物组织与细胞进行破碎。常用的破碎方法有：①磨切法，该法属于机械破碎方法，使用的设备有组织捣碎机、胶体磨、匀浆器、匀质机、球磨机、乳钵等；②压力法，这类方法有加压与减压两种；③反复冻融法，该方法设备简便，活性保持好，但用时较长；④超声波振荡破碎法，该方法破碎效果较好，但由于局部发热，对活性有损失；⑤自溶法或酶解法，此方法用得较少。

(2) 提取　生物组织与细胞破碎后要立即进行提取。提取时，首先要根据活性物质的性质，选择提取试剂。提取试剂主要有：水、缓冲溶液、盐溶液、乙醇、其他有机溶剂（如三氯甲烷、丙酮等）。其次要考虑提取溶剂的用量及提取次数、提取时间。最后要注意提取的温度、pH、变性剂等因素。这样才可以保证活性物质提取充分而且不变性。

4.2.2.3 药物的分离纯化

(1) 蛋白质类药物的分离纯化方法　这里所说的蛋白质类药物包括蛋白质、多肽和酶类等药物。它们的分离纯化方法如下。

①沉淀法　蛋白质、酶的初步纯化往往用沉淀法。常用的有盐析法、有机溶剂沉淀法、等电点沉淀法、与靶物质结合沉淀法（如抗体-抗原）等。

②按分子大小分离的方法　这类方法有超滤法和透析法（即膜分离方法）、凝胶色谱法、超速离心法等。其中膜分离法可用于生物大分子物质的浓缩、分级和脱盐。

③按分子所带电荷进行分离的方法　利用带电性质进行分离是极其有效的方法。主要有离子交换柱色谱法、电泳法、等电聚焦法等。

④亲和色谱法　亲和色谱具有分离专一性强、操作简便的特点，是当前应用很广泛的分离方法之一。

(2) 核酸类药物的分离纯化方法　核酸类药物生产方法主要有提取法和发酵法。提取法生产 DNA 和 RNA 的主要技术是先提取核酸和蛋白质复合物，再解离核酸与蛋白质，然后分离 RNA 与 DNA。发酵法主要用于生产单核苷酸。

(3) 糖类药物的分离纯化方法　由于各种糖类药物的性质和原料来源不同，没有统一规范的提取和纯化工艺。这里只介绍多糖和黏多糖的一般分离纯化方法。

①提取方法　非降解法适用于从含一种黏多糖的动物组织中提取黏多糖，提取采用的溶剂是水或盐溶液。降解法适用于从组织中提取结合比较牢固的黏多糖。如从软骨中分离提取硫酸软骨素，就是用碱处理进行降解。又如用酶处理法可提取与蛋白质结合的多糖。

②分离方法　常用的分离方法是乙醇沉淀法和离子交换色谱法。

乙醇沉淀法是从提取液中沉淀多糖的最简易方法，也适用于分级分离。4～5 倍体积的乙醇可以使任何结缔组织中的黏多糖完全沉淀。另外，用季铵化合物也可沉淀黏多糖。

离子交换色谱法是使黏多糖的聚阴离子能够很好地被阴离子交换剂吸附和分离，如 Dowex Ⅰ-X_2 离子交换树脂、DEAE-离子交换纤维素等。洗脱可用 NaCl 溶液进行梯度洗脱。

(4) 脂类药物的分离纯化方法

①提取方法　脂类在自然状态下是以结合形式存在的。非极性脂是与其他脂质分子或蛋白质分子的疏水区相结合的。提取脂质药物就是要选择适当的溶剂来破坏这种结合键，将脂质溶解出来。常用的溶剂有组合溶剂，醇是其中的主要成分，此外还有三氯甲烷、甲醇、水等。

②纯化方法

a. 沉淀法　由于不同脂质在丙酮中溶解度不同，故常用它进行沉淀。

b. 吸附色谱法　常用吸附剂有硅胶、氧化铝等。它是通过极性和离子力等把各种化合物结合到固体吸附剂上。洗脱一般是采用极性逐渐增大的洗脱液来进行，非极性的先流出，极性的后流出。

c. 离子交换色谱法　脂质分子的存在有非解离、两性离子和酸式解离三种状态。根据它们在一定 pH 条件下的解离情况，选择适当的离子交换剂可将它们提纯。如 TEAE-纤维素对分离脂肪酸和胆汁酸等就特别有效。

(5) 氨基酸类药物的分离纯化方法

①蛋白质的水解　水解法有酸水解、碱水解和酶水解三种。用盐酸水解为常用方法，其优点是水解迅速、完全，产物全部是 L-型氨基酸，缺点是色氨酸全部被破坏，丝氨酸等部分被破坏。碱水解法易产生消旋作用，较少应用。酶水解法水解不够完全。

②氨基酸的分离方法　常用的氨基酸分离提纯方法有沉淀法、吸附法和离子交换法。

沉淀法是根据形成沉淀的原理不同分为两种：一种是依据不同氨基酸在水中或其他溶剂中的溶解度差异进行沉淀分离；另一种是用特殊试剂沉淀某种氨基酸，如用邻二甲苯-4-磺酸与亮氨酸形成不溶性盐沉淀，再用氨水分解，使亮氨酸游离出来。

吸附法是利用吸附剂根据氨基酸吸附力的差异进行氨基酸分离的方法。苯丙氨酸、酪氨酸、色氨酸的分离就是利用活性炭对其吸附的原理。

离子交换法，氨基酸是两性电解质，在一定 pH 条件下，不同氨基酸带电性质及解离状态是不相同的，因此在离子交换剂上被吸附的强度不同。常用的离子交换剂为强酸型阳离子交换树脂，洗脱主要用 pH 梯度洗脱。

4.3　微生物发酵制药的基本原理与工艺

4.3.1　微生物发酵制药的发展及药物分类

4.3.1.1　微生物发酵制药的发展

微生物发酵制药有着悠久的历史。我国早在宋朝真宗（968—1022 年）年间就开始利用接种人痘的免疫技术预防天花。19 世纪末，L.Pasteur、P.Ehrlich 和 Von Behring 发明了预防或治疗各种细菌性传染性疾病的疫苗和类毒素等。1923 年法国的 A.Calmette 和 C.Guerin 研制出由减毒牛型结核杆菌制成的卡介苗。此后，利用微生物生产疫苗的研究蓬勃发展。而对于抗生素，3000 年前中国就已有利用长霉的豆腐治疗皮肤病的记载。

1877 年，L. Pasteur 与其他几位科学家指出了一种微生物对另一种微生物具有拮抗作用现象，并预计这种拮抗作用能应用于治疗疾病，为微生物药物的出现和发展指出了方向。在随后的 50 年中，人们尝试将多种不同微生物的拮抗作用应用于治疗疾病，但均未获得成功。1928 年，英国细菌学家 A. Fleming 偶然发现了青霉素，但这个重要的发现限于当时的社会条件，没能及时地得到重视。直到第二次世界大战爆发以后，由于医疗的需要，H. Florey 和 E. B. Chain 等重新对点状青霉的拮抗原理进行研究，经过几年的努力，终于分离提纯了青霉素。由于疗效显著，在美国北方地区实验室的帮助下，于 1945 年前后实现了青霉素的大规模生产。这一具有划时代意义的工作，为现代抗生素工业生产奠定了基础，同时也掀起了寻找新抗生素的热潮，一批具有临床应用、农业及畜牧业应用价值的抗生素相继被发现。

抗生素工业的崛起，不仅对很多微生物发酵工艺的发展起到了先驱作用，同时还为现代发酵工业的发展积累了丰富经验，建立了一整套的研究和生产方法。微生物发酵制药必须借助发酵工程来完成，发酵工程技术的研究及在生产过程中的成功应用为 20 世纪 40 年代青霉素需氧发酵的成功奠定了基础，所建立起的深层通气培养法为以后的微生物发酵制药乃至发酵工程提供了新的概念和模式，成为当代微生物工业兴旺发达的开端，并直接影响和激发了氨基酸发酵、维生素发酵以及酶制剂生产等的研究。

细胞融合技术和基因工程的问世,为微生物制药提供了一种新的和有效的菌种获得手段，并能生产原来微生物所不能产生的药物或提高生产效率。同时，随着计算机在线控制技术及固定化细胞技术等在微生物发酵制药工业中的应用，微生物发酵制药将会在未来有更大、更好的发展。

4.3.1.2 微生物发酵制药的药物分类

目前微生物发酵制药生产的药物类型主要如下。

①抗生素类　抗生素能在低微浓度下有选择性地抑制或影响活的机体生命过程的次级代谢产物及其衍生物。目前已发现的抗生素有抗细菌、抗肿瘤、抗真菌、抗病毒、抗藻类、抗寄生虫、杀虫、除草和抗细胞毒性等抗生素。

②氨基酸类药物　目前氨基酸类药物分成单一氨基酸制剂和复方氨基酸制剂两类，前者主要用于治疗某些针对性的疾病，如胱氨酸用于抗过敏、肝炎及白细胞减少症等。复方氨基酸制剂主要为重症患者提供合成蛋白质的原料，以补充消化道摄取的不足。利用微生物生产氨基酸的方法分为微生物细胞发酵法和酶转化法，目前，采用微生物发酵法生产的氨基酸有谷氨酸、赖氨酸、丙氨酸、精氨酸、组氨酸、异亮氨酸、亮氨酸、苯丙氨酸等。采用酶转化法生产的氨基酸有天冬氨酸、丙氨酸、蛋氨酸、苯丙氨酸及天冬酰胺等。

③核苷酸类药物　核苷酸类物质与氨基酸等类似，是微生物的初级代谢产物。目前，用

微生物发酵技术生产的核苷酸类药物及其中间体有肌苷酸、肌苷、5′-腺苷酸（AMP）、三磷酸腺苷（ATP）、黄素腺嘌呤二核苷酸（FAD）、辅酶 A（CoA）等。

④维生素类药物　该类药物及其中间体主要有维生素 B_2（核黄素）、维生素 B_{12}（钴胺素）、2-酮基-L-古龙酸（维生素 C 原料）、β-胡萝卜素（维生素 A 前体）、麦角甾醇（维生素 D_2 前体）等。

⑤甾体类激素　目前可的松、氢化可的松、泼尼松、地塞米松及曲安奈德等甾体激素可用微生物转化来实现，并有良好的发展前景。

⑥药用酶及酶抑制剂　药用酶主要有：链激酶、胶原酶、脂肪酶、纤维素酶、天冬酰胺酶、葡聚糖酶、α-淀粉酶、酸性蛋白酶、超氧化物歧化酶等。

由微生物产生的酶抑制剂有两种。一种是抑制抗生素钝化酶的抑制剂，如β-内酰胺酶抑制剂，包括克拉维酸、橄榄酸、青霉烷砜、舒巴坦等多种，这类酶抑制剂可以和相应的抗生素同时使用，以提高抗生素的作用效果。另一种酶抑制剂是能抑制来自动物体的酶的抑制剂，其中有些可以降低血压，有的可以阻止血糖上升等，如淀粉酶抑制剂能在服用糖时达到阻止血糖浓度增加的目的。

4.3.2　微生物发酵制药的基础

4.3.2.1　制药常用微生物及其代谢产物

在微生物发酵制药中，常用微生物主要有细菌、放线菌、酵母菌和霉菌。

(1) 细菌　自然界中，细菌的分布最为广泛，且数量最多，常以单细胞形式存在。细菌个体很小，一般在 0.5～5μm 之间，要用放大倍数为 1000 倍的显微镜才能较清楚地观察到细菌。细菌属于原核微生物，根据细菌的外形可将细菌分为球菌、杆菌和螺旋菌等。杆菌为自然界分布最广的细菌，其长短及形状相差甚大。微生物发酵制药工业中应用的细菌多为杆菌，如枯草芽孢杆菌（产蛋白酶、淀粉酶）、乳酸杆菌（产乳酸）、梭状芽孢杆菌（产丙酮、丁醇）、醋酸杆菌（产醋酸）、北京棒状杆菌（产味精）、氧化葡萄糖酸杆菌（产维生素 C）及产氨短杆菌（产氨基酸及核苷酸）等。

(2) 放线菌　放线菌亦属于原核微生物，其大小介于细菌与霉菌之间，直径 1μm 左右，广泛存在于泥土之中。在已报道的数千种微生物产生的抗生素中，有 80%以上是由放线菌产生的。在工业微生物与深层发酵技术的研究领域内对放线菌的研究最多，相关发酵技术也最成熟。微生物发酵制药工业中常用的放线菌有龟裂链霉菌（产土霉素）、金黄色链霉菌（产金霉素）、灰色链霉菌（产链霉素）、红色链霉菌（产红霉素）、绛红小单孢菌（产庆大霉素）、委内瑞拉链霉菌（产氯霉素）、卡那链霉菌（产卡那霉素）等。

(3) 酵母菌　酵母菌及霉菌皆属真菌，但酵母为单细胞，形状简单，呈卵圆形、圆形或圆柱形。

酵母菌广泛地生存于空气、土壤、水及果实表皮等处。相对于细菌和放线菌来说，霉菌和酵母菌的个体显得比较大。微生物发酵制药工业中常用酵母菌有酿酒酵母属及假丝酵母属。

酵母发酵可生产饮料酒、酒精、甘油、柠檬酸、富马酸及脂肪酸等。此外，酵母菌体本身富含蛋白质、酶类及多种维生素，故又是医药、食品及化工行业的重要原料，如单细胞蛋白（饲料蛋白）、酵母片等，亦用于提取 RNA、核苷酸、辅酶 A、脂肪酸、磷酸甘油及乳糖酶等。

(4) 霉菌　霉菌广布于自然界，其既可引起食品、粮食、衣物及生活用品霉烂变质，亦用于生产多种有用物质。霉菌呈丝状，与放线菌相似，但菌体大得多。霉菌可无限生长，以致肉眼可见，且其菌丝由多细胞组成，细胞间有隔膜，故霉菌为多细胞微生物。

微生物发酵制药工业中常用霉菌发酵生产抗生素、酶类、有机酸、维生素、激素及酒精等。应用最多的是曲霉属，如黑曲霉（产淀粉酶、蛋白酶、柠檬酸及葡萄糖酸等）；青霉属，如产黄青霉（产青霉素）及展青霉（产灰黄霉素）；根霉属，如米根霉（制曲及生产乳酸等）。

4.3.2.2 微生物培养所需的营养

任何生物的生长与繁殖都需要从外界吸收营养物质。营养物质进入生物体内后，一方面为生物自身的合成代谢提供物质源，另一方面也为生命活动提供能量。为了大量培养微生物，需根据微生物的营养需求配制一组营养物质，这组营养物质就称为培养基。不同微生物所需营养成分差异甚大，因此不可能用同一种培养基满足所有微生物需求，对特定发酵过程，通常需专门设计和配制相应培养基。培养基中各营养成分要有一个在发酵前期有利于微生物的快速生长，在发酵中后期有利于目的产物的大量积累，同时使副产物最少的合适比例，同时还要能够在发酵过程中维持发酵液的酸碱度（即 pH）在一定的范围内。

微生物培养所需的营养物质按其类别主要有碳源、氮源、无机盐、水和氧气及微量生长素等。

(1) 碳源　碳源是微生物细胞中有机含碳物质的主要来源，也是微生物各种代谢产物的主要原料，同时还是微生物代谢活动中所需能量的主要来源。碳源分为有机碳源和无机碳源。有机碳源如葡萄糖、蔗糖、淀粉、脂肪酸、豆油等，无机碳源即 CO_2。

(2) 氮源　氮源是微生物细胞中含氮物质（如氨基酸、蛋白质和核酸等）的主要来源，也是微生物培养过程中仅次于碳源的重要元素。同样氮源可以分为有机氮源和无机氮源。有机氮源如玉米浆、花生饼粉、蛋白胨和酵母膏等，无机氮源有硫酸铵、硝酸盐、氨水、尿素等。

(3) 无机盐　无机盐也是微生物代谢所需的重要物质，其功用主要是构成菌体成分，作为酶的辅基或激活剂，调节微生物体内 pH 及维持渗透压。但无机元素对菌体生长的影响颇为复杂，一般为浓度较低时，促进生长，浓度过大时抑制生长。

无机元素有主要元素和微量元素之分。前者包括磷、硫、钠、钾、钙及镁等，需在配制培养基时添加；后者包括锰、铁、铜、锌等，需要量极微，有时常以“杂质”形式存在于其他主要成分中而无须另外添加。常用无机盐有 KH_2PO_4、K_2HPO_4、NaH_2PO_4、$MgSO_4$、$MnSO_4$、$FeSO_4$ 及 KNO_3 等。

(4) 微量生长素　指一些特殊的有机分子，主要是各种维生素和一些特殊的氨基酸等。维生素是生物体生长繁殖不可缺少的一类小分子有机化合物，它是微生物细胞的重要营养物质，此外许多维生素还是菌体内酶的辅酶。许多维生素需由外界提供，微生物合成甚微或不能合成。在天然氮源及碳源中，均含多种维生素。故配制培养基时，通常无需另外添加。

(5) 水和氧气　微生物的生长离不开大量的水和氧气。因此在培养基的配制时，需用水作为配制培养基的介质，从而保证有足够的水来供应微生物之所需。氧气无须在培养基中加入，而是在菌体培养时以搅拌或通气的方式供给，故微生物培养时空气是氧元素的来源。

4.3.2.3　微生物培养条件及控制

微生物发酵过程除了需要满足营养需求的培养基之外，还需保证温度、pH、溶解氧等外部条件并进行有效的控制。

(1) 温度的影响及其控制　菌体生长及产物形成均是在酶作用下实现的，但温度对酶活性影响极为显著。在一定温度范围内，菌体生长快，温度升高，酶活力增大，反应速率增大，生产期提前。但当温度超过一定范围后，随着温度的升高，酶亦逐渐失活，温度越高，失活越快，因此菌体衰老，周期缩短，产物生成率降低。故要保持正常发酵过程，需维持最适温度。

对微生物而言，最适温度有最适生长温度和最适次级代谢温度之分。对于不同菌种、不同条件及不同生长阶段，最适温度均可能不同，因此需分别对待。

拓展阅读 4-2

微生物发酵过程中，通常在培养基消毒后的冷却过程中对温度加以控制，但随着菌体对培养基的利用及机械搅拌作用，温度上升，而反应器的散热及水分蒸发亦带走部分热量，因此基质温度将发生改变，故需采取适当措施控制反应温度。

(2) pH 的影响及其控制　不同种类的微生物对环境中的 pH 有不同的要求，一般来说真菌喜欢酸性的环境，放线菌喜欢碱性的环境，细菌因种类的不同而两者皆有，但大部分细菌是在微酸性的条件下生长。和温度一样，适合微生物生长的 pH 范围比较广，一般有 5 个 pH 单位，但最适 pH 范围一般只有零点几个 pH 单位。在比较多的情况下，微生物生长繁殖所需的最适 pH 与次级代谢时的最适 pH 是不一致的，且微生物的初级代谢对 pH 的敏感度较低而次级代谢对 pH 的敏感度较高。由于营养成分的消耗和代谢产物的分泌都会影响到发酵液的 pH，因此在发酵过程中当有生理酸碱性物质消耗或产生时，必须在配制培养基时提高培养基的 pH 缓冲能力，必要时可以通过补料来控制发酵液中的 pH。目前国内已研制出监测发酵过程的 pH 电极，用于连续测定及记录 pH 变化，并由 pH 控制器调节酸、碱及糖的加入量以控制发酵液最适 pH。

拓展阅读 4-3

(3) 溶解氧的影响及其控制　由于在制药工业中所使用的微生物菌种基本上都是好氧性微生物，因此在发酵生产中溶解氧的控制连同搅拌的控制也是微生物培养条件中的重要内容。

在液体培养条件下，微生物只能吸收溶解在发酵液中的溶解氧，因此发酵过程中氧的供应通常是个关键因素。从葡萄糖氧化的需氧量来看，1mol 葡萄糖完全氧化生成水和 CO_2 时，需耗 6mol 氧。但是当糖用于细胞合成时，1mol 葡萄糖仅需耗 1.9mol 氧，即每耗 1g 葡萄糖需耗 0.3g 氧。但在同一溶液中氧的饱和度仅为 0.0007%（7mg/L），比糖浓度小 7000 倍，故为使浓度为 50g/L 的葡萄糖转化为细胞材料，必须向培养液连续补充大量氧。在实际生产中影响溶解氧浓度的因素包括培养温度、通气量、罐压、搅拌速度、菌体的生长速率（即微生物的不同生长阶段的速度）、发酵液的黏度、发酵罐内培养液的装量等。从供氧方面考虑，就是尽可能地通过增加通气量、提高搅拌速度（搅拌使微生物和氧气充分接触）、提高罐压、使用空气分布器和挡板等措施来保证氧的供应量大于氧的消耗量。

4.3.2.4 微生物群体生长规律

微生物在有限培养基的液体培养条件下，群体生长规律（即生长过程）可以用微生物的生长曲线来表示。微生物的生长曲线由以下四个部分组成。

（1）延迟期　少量的微生物被接入到更大体积的新鲜培养基中后，将在一段时间内表现为微生物的细胞个数并没有明显增加，这段时间称为微生物生长的延迟期。延迟期的长短除了与培养环境有关外，还与接种量有关，当其他条件一定时，接种量越大，则延迟期越短。在延迟期内，菌体的数量虽然没有增加，但菌体内的代谢活动还是比较强烈的。

延迟期的存在延长了微生物发酵的周期，在工业生产中即延长了生产周期，降低了发酵设备的利用率，因此希望延迟期越短越好。缩短延迟期的方法包括增加接种量、采用半连续发酵法或连续发酵法。

（2）对数生长期　延迟期之后，微生物细胞开始快速生长和大量繁殖，菌体内的代谢活动十分活跃，个体粗壮，胞内化学组成恒定。如果以菌体细胞的数量或质量的对数值为纵坐标，以培养时间为横坐标，则此时的生长曲线为一直线，称为微生物生长的对数生长期。在对数生长期内微生物菌体的数量和质量的积累，是后续大量生产次级代谢产物的物质基础。

（3）稳定期　当菌体的数量达到一定值以后，发酵液中的主要营养物质已基本耗尽，对生长不利的废物（或称有害物质）也在不断积累，从而使菌体的生长繁殖速度减慢。此时活菌数保持在一个恒定值上，即新增加的活菌体量等于死亡的菌体量。但从对数生长期的后期开始，菌体细胞内的次级代谢活动逐步趋于活跃，在稳定期时这种次级代谢活动达到了高潮，因此设法延长稳定期可达到高产的目的。

（4）衰亡期　随着发酵液中营养成分的进一步耗尽，死亡菌体的数量逐步增加，微生物群体进入了衰亡期。宏观上表现为菌体浓度（菌体的沉降量）减少，发酵液的 pH 上升，次级代谢产物的产量基本恒定，不再增加。图 4-1 是微生物生长曲线和次级代谢产物的产量图。

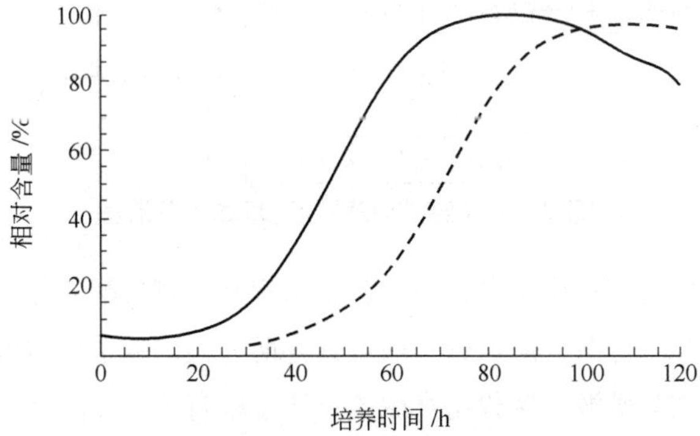

(实线代表菌体浓度，虚线代表药物浓度)

图 4-1　微生物生长曲线和次级代谢产物的产量

4.3.2.5　微生物生长代谢调节规律

微生物的代谢活动与所有其他生物一样，分为能量代谢和物质代谢。其中物质代谢又可分为分解代谢和合成代谢，分解代谢的同时往往伴随着能量的产生，合成代谢的进行过程则需要能量的消耗。因此物质代谢的过程与能量代谢的过程是偶联发生的，而分解代谢和合成代谢两者之间既紧密相连又存在明显差异。从微观看，某一物质的分解必然伴随着另一物质的合成，同一过程针对不同的物质就是分解反应（分解过程）或合成反应（合成过程）。

在工业发酵研究领域内为了更有效地利用微生物资源，人们又根据代谢产物的用途将代谢活动分为初级代谢和次级代谢。初级代谢所得到的产物的种类和数量应是恰好能满足微生物在维持生命和生长繁殖过程中的需要量，是微生物的主要代谢活动。次级代谢产物往往在种类上或数量上都不是微生物所需要的，亦即对微生物来说是属于额外的代谢产物。人类从微生物的代谢活动中所获取的产物可以是初级代谢产物，如核苷酸、氨基酸等，也可以是次级代谢产物，如抗生素、酶抑制剂、生长刺激剂等。其中次级代谢产物占主要地位，尤其是那些对人类有特殊作用（功能）的化合物一般都是次级代谢产物。不同微生物之间，初级代谢产物的生物合成途径基本是一致的，但次级代谢产物的生物合成途径差异很大。

微生物的生长代谢调节规律可以让人们更好地了解微生物细胞内的能量代谢和物质代谢及它们之间的相互制约与协调关系，从而使人们能够对发酵过程进行更好、更有效地操作和控制。

4.3.3　微生物发酵制药的基本工艺

微生物发酵制药从原料到产品的生产过程非常复杂,包含了一系列相对独立的工艺过程。一般来说，微生物发酵制药的生产过程主要包括以下环节：①原料预处理；②培养基配制；③发酵设备和培养基的灭菌；④无菌空气的制备；⑤菌种的制备和扩大培养；⑥发酵（微生物培养）；⑦发酵产品的分离和纯化。其基本工艺流程如图 4-2 所示。

拓展阅读 4-4

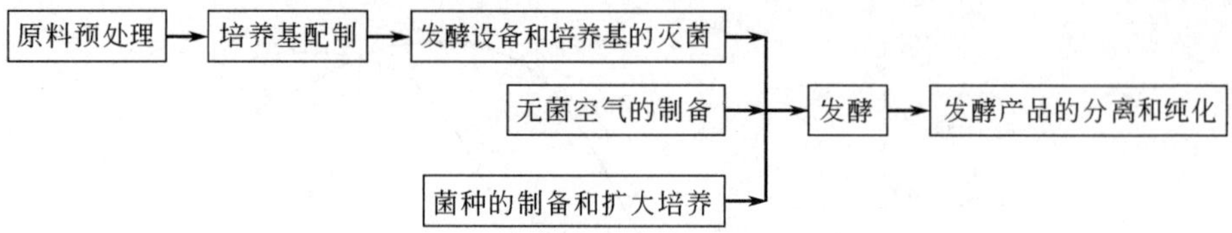

图 4-2 微生物发酵制药基本工艺流程

微生物发酵过程中发酵液中成分很复杂，包括细胞、有机酸、氨基酸、溶剂、抗生素、酶制剂、药用蛋白质等。这些发酵成分一般可分为两大类：能量代谢或初级代谢产物及次级代谢产物。前一类产物与碳源分解代谢产生能量的过程有关，如醇类、有机酸及大部分氨基酸等；第二类产物往往与细胞的生长没有直接的关系，有些甚至是细胞排出的废物，如抗生素等。发酵产物根据其是留在细胞内还是分泌到细胞外可分为胞内及胞外产物。产物的合成规律及存在形式对发酵工艺和产物的分离提取工艺都有很大的影响。

发酵产物往往具有如下特点：产物浓度低、组成复杂；许多具有生物活性的产物对温度、pH、离子强度及剪切力等敏感；用于医药对最终产物的纯度和安全性要求高。因此，发酵产物的分离提纯在生物工程中具有十分重要的地位，分离提纯的投资和操作费用都占有相当大的比重，可达 50%～80%。

图 4-3 显示了发酵产物分离提纯的一般工艺。主要工艺过程或单元有：细胞破碎（只用

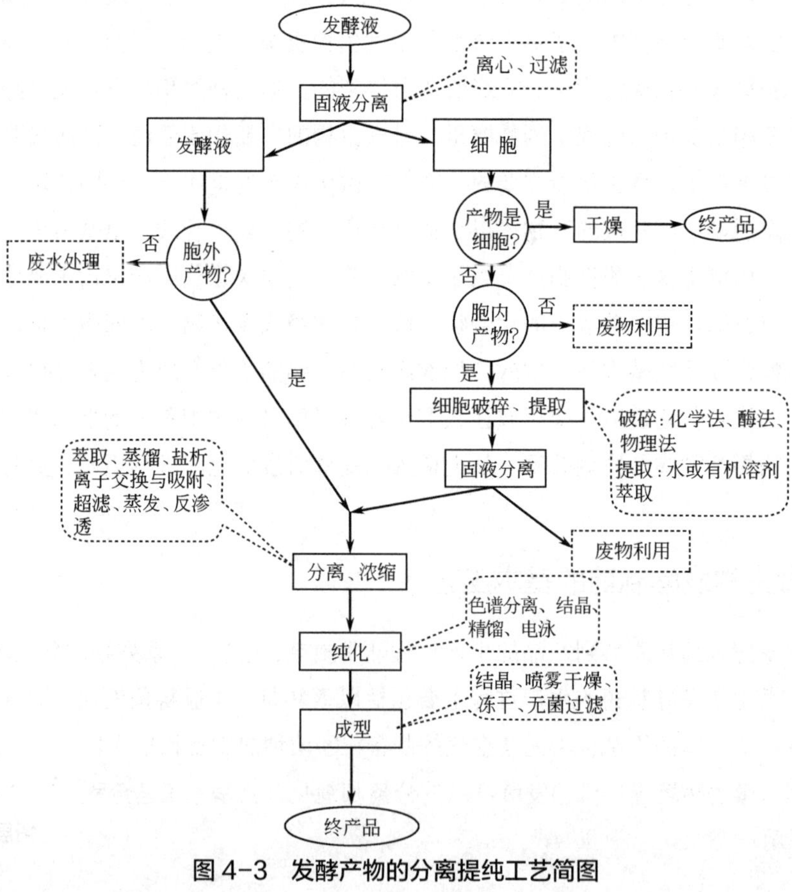

图 4-3 发酵产物的分离提纯工艺简图

于释放胞内产物）、固液分离去除细胞或细胞碎片、产物的初步分离和浓缩、产物的提纯和精制、产物的最终加工和包装。

4.4　现代生物技术制药的基本技术与工艺

4.4.1　现代生物技术制药的技术与工程体系

现代生物技术制药尽管按照生物工程学科范围分为基因工程制药、酶工程制药、细胞工程制药和发酵工程制药 4 类，但在其过程中，基因工程有着非常重要的地位和作用。因此，从生物工程的角度来看，现代生物技术制药实际上是一个以基因工程为主导，包括了细胞工程、酶工程、发酵工程等在内的综合技术体系。

（1）基因工程制药　指利用重组 DNA 技术生产蛋白质或多肽类药物。它是在分子水平上定向改变生物的遗传性，通过获得具特殊功能的“工程菌”或“工程细胞”来制造生物药物。主要工艺过程有获得目的基因、基因重组、重组基因转移、基因工程菌（工程细胞）筛选、鉴定、基因工程菌发酵（或工程细胞培养）、表达产物分离纯化等。

（2）酶工程制药　主要包括药用酶的生产和酶法制药两方面的技术。药用酶的生产主要包括药用酶的发酵生产、药用酶的分离纯化、药用酶分子的改造等技术；酶法制药是指利用酶的催化作用而制造出具有药用功效物质的技术过程，主要包括酶的催化反应、酶的固定化、酶的非水相催化等。除了能全程合成药物分子外，还能用于药物的转化。主要包括酶的选择、酶（或细胞）固定化操作、酶反应器及相应操作条件的优化选择等工作。酶工程生产药物具有生产工艺结构紧凑、目的产物产量高、产物回收容易、可重复生产等优点。作为发酵工程的替代者，其应用具有广阔的前景。

（3）细胞工程制药　利用动、植物细胞培养生产药物的技术。它是以细胞为单位，依据真核细胞的基因重组、导入、扩增和表达的理论和技术，细胞融合的理论和技术等，按照人们的意志有目的地进行精心设计、精心操作，使细胞的某些遗传特性发生改变，达到使细胞增加或重新获得产生某种特定产物的能力，从而在离体条件下进行大量培养、增殖，并提取出对人类有用的产品的过程。利用动物细胞培养可生产人类生理活性因子、疫苗、单克隆抗体等产品；利用植物细胞培养可大量生产经济价值较大的植物有效成分，也可生产人活性因子、疫苗等重组 DNA 产品。现今已可利用重组 DNA 技术来构建能高效生产药物的动、植物细胞株系或构建能产生原植物中没有的新结构化合物的植物细胞株系。

（4）发酵工程制药　指利用微生物代谢过程生产药物的技术。由于传统的从自然界直接获得的微生物或者经过筛选、诱变得到的微生物已难以满足人们的需要，因此 21 世纪用于发酵工程的微生物大多数都将是经过基因重组、改造、转移而获得的具有优良特性的工程菌。利用这些工程菌进行发酵并进行一系列的代谢调节控制，能获得理想的发酵效果并获得人们需要的各种代谢产物。主要过程包括微生物菌种筛选和改良、菌种培养、发酵、产品提取及分离纯化等。

发酵工程制药是在传统微生物发酵工艺的基础上发展起来的现代新技术，与传统的发酵法相比较有不同的特点，见表 4-2。

表 4-2 微生物发酵与发酵工程对比

微生物发酵	发酵工程	微生物发酵	发酵工程
间歇发酵	连续或半连续发酵	天然菌株或化学物理方法诱变株	基因工程或细胞融合获得的新菌株
悬浮细胞	固定化细胞	间接测定反应系统中成分	利用传感器直接测定
温度较低	稳定较高	简单控制	电子计算机控制
细胞利用 1 次	细胞反复利用多次		

除了上述特点之外，发酵工程制药还包括利用微生物的酶体系进行生物转化或酶合成。

从以上可以看出，基因工程、细胞工程、酶工程和发酵工程组成了现代医药生物技术的主体，并且这几个技术体系是相互依赖、相辅相成的。就生产某种新的生物药物而言，很多时候往往需要综合应用这几个技术体系。但在这些技术体系中，基因工程无疑起着主导的作用，因为只有用基因工程改造过的生物细胞，才能赋予其他技术体系以新的生命力，才能真正按照人们的意愿，生产出特定的新型高效的生物药物，因此可以说基因工程是现代生物技术制药体系的基石。

4.4.2 基因工程在现代生物技术制药中的地位和作用

虽然一些内源生理活性物质作为药物已有多年，但是许多在疾病诊断、预防和治疗中有重要价值的内源生理活性物质以及某些疫苗，由于材料来源困难或制造技术问题而无法研制出产品而无法付诸应用；即使应用传统技术从动物脏器中提取出来，也因造价太高而使患者望而却步，或因来源困难而供不应求；另外还由于免疫抗原等缘故，使它们在使用上也受到限制；而且，在提取过程中难免有病毒感染，因此还可能会对患者造成严重后果。

基因的功能是编码蛋白质，因此，自 20 世纪 70 年代基因工程诞生以来，最先应用基因工程技术且目前最为活跃的研究领域便是医药科学。基因工程的突出优越性在于它有能力从极其错综复杂的各种生物细胞内获得所需基因，并将此目的基因在试管中进行剪切、拼接、重组，并转入受体细胞中，从而增产出数百数千倍的新型蛋白质（主要是各种多肽和蛋白质类生物药物）。同时，基因工程还能使带有支配各种各样遗传信息基因的 DNA 片段越过不同生物间特异的细胞壁而组入到完全不同的生物体内，定向地控制、修饰和改变生物体的遗传和变异，从而创造出自然界所未有的具有新的遗传性状的生物新种，并合成出人们必需的新产物。

基因工程技术最成功的成就就是用于生物治疗的新型生物药物的研制。目前，基因工程技术的迅猛发展使人们已能够十分方便有效地生产许多以往难以大量获取的生物活性物质，甚至可以创造出自然界中不存在的全新物质。基因工程技术的应用已经使得人们在解决癌症、病毒性疾病、心血管疾病和内分泌疾病等方面问题中取得明显效果，它为上述疾病的预防、治疗和诊断提供了新型疫苗、新型药物和新型诊断试剂。这些药物和制剂都很珍贵，很难用传统方法进行生产。

所以，在生物技术药物的研制、开发、生产过程中，基因工程技术起着非常关键的作用，有着十分重要的地位，主要表现为以下几点：

①利用基因工程技术可大量生产过去难以获得的生理活性蛋白和多肽，为临床使用提供有效的保障；

②可以提供足够数量的生理活性物质，以便对其生理、生化和结构进行深入的研究，从而扩大这些物质的应用范围；

③用基因工程技术可以发现、挖掘更多的内源性生理活性物质；

④内源性生理活性物质在作为药物使用时存在的不足之处，可以通过基因工程和蛋白质工程进行改造和去除；

⑤利用基因工程技术可获得新型化合物，扩大药物筛选来源。

4.4.3　现代生物技术制药工艺过程

生物技术药物的生产是一项十分复杂的系统工程，分为上游和下游两个阶段。上游阶段是指构建稳定高效表达的工程菌（或工程细胞）；下游阶段包括工程菌（细胞）的大规模发酵（培养），产品的分离纯化、制剂和质量控制等一系列工艺过程。其具体生产过程是：获得目的基因，构建重组质粒，将重组质粒转入宿主菌，构建基因工程菌（或工程细胞），工程菌的发酵（或工程细胞的培养），外源基因表达产物的分离纯化，除菌，产品检验及产品包装等（图 4-4）。此过程中的每个阶段又都包含若干细致的步骤，这些过程和步骤将会随研究和生产条件的不同而有所改变。

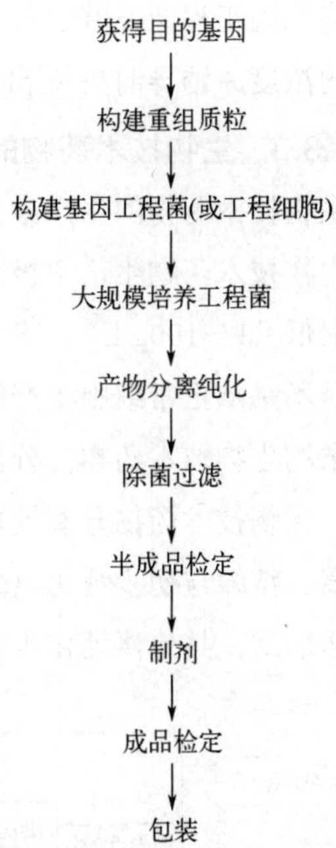

图 4-4　生物技术药物生产的一般过程

4.4.3.1　基因工程菌的构建

生物技术药物的生产过程中，首先必须组建一个特定的目的基因无性繁殖系，即能产生各种药物的工程菌或工程细胞株。基因工程菌的构建主要在实验室内完成，其主要过程包括外源目的基因的获得，基因运载体的分离提纯，重组 DNA 分子的形成，重组 DNA 分子引入受体细胞，重组菌的筛选、鉴定和分析，以及工程菌的获得。

拓展阅读 4-5

4.4.3.2 生物技术药物的发酵生产

（1）基因工程菌的培养方式　目前常用的方式有补料分批培养、连续培养和透析培养。

①补料分批培养　补料分批培养是将种子接入发酵反应器中进行培养，经过一段时间后，间歇或连续地补加新鲜培养基，使菌体进一步生长的培养方法。

②连续培养　连续培养是将种子接入发酵反应器中，搅拌培养至一定菌体浓度后，开动进料和出料的蠕动泵，以控制一定稀释率进行不间断地培养。

③透析培养　透析培养是利用膜的半透性原理使代谢产物和培养基分离，通过去除培养液中的代谢产物来解除其对生产菌的不利影响。

（2）影响基因工程菌发酵的主要因素　利用基因重组技术构建的基因工程菌的发酵工艺不同于传统的微生物发酵工艺，主要体现在两个方面。①就其选用的生物材料而言，基因工程菌是带外源基因重组载体的微生物，而传统的微生物不含外源基因。②从发酵工艺考虑，基因工程菌发酵生产的目的是使外源基因高效表达，并要尽可能减少宿主细胞本身蛋白的污染，以获得大量的外源基因产物，而传统微生物发酵生产的目的是获得微生物自身基因表达所产生的初级或次级代谢产物。因此，仅按传统的发酵工艺生产生物制品是远远不够的，需要对影响外源基因表达的因素进行分析，探索出一套既适于外源基因高效表达，又有利于产品纯化的发酵工艺。

影响基因工程菌发酵的几个主要因素是：培养基的组成、接种量的大小、温度的高低、溶解氧的浓度、诱导时机及 pH。

4.4.3.3 生物技术药物的分离纯化

在生物技术药物的生产中，其分离纯化的费用占整个生产费用的 80%～90%，因此分离纯化是生物技术药物生产中极其重要的一环。由于工程菌经过大规模培养后，产生的有效成分含量很低（1～100g/L），杂质含量和种类却很高和很多。另外由于生物技术药物是从转化细胞，而不是从正常细胞生产的，所以对产品的纯度要求也高于传统产品。所以要得到合乎医用要求的生物技术药物，分离纯化要比传统产品困难得多。

（1）生物技术药物分离纯化的基本过程　生物技术药物的分离纯化一般包括细胞破碎、固液分离、浓缩与初步纯化（分离）、高度纯化直至得到纯品以及成品加工等步骤。不同的产物表达形式，其分离纯化步骤略有不同。其流程如图 4-5 所示。

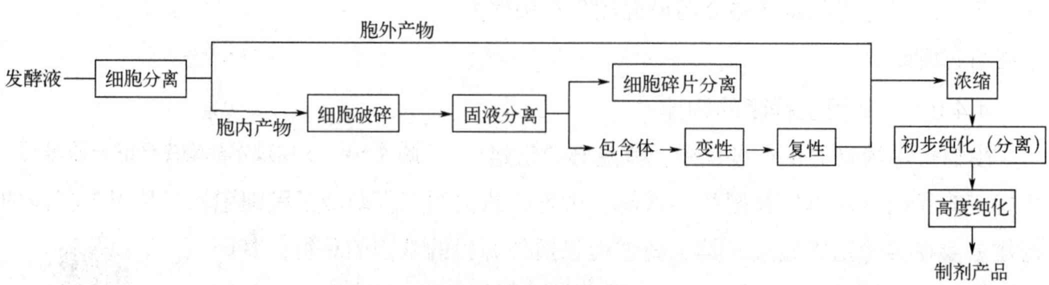

图 4-5　生物技术药物分离纯化的一般流程

(2) 分离纯化过程采用的技术

①细胞收集技术 细胞收集常用离心分离的方法，膜过滤法也逐渐得到广泛应用。

②细胞破碎技术 细胞破碎的目的是破坏细胞外围使胞内物质释放出来（针对胞内产物而言）。细胞破碎是提取胞内产物的关键步骤，它影响产物的活性、收率和成本，因而引起了基因工程和生化工程学者的广泛关注。

目前细胞破碎方法主要有机械破碎法和非机械破碎法两大类。可以根据生产规模和活性蛋白质在细胞中的位置，选择适当的方法。

③固液分离技术 固液分离技术主要有离心、膜过滤和双水相分配技术。目前固液分离中对细胞碎片的分离是生化固液分离中最困难的操作。

④色谱技术 色谱技术是医药生物技术下游精制阶段的常用手段。主要有离子交换色谱、疏水色谱、反相色谱、亲和色谱、凝胶过滤色谱、高效液相色谱等。

4.4.4 生物技术制药工艺过程的质量控制

生物技术药物与传统意义上的一般药品的生产有着许多不同之处。因而从原料到产品以及制备全过程的每一步都必须严格控制条件和鉴定质量，确保产品符合质量标准、安全有效。因此，对基因工程药物的生产过程和目标产品进行严格的质量控制十分必要。

4.4.4.1 生物技术药物的质量要求

除了对一般生物制品的共同要求外，生物技术药物还特别强调了以下质量要求。

①要求提供关于表达体系的详细资料，以及工程菌（或工程细胞）的特征、纯度（是否污染外来因子）和遗传稳定性等资料。

②提供培养方法和产量稳定性、纯化方法以及各步中间产品的收率和纯度，除去微量的外来抗原、核酸、病毒或微生物等的方法。

③要求进行理化鉴定，包括产品的特征、纯度及与天然产品的一致性，如 N 端 15 个氨基酸序列、肽图、聚丙烯酰胺凝胶电泳与等电聚焦、高效液相色谱等分析。一般纯度应在 95% 以上。

④要求进行外源核酸和抗原检测，规定每剂量 DNA 含量不超过 100pg，细胞培养产品中小牛血清含量必须合格。成品中不应含有纯化过程中使用的试剂，包括色谱柱试剂和亲和色谱用的鼠 IgG。

⑤生物活性或效力试验结果应与天然产品进行比较。

⑥生物技术产品的理化和生物学性质与天然产品完全相同者一般不需重复所有动物毒性试验，与天然产品略有不同者需做较多试验，与天然产品有很大不同者则需做更多试验，包括致癌、致畸和对生育力的影响等。

⑦所有生物技术产品都必须经过临床试验，以评价其安全性和有效性。

拓展阅读 4-6

4.4.4.2 生物技术制药工艺过程的质量控制

制药工艺过程的质量控制包括从原料（细胞库的建立与鉴定）、制造过程以及最终产品等多环节或过程的质量控制。

4.5 生物制药技术的新进展与展望

4.5.1 生物制药技术的新进展

近年来，世界生物技术得到了迅速发展。特别是生物制药技术的发展对人类的生命健康、疾病治疗产生了巨大的影响。生物制药技术已进入产业化，并成为世界高科技的新兴产业之一。目前所取得的主要新进展，主要有以下几个方面。

4.5.1.1 基础研究

在基础研究方面，全面展开了新基因的克隆和基因表达调控的研究。基本完成了以 DNA、RNA 和蛋白质为轴心的分子生物学理论和技术两大体系。初步完成的人类基因组测序和正在进行的“人类肝脏蛋白质组计划”和“人类血浆蛋白质组计划”，将为人类疾病的诊断、新药的研制和新医疗方法的探索带来一场史无前例的革命，例如，在新药研制方面，人类基因组技术的应用可以大幅度缩短新药的研制周期和降低新药开发成本。

4.5.1.2 新产品开发

近年来，生物技术在新型生物药剂开发中的应用，取得了卓有成效的进步，特别是基因工程技术的应用，使生物技术药物的品种不断增多。目前，世界上生物技术药物的种类非常丰富，包括但不限于细胞因子、组织纤溶酶原激活剂、重组凝血因子、生长因子、融合蛋白、受体、疫苗和单抗，以及干细胞治疗技术等。在 2022 年全球十大突破性技术评选中，生命科学领域就有 4 项技术上榜，包括“新冠口服药”“AI 蛋白质折叠”“疟疾疫苗”“新冠变异追踪”，与新冠肺炎疫情相关的有 2 项。

美国食品药品管理局（FDA）在 2024 年上半年批准了 21 款新药，其中包括 6 款生物制品。这些新药涵盖了广泛的疾病领域，包括传染病、神经疾病、儿童 2 型糖尿病、不同类型的贫血、慢性体重管理以及其他心脏、血液、肾脏和内分泌疾病的治疗方法。此外，FDA 还批准了 9 款生物制品，其中包括一款 RSV 疫苗、一款基因疗法、一款细胞疗法和多款疾病诊断技术和血液制品。现代生物制药工业已经成为世界医药工业的发展重心。

4.5.1.3 生物新技术开发

细胞工程和基因工程的应用产生了两种医疗技术——细胞移植和基因治疗，目前虽处于试验阶段，但是随着各种技术和研究的发展，各种天然细胞或基因工程细胞有可能成为治疗疾病的生物药物制品。

①干细胞技术　1999 年，美国的研究人员将成人骨髓干细胞在体外成功培养分化为软

骨、脂肪和骨骼细胞。在此基础上，开发以干细胞为基础的再生药物将具有庞大的市场，可治疗软骨损伤、骨折愈合不良、心脏病、癌症和衰老引起的退化症等。近年来，干细胞研究取得了突破性进展，成为当前医药生物技术研究最热门的领域之一。造血干细胞移植是目前治愈难治性白血病和某些遗传性血液病的唯一希望，在肿瘤和难治性免疫疾病的治疗中也有独特的作用。2001 年 11 月，首个慢性肉芽肿性疾病治疗性干细胞产品获得 FDA 罕见病药物认证，干细胞产品正式走向市场。如今干细胞正在成为治疗 200 多种疾病的新星。美国临床试验数据库数据显示，在全球范围内，7230 多项干细胞疗法的临床试验正在如火如荼地进行。这些试验涵盖了从头到脚的几乎所有人体系统，尤其是在传统疗法束手无策的顽疾面前，干细胞疗法展现出了巨大的潜力。

②基因治疗和药物基因组学技术　基因治疗是将外源基因通过载体导入人体，并在体内表达，达到治病的目的。自 1990 年临床首次将腺苷酸脱氨酶（ADA）基因导入患者白细胞，治疗遗传病重度联合免疫缺陷病以来，目前接受基因治疗的患者已达 400 多例，临床研究主要集中在遗传病、心血管疾病、肿瘤、艾滋病、血友病等。基因治疗掀起了一场临床医学革命，为目前尚无理想治疗方案的大部分遗传病、重要病毒性传染病（如肝炎、艾滋病等）、恶性肿瘤的治疗开辟了广阔前景。基因治疗的关键技术之一，是如何将有用的基因引入靶组织中，并使之在合适的地方及合适的时间表达适量的活性肽或蛋白质。现在已有一种方法，使那些需要系统性传递治疗蛋白质的疾病，无须系统传递而只需通过口腔传递进行基因治疗。这个方法目前已获得世界独家专利和许可，适用于血友病、糖尿病和癌症等疾病的治疗。医学上，最具标志性的应用当属无创产前基因检测，通过孕妇的外周血即可检出胎儿的染色体结构异常，从而避免了包括唐氏综合征在内的大量出生缺陷的发生，让无数家庭告别“基因悲剧”。

近年来，精准医学得到了大力的发展。药物基因组学研究利用基因组学和生物信息学研究获得的有关患者和疾病的详细数据，针对某种疾病的特定人群设计开发最有效的药物，以及鉴别该特定人群的诊断方法，使疾病的治疗更有效、更安全。针对一种疾病的不同亚型，生产同一种药物的一系列变构体，医生可以根据不同的患者选用该种药物的相应变构体。药物基因组学可根据患者量身定制新药，使功效和适应证十分明确，可以减少临床试验患者数和费用，缩短临床审批周期；药物上市后，由于具有明确、特异的功效和较小的副作用，更利于医生和患者使用这类价格较贵的新药。

③药物筛选技术　组合化学、药物基因组学和蛋白质组学的发展为科学家们提供了大量的候选化学物质，直接增加了对高通量筛选技术的需求。近年来，由于自动化技术特别是机器人的应用，在新药研究中出现了高通量筛选体系，该系统将组合化学、生物芯片、基因组研究、生物信息、自动化仪器、机器人等先进技术进行了有机组合，创造了一种发现新药的新程序，给传统的药物筛选带来了革命性变化。在 20 世纪 90 年代初期，一个实验室采用传统的方法，借助 20 余种药物作用靶标，一年内仅能筛选 75000 个样品；到 1997 年高通量筛选技术发展的初期，采用 100 余种靶标，每年可筛选 1000000 个样品；而到 1999 年，由于技

术的进一步完善，每天的筛选量就高达 100000 种化合物，大大加速了新药发现的进程。而在 2024 年，利用 AI 虚拟筛选平台可以完成数十亿化合物库的筛选。

④转基因动物、植物技术　生物制药技术的生产方法也取得了进展，以前一般是利用重组 DNA 的微生物来进行生产，但现在可以利用动物、植物来生产蛋白质类药物，例如，利用转基因绵羊生产蛋白酶抑制剂 ATT，可用于治疗肺气肿和囊性纤维变性，已进入Ⅱ期或Ⅲ期临床；用转基因绵羊生产的人乳铁蛋白，预计将进入市场；将霍乱毒素 B 亚单位基因转入马铃薯所得霍乱疫苗马铃薯，每天食用 100g，7 天即可获得免疫力。21 世纪利用转血红蛋白基因的烟草植物来大量生产人造血浆也将成为现实，从而会彻底改变现行的供血状况。

4.5.1.4　新型生物反应器和新分离技术

要得到大量的供医药之用的高纯度的生物药物，必须要利用大型生物反应器和相应的生化分离技术进行批量生产。近年来，随着微生物发酵工业和动物、植物细胞大量培养技术的发展，新型生物反应器正在不断出现。在传统的搅拌式生物反应器的基础上，发展了气升式生物反应器，中空纤维管及陶质矩式通道蜂窝状生物反应器，流化床、固定床生物反应器等。针对各种生物反应器，还开发出了相应的控制装置和技术。在生化分离技术方面，相应发展了细胞破碎技术、固液分离技术、膜分离技术、色谱分离和纯化技术、离子交换色谱及电泳分离技术等。

4.5.2　生物制药技术的展望

未来十年将是生物制药技术大发展的十年。总体看来，今后的生物制药技术主要是针对抗体、疫苗和调节因子三大类。另外对已有的生物制药进行新的改造，以提高药效、降低成本和减少副作用。

（1）利用新发现的人类基因，开发新型药剂　由于与疾病有关的或直接参与疾病的基因具有最大的新药开发潜力，因此在完成人类基因组全部测序计划的 2005 年后，发现很多与疾病有关的新基因，并开发出许多新的医疗用途，推动生物制药技术向纵深发展。据预测，本世纪将有 50%～70%的新药来自基因工程研究。

在未来十年的生物技术药物中，有 2/5 用于多种肿瘤的治疗，如脑瘤、直肠癌和乳腺癌。发展最快的是基因治疗剂，基因治疗的主要对象是囊性纤维变性、癌症及艾滋病等。生物技术药物将使许多老年性疾病得到治疗，是新药“黄金时代”的新开端，如单抗已经用于阿尔茨海默病的治疗。

（2）新型疫苗的研制　疫苗在大量疾病的预防、治疗中起着其他药物无法代替的重要作用。已有的几十种细菌性疫苗和病毒性疫苗，如预防结核的卡介苗，用于免疫和控制危害极大的脊髓灰质炎疫苗等，都已取得了良好的效果。但目前仍有许多难治之症（如癌症、艾滋病等）没有疫苗或现有疫苗不够理想，需要进行更加深入的研究。

未来生物技术疫苗将会迅速增加，主要用于癌症、艾滋病、类风湿性关节炎、镰状细胞贫血、骨质疏松、百日咳、多发性硬化症、生殖器疱疹、乙型肝炎及其他感染性疾病等。正在进行的艾滋病及 20 多种的基因型癌疫苗的研制，多数已处于Ⅰ期或Ⅱ期临床试验阶段，有的已完成Ⅲ期临床试验，临床效果比较好。21 世纪，不断开发的新型疫苗将在控制和治疗一些难治之症中发挥更大作用，造福于人类。

(3) 基因工程活性肽的生产　目前国内外生产或正在研制的淋巴因子、生长因子、激素和酶等基因工程药物，已达几十种，其中多数是基因工程活性肽。其应用有五个方面：①在体外和离体研究中作为细胞培养补充剂；②作为基础研究的对象；③作为研究其他现象（如在免疫方面）的一种辅助剂；④作为诊断剂；⑤用于生物治疗的研究与开发。其中尤在治疗疑难疾病方面占有突出显著的地位。

在人体内存在的维持正常生活的生理调控机制和对疾病的防御机制中，可能有极其丰富的活性肽等物质，但在这些大量活性肽中人们仅了解很少几种。基因工程的兴起，一方面使这些活性肽的生产成为可能，另一方面应用基因工程技术又发现了许多新的活性肽。到目前可能人体还有 90%以上的活性肽尚待发现。因此发展基因工程活性肽药物的前景是十分光明的。

(4) 其他医药业将得到不断改造和发展　生物技术的应用将使医疗技术得到更大的发展。例如，疾病的早期诊断技术将会日新月异。应用生物技术，可以改变现存的传统药材的有效成分，使现存植物成为“转基因药材”。生物技术的应用有可能彻底改变传统药材和人类生物药物的生产和加工，使之适合新时代的要求。

(5) 生物疾病预防与诊治一体化　目前已研究开发的生物技术药物很大部分都是通过解决现在的问题来挽救生命，而几十年后，生物技术的最大转变之一是将医疗保健模式，从发病后的治疗转化成发病前的预测和预防，因此新的诊断手段和预防药物将成为主流。药物基因组学与药物蛋白质组学的研究进展，明显地加快治疗、预防和诊断新方法的开发。因此，生物医学基础科学的发展对生物制药工业的发展将起着愈来愈大的推动作用。

4.5.3　我国生物医药产业发展态势及优势

4.5.3.1　我国生物医药产业发展态势

近年来，中国生物医药产业经历了从“中国制造”向“中国创造”的转变，产业规模持续扩大，部分环节和核心产品已经达到世界领先水平。

(1) 拥有一批具有较大产业化前景的科研成果　目前全国有一大批生物技术科研成果或已申报专利，或进入临床阶段，或正处于规模生产前期阶段，具有较大的产业化前景。我国开展了大量基础研究与应用研究，在功能基因组、重大疾病新靶标、组织工程、干细胞、神经科学、转基因技术、生物芯片等前沿领域取得了一批在国际上有重大影响的技术成果。2023 年，国内药企开展的注册性临床试验数量已与美国不相上下，高技术力疗法和首创新药（FIC）的比例显著增加，国产新药正在向更高端、更具创新性的方向发展。

(2) 产业初具规模并快速增长　随着跨国生物制药企业将研发中心开始向我国转移，以及一大批留学人员回国创办企业，近几年我国新的生物医药技术企业数量迅速增加。一大批生物医药企业快速成长，上海张江高新技术产业开发区、中关村科技园区、苏州工业园区、广州经济技术开发区等一批生物医药产业集聚的园区发展壮大。生物医药已经成为国民经济发展的一个重要的新增长点，成为我国进入创新型国家的重要标志。

(3) 生物医药正在成为一些地区新的经济增长点　生物经济包括医药、农业、环境、海洋、能源、基因组工业。而生物制药作为生物工程中最活跃的因子，展示出其无穷的生命力。十多年来，我国生物医药产业实现跨越式发展，吸引了几千名生物医药领域科学家回国创业，吸纳了大批生物学、化学、医学等领域的科学家、专业人员就业。现在国内生物医药领域的高级人才薪酬水平已经与美国大体相当。

(4) 新兴产业群正在孕育，生物企业呈现集聚化发展趋势　目前，全国已有 20 多个省形成了规模化的生物医药产业集群。而从全国的生物医药产业集群的分布来看，主要集中在山东、江苏、广东等省份。其中山东培育出 8 个国家级生物医药产业集群，包含 6 个创新型产业集群、2 个战略性新兴产业集群。江苏有 7 个国家级生物医药产业集群，主要分布在苏州、南京、泰州、连云港、无锡等城市。广东有 6 个国家级生物医药产业集群，主要分布在广州、珠海、佛山等城市。

4.5.3.2　我国发展生物医药产业的优势

经过数十年的经验积累和人才队伍发展，借助我国地域辽阔、资源丰富的优势以及各级政府的高度重视，发展我国的生物制药技术和产业，至少具备如下优势。

(1) 具有一定的人才队伍　我国拥有一支具有较高水平的生物技术科研队伍，北京、上海等地是国内乃至世界上少有的生物智力密集区之一。而近十年来，我国已有 130 余所高校设立了生物制药专业，其中国家级一流专业达到 10 个，为我国培养了大量的生物医药专业人才。从地域分布来看，我国沿海地区开设生物医药专业的高校较多，包括山东、江苏、浙江等。未来十年，随着生物医药行业的发展，我国生物医药专业建设也将进入黄金发展时期。

(2) 生物资源丰富　我国生物物种在全世界位居第三，生物资源开发利用潜力巨大。如云南有 15000 多种高等植物、1704 种脊椎动物、约 100500 种昆虫，分别占全国的 50%、55%、67%，被誉为“生物资源王国”和“生物基因宝库”。四川、湖南等省的中药材和可药用动物资源很丰富，仅湖南药用植物种类就有 2300 余种，药材年总产量近 2 万吨，现有 42 个专业药材生产基地和两个国家级中药材大市场，常年人工种植药材在 180 万亩（1 亩 = $666.67m^2$）以上。仅广东现有海洋生物 3 万多种，其中约 7500 种生物具有药用价值。

（3）市场潜力巨大 我国是人口大国，近年来由于生活方式、环境变化及人口老龄化等因素，肿瘤、心血管和遗传性疾病患者大幅度增加，患者人数年增长速度超过10%。由于生物药品在治疗这些疾病方面比传统药品效果更显著，人们对生物药品的需求日益增大。

（4）各级政府高度重视生物医药产业发展 生物医药产业是当前新药研究开发的重要领域，我国开发基因工程药物虽然起步较晚、基础差，但一开始就受到各地政府的高度重视。据统计，“十四五”期间，全国有23个省市将生物医药列为重点发展产业。各地政府都出台了促进生物医药产业发展的措施。如上海市在2021年发布了《关于促进本市生物医药产业高质量发展的若干意见》，大力推进生物医药产业发展。近几年，广东省政府以及市级政府连续出台生物医药行业相关政策，大力扶持发展生物医药行业，并设立专项资金进行研发补贴。除了生物医药产业发展较快的沿海地区，四川、重庆等省市也出台了相应的促进生物医药产业发展政策。

参考文献

[1] 夏焕章. 生物技术制药[M]. 4版. 北京：高等教育出版社, 2022.
[2] 郭勇. 生物制药技术[M]. 北京：中国轻工业出版社, 2019.
[3] 朱宝泉. 生物制药技术[M]. 北京：化学工业出版社, 2004.
[4] 刘国诠. 生物工程下游技术[M]. 北京：化学工业出版社, 2011.
[5] 吴梧桐. 生物技术药物学[M]. 北京：高等教育出版社, 2003.
[6] 岑沛霖. 生物工程导论[M]. 北京：化学工业出版社, 2014.
[7] 李继珩. 生物工程[M]. 北京：中国医药科技出版社, 2002.
[8] 李良铸, 李明晔. 最新生化药物制备技术[M]. 北京：中国医药科技出版社, 2002.
[9] 杨汝德. 基因克隆技术在制药中的应用[M]. 北京：化学工业出版社, 2004.
[10] 王联结. 生物工程概论[M]. 北京：中国轻工业出版社, 2002.
[11] 王旻. 生物制药技术[M]. 北京：化学工业出版社, 2003.
[12] 宋思扬, 左正宏. 生物技术概论[M]. 北京：科学出版社, 2024.
[13] 李津, 俞咏霆, 董德祥. 生物制药设备和分离纯化技术[M]. 北京：化学工业出版社, 2003.
[14] 梅乐和, 姚善泾, 林东强. 生化生产工艺学[M]. 北京：科学出版社, 2018.
[15] 贺小贤. 生物工艺原理[M]. 3版. 北京：化学工业出版社, 2015.

思考题

4-1. 什么是生物制药技术？有何特点？

4-2. 什么是生物药物及生物技术药物？它们之间有何关系？

4-3. 生物药物的原料来源有哪些途径？

4-4. 生物药物的制备有哪几种方法？各有何特点？

4-5. 动物来源生化药物的制备其主要工艺过程有哪些？

4-6. 制药常用微生物及其主要代谢产物有哪些？

4-7. 微生物发酵制药有哪些主要工艺过程？微生物的群体生长规律与次级代谢产物之间有什么对应关系？

4-8. 微生物发酵制药中，发酵产物一般可分为哪两大类？有何特点？

4-9. 现代生物技术制药包含了哪些技术体系？它们之间有什么关系？试举例说明。

4-10. 现代生物技术制药工艺过程分为几个主要阶段？每个阶段的主要工作内容及工作重点是什么？

4-11. 生物技术药物的分离纯化包括哪些主要步骤？涉及哪些主要技术？

4-12. 生物技术制药工艺过程的质量控制有哪些主要内容？

4-13. 已经上市的生物技术制药主要有哪几类产品？它们利用了哪些主要技术？

4-14. 生物制药技术的进展与未来展望是什么？

4-15. 生物技术制药在哪些药物领域具备独特的优势？

第5章

药物制剂工程

5.1 概　　述

5.1.1 药物剂型及重要性

药物是指用于预防、治疗、诊断人的疾病，有目的地调节人体生理功能并规定有适应证或功能与主治、用法与用量的物质。药物应用于临床时，不能直接使用原料药，各种原料药物或是粉末，或是液体，或是半固体，有的还带有苦味或异臭，有的具有一定刺激性，为了治疗需要和方便使用，药物必须制成适合于患者使用的最佳给药形式应用于临床。药物剂型指药物以适合于患者使用的不同给药方式和不同给药部位为目的制成的给药形式，如散剂、颗粒剂、胶囊剂、片剂、注射剂、软膏剂、膜剂、栓剂等。而药物制剂是将药物按照某种剂型制成适合临床需要并符合一定质量标准的具体品种。

研究表明，药物剂型与药效关系主要有以下几方面：

(1) 可改变药物的作用速度　例如：注射剂、吸入气雾剂、舌下片等剂型起效快，常用于急救治疗；缓控释制剂、植入剂、丸剂等作用缓慢，常用于慢性疾病的治疗。

(2) 可降低药物的毒副作用　如肾上腺素用于治疗哮喘，口服副作用较多，制成吸入气雾剂，不良反应大大减轻；缓控释制剂能保持血药浓度平稳，避免血药浓度的峰谷现象，从而降低药物的毒副作用。

(3) 可提高药物的稳定性　例如青霉素口服药物在胃肠道很不稳定，将其制备成粉针剂，临用时溶解后再注入体内；又如红霉素在胃酸中不稳定，且对胃有刺激性，制成肠溶制剂可提高其稳定性，并减少对胃黏膜的影响。

(4) 可影响药物的治疗效果　片剂、颗粒剂、丸剂等的不同制备工艺会对药效产生显著影响，特别是药物的晶型、粒子的大小发生变化时直接影响药物的释放，从而影响药物的治疗效果。

(5) 可产生靶向作用　如脂质体、微球等微粒给药系统的静脉注射剂，进入血液循环后，被网状内皮系统的巨噬细胞吞噬，从而使药物浓集于肝、脾等器官，起到肝、脾的被动靶向作用；乳剂经肌内或皮下注射后易浓集于淋巴系统，具有淋巴定向性。

（6）可改变药物的作用性质　多数药物改变剂型后其作用性质不变，但有些药物能改变作用性质，例如硫酸镁口服剂型有致泻作用，5%注射液静脉滴注能抑制大脑中枢神经，有镇静、镇痉作用；又如依沙吖啶（Ethacridine，即利凡诺）1%注射液用于中期引产，但 0.1%～0.2%溶液局部涂抹有杀菌作用；再比如米诺地尔口服用于治疗高血压，外用可以治疗脱发。

同一种药物可以制成多种剂型，剂型选择是否得当直接关系到用药的安全性和有效性，对防病治病有重要作用。

5.1.2　药物制剂的分类

临床常用的剂型有 40 多种，如片剂、注射剂、胶囊剂、颗粒剂、软膏剂、气雾剂、膜剂、栓剂等。按不同的分类方法剂型分为如下几类。

（1）按形态分类

①固体剂型　如片剂、胶囊剂、颗粒剂、散剂等；

②液体剂型　如注射剂、溶液剂、洗剂、搽剂等；

③半固体剂型　如软膏剂、乳膏剂、糊剂等；

④气体剂型　如气雾剂等。

形态相同的剂型，制备工艺特点较接近。

（2）按分散系统分类

①溶液型　药物以分子或离子状态分散于分散介质中形成的均相分散体系；

②胶体溶液型（高分子溶液剂）　药物以高分子形式分散在分散介质中形成的均相分散体系；

③乳剂型　药物以液滴状态分散在液体分散介质中形成的非均相分散体系；

④混悬型　固体药物以不溶性微粒状态分散在液体分散介质中形成的非均相分散体系；

⑤固体分散型　固体药物以聚集状态存在的分散体系；

⑥气体分散型　液体或固体药物以微粒状态分散在气体分散介质中形成的分散体系；

⑦微粒分散型　不同大小微粒呈液体或固体状态分散。

该分类方法便于应用物理化学原理阐明制剂特征。

（3）按给药系统分类

①经胃肠道给药；

②非经胃肠道给药的全部给药途径（注射给药、黏膜给药、呼吸道给药、腔道给药、皮肤给药）。

该分类方法与临床应用密切相关。

5.1.3　药物制剂发展历程

药物制剂有着悠久的历史。我国很早以前就有膏、丹、丸、散等不同的药物剂型的记载。在中国早期的医学和药学著作如《针灸甲乙经》《黄帝内经》《金匮要略》等中都有关于药物剂型和疗效关系的记载。我国早期药物的主要剂型有：汤剂、酒剂、醑剂、洗剂、丸剂、膏剂等不同类型。

古代近东地区的古埃及和古巴比伦遗留下来的，著录于公元前 16 世纪的《伊伯氏纸草本》是古代近东地区药物制剂的重要著作，收录有散剂、膏剂、硬膏剂、丸剂、印模片剂、软膏剂等多种剂型，此外还收录了制剂处方、生产工艺和用途等重要信息。

欧洲药物制剂起始于公元 1 世纪前后，被欧洲各国誉为药剂学鼻祖的格林（罗马籍希腊人）在他的专著中著录了散剂、丸剂、浸膏剂、溶液剂、酊剂及酒剂，人们称之为“格林制剂”，其中很多剂型至今仍在一些国家应用。

随着 19 世纪以来西方机械文明的发展，大量制药机械产生，药物制剂的生产工艺发生了巨大的变化，药剂学作为一门专门学科从原来的药物学中独立出来，同时药剂学的研究范围也突破了“格林制剂”的范围，不断地扩展。

进入 20 世纪，医学、生命科学和其他相关基础科学的飞速发展，使药物制剂发生了翻天覆地的变化：在基础理论方面，20 世纪 50 年代，物理化学尤其是非平衡态物理化学的一些理论被应用在药剂学领域，产生了一些药物制剂的基本理论，如药物稳定性理论、溶解理论、流变学、粉体学等；在药物新剂型方面，产生了缓控释制剂、靶向制剂等新剂型，给药途径也由原来单一的口服给药和注射给药，扩展到了黏膜给药、透皮吸收给药等多种途径。

20 世纪 90 年代以来，药物剂型和制剂研究已进入药物递送系统（drug delivery system, DDS）时代。新型药物传递系统已成为药学领域的重要发展方向，目前已经形成了四大类释药系统同时蓬勃发展的新局面。这些释药系统分别是：普通释药系统，如片剂、胶囊剂、注射剂等；缓释给药系统，如延时释放制剂、长效制剂及一些按非零级动力学释药的制剂；控释给药系统，如以零级速度释药或定时、定位释药的制剂，也包括“智能化”控释给药系统；靶向给药系统，如脂质体、微囊、微球、磁性微球等。

由于开发新化学实体药投入多、风险高、难度大，而开发新型释药系统具有成本低、周期短、见效快等特点，很多制药公司开始青睐和重视新型释药系统，许多开发新化学实体药的制药公司开始与拥有药物释放技术的公司进行合作。目前，全球专门从事释药系统研发的公司已有 350 余家，其中比较知名的有阿尔扎（Alza）、阿尔科姆斯（Alkermes）、阿特里克斯（Atrix）、西玛（Xima）、伊兰（Elan）、爱的发（Ethypharm）、夏尔（Shire）等公司。

近半个世纪以来，我国化学制药业从无到有、从小到大，已经成为国际化学原料药的主要生产国。但我国药物制剂的发展相对原料药生产技术而言相对落后，我国药物制剂出口相比原料药出口比例太小，药物制剂工程技术亟待提高。与发达国家相比，我国制剂品种少，制剂附加值低，高水平的新剂型和新制剂比较少，制剂技术相对落后，因此必须加快我国药物制剂的发展步伐。

5.1.4 药物制剂工程

药物制剂的生产是通过一种或若干种原料药，配以适当的辅料组成一定的处方，再按一定的生产工艺流程，借助适当的制药机械，生产出剂量准确、性质稳定、安全可靠的药物制剂的过程。药物制剂工程的主要任务就是实现规模化、规范化生产制剂产品，为临床提供安全、有效、稳定、便利的优质药品。药物制剂工程是以药剂学、工程学及相关理论和技术为基础，综合研究制剂生产实践的应用科学，研究制剂工业生产的基本理论、工艺技术、生产设备和质量管理及制剂新产品的研发等，包括制剂生产工程，制剂质量控制工程，制剂工程设计与验证，新辅料、新机械、新设备研发，吸收和融合了材料科学、机械科学、粉体工程学、化学工程学等学科的理论和实践，是一门综合性的技术学科。

5.2 药物制剂的处方组成

药物制剂的处方是指组成药物制剂的成分，通常主要包括药物（有效成分）和辅料。

生产制剂的原料药物可以来源于化学合成、动物或植物中提取、传统发酵及现代生物技术产品等。同一药物其晶型、粒度等性质的不同，会影响药物的溶出、吸收及稳定性，甚至影响用药的安全性，必须高度重视。

辅料是制剂中除有效成分外的其他成分。国际药用辅料协会（IPEC）将辅料定义为药物制剂中经过合理的安全评价的不包括有效成分的组分。《中华人民共和国药品管理法》规定，辅料指生产药品和调配处方时所用的赋形剂和附加剂。药用辅料须经过合理的安全性评价，虽然通常不具有生理活性，但对药物制剂发挥着多样和重要的作用，其作用包括：在药物制剂制备过程中有利于成品的加工；提高药物制剂的稳定性、生物利用度和患者的顺应性；有利于从外观上鉴别药物；改善药物制剂在储藏和应用时的安全性和有效性。以前人们对辅料在制剂中的作用认识不足，随着对药物从剂型中释放、被吸收性能的深入了解，现在人们已普遍认识到，辅料有可能改变药物从制剂中释放的速度或稳定性，从而影响其生物利用度和质量。由于辅料是提高制剂疗效和质量的重要环节，也是新剂型、新制剂开发的保证，因此人们将辅料作为药物制剂的三大支柱之一，辅料水平已经成为影响制药工业发展的重要因素。一个特定辅料的开发，意味着一种或一类新剂型的诞生，一个优良辅料的开发应用，其意义有时甚至超过一种新药的开发。在口服控释制剂、透皮控释制剂和靶向给药制剂等方面，辅料的应用极为重要。

世界药剂辅料发展极为迅速，除了传统辅料质量不断提高外，新辅料不断问世。新辅料已发展到包括微囊、毫微囊、微球、毫微球、脂质体载体材料、前体药物载体材料、固体分散体载体材料、磁性载体材料、成膜材料、增塑剂、抛射剂、透皮吸收促进剂、表面活性剂等 40 多类上千个品种。世界发达国家药用辅料呈现生产专业化、品种系列化、应用科学化的特点。其中，生产专业化表现在药用辅料由专业厂家生产，接受药监部门的监督检查，实施 GMP 管理，生产环境、生产设备优良，检测手段先进，测试仪器齐备，质量标准完善，产品质量高。现开发出大批具有特殊性能的新辅料，如聚乙二醇系列、聚羧乙烯系列、聚维酮系列、聚氧乙烯烷基醚系列、聚丙烯酸树脂系列、聚丙交酯系列等高分子聚合物辅料；黄原胶、环糊精、普鲁兰多糖等生物合成多糖类辅料；淀粉甘醇酸钠、预胶化淀粉、纤维素系列等半合成辅料；海藻酸、红藻胶、卡拉胶等植物提取辅料，以及甲壳素、壳聚糖等动物提取辅料等。此外还注重新辅料的应用研究，如结合生产实际，研究新辅料的理化性质及如何适用于制剂的开发和生产实践；结合先进生产设备和制备工艺，研究辅料与药物的配伍特性，筛选最佳辅料配方；进行辅料间的配伍研究，寻找制剂最佳复合辅料。国内的辅料生产起步较晚，重视不够，在药用辅料工艺学、理化性质、安全性等方面的研究较为薄弱，长期以来，对药用辅料的开发、应用较为局限，这些已经成为我国药物制剂发展的瓶颈。

5.2.1　药物制剂的辅料选用与配伍

5.2.1.1　药物制剂常用辅料

不同的药物剂型，根据剂型的特点、质量要求、临床应用需选用不同的辅料。

(1) 片剂　影响片剂成型的辅料有填充剂、吸收剂、黏合剂；影响崩解和溶出度的辅料有崩解剂、润湿剂与增溶剂、阻滞剂；促进顺利压片的辅料有助流剂、润滑剂、可压性辅料。

(2) 注射剂　注射剂在制备时，需加入等渗与等张调节剂；为提高注射剂的稳定性，需使用 pH 调节剂、抗氧剂、金属螯合剂。

(3) 液体制剂　制备液体制剂时，为增加固体药物润湿性和溶解度，需使用适当的溶剂、增溶剂、助溶剂；为提高液体制剂的稳定性，需使用 pH 调节剂、抗氧剂；乳剂和混悬剂还需使用乳化剂、助悬剂、增稠剂、絮凝剂等；为改善液体制剂的外观和口味，提高患者的依从性，需使用矫味剂和着色剂；为防止液体制剂被微生物污染，需使用防腐剂。

(4) 半固体制剂　软膏剂、凝胶剂等半固体制剂常用的辅料有赋形剂、乳化剂、保湿剂、防腐剂等。

此外，一些新型制剂如缓控释制剂、靶向制剂、经皮给药制剂等还需使用各种新型功能高分子材料。

5.2.1.2　药物与辅料的配伍

辅料可与药物发生相互作用，可导致产品颜色、嗅味、体外溶出、体内吸收、稳定性等变化，甚至失效或产生毒性。故药物与辅料相互作用应作为处方设计中必须考虑的重要内容之一。通常配伍变化分为物理变化和化学变化。

物理变化包括：含吸湿性辅料使固体制剂吸潮或软化；辅料通过物理吸附使药物不能及时完全释放，使固体制剂溶出度下降，影响吸收和疗效发挥等。化学变化包括：辅料的酸碱性导致药物水解、氧化；辅料与药物直接反应；药物降低辅料作用；辅料之间相互作用等。基于此，在处方研究时要注意研究药物与辅料的配伍变化。

常用的药用辅料有药用高分子材料、表面活性剂、防腐剂、矫味剂等。以下对常用的药用辅料作简要介绍。

5.2.2 常用药用辅料

5.2.2.1 药用高分子材料

高分子化合物一般指分子量在10000以上，由许多简单的结构单元以共价键重复连接而成的化合物。药用高分子材料在药用辅料中占有很大的比重，现代的制剂工业，从包装到复杂的药物传递系统的制备，都离不开高分子材料，其品种的多样化和应用的广泛性表明它的重要性。

在药物制剂中应用高分子材料具有悠久的历史。人类从远古时代就广泛地利用天然动植物来源的高分子材料，如淀粉、多糖、蛋白质、胶质等作为传统药物制剂的黏合剂、赋形剂、助悬剂、乳化剂。20世纪30年代以后，合成的高分子材料大量涌现，在药物制剂的研究和生产中的应用日益广泛。可以说任何一种剂型都需要利用高分子材料，而每一种适宜的高分子材料的应用都使制剂的内在或外在质量得到提高。20世纪60年代开始，大量新型高分子材料进入药剂领域，推动了药物缓控释剂型的发展。在缓控释制剂中，高分子材料以不同方式组合到制剂中，起到控制药物的释放速率、释放时间以及释放部位的作用。

药用高分子材料依据它们的用途一般可分为：在传统剂型中应用的高分子材料，控释、缓释制剂和靶向制剂中应用的高分子材料，包装用的材料。按其来源可分为：天然高分子，如蛋白质类（如明胶等）、多糖类（如淀粉、纤维素）、天然树胶；半合成高分子，如淀粉、纤维素的衍生物（如羧甲基淀粉、羟丙基纤维素）；合成高分子，如热固性树脂、热塑性树脂等。

药物制剂过程中，药用高分子辅料主要应用于以下几方面。

（1）在一般固体制剂中，作为黏合剂、稀释剂、崩解剂、润滑剂和包衣材料　可用作黏合剂的高分子材料主要有淀粉、预胶化淀粉、甲基纤维素、琼脂、海藻酸、羧甲基纤维素钠、糊精、乙基纤维素、羟丙甲纤维素等；可用作稀释剂的高分子材料主要有微晶纤维素、粉状纤维素、糊精、淀粉、预胶化淀粉等；可用作崩解剂的高分子材料主要有海藻酸、微晶纤维素、明胶、交联聚维酮、羧甲基淀粉钠、淀粉、预胶化淀粉等；可用作润滑剂的高分子材料主要为聚乙二醇等；常用的薄膜包衣材料有两类：肠溶性包衣材料（肠溶性材料是耐胃酸、在十二指肠很易溶解的聚合物）、水溶性包衣材料（有海藻酸钠、明胶、桃胶、淀粉衍生物、水溶性纤维素等）。

（2）作为液体制剂或半固体制剂的辅料　属于这类的高分子材料有纤维素酯类及醚类、卡波姆、泊洛沙姆、聚乙二醇、聚维酮等，它们可作共溶剂、脂性溶剂、助悬剂、胶凝剂、乳化剂、分散剂、增溶剂和皮肤保护剂等。

（3）作为缓释、控释制剂的辅料　高分子材料在现代药剂学中的重要用途之一是作为药物递送系统的组件、膜材、骨架等。药用高分子材料的发展促进了药物制剂技术的飞速进步，通过对合成、改性、共混和复合等方法的改进，一些高分子材料在分子尺寸、电荷密度、亲疏水性、生物相容性、生物降解性、增加智能官能团方面呈现出理想的特殊性能，尤其是在缓释、控释制剂的开发应用中。控释、缓释制剂的释药机制一般可分为5类：扩散、溶解、渗透、离子交换和高分子挂接。

(4) 作为生物黏附材料 属于这类的高分子材料有纤维素醚类（羟丙基纤维素、甲基纤维素、羧甲基纤维素钠）、海藻酸钠、卡波姆、聚乙烯醇及其共聚物、聚维酮及其共聚物、羧甲基纤维素钠及聚异丁烯共混物等，可黏附于口腔黏膜、胃黏膜等处。

(5) 用作新型给药装置的组件 这类聚合物为水不溶性，如聚酰胺、硅橡胶、对苯二甲酸树脂、聚三氟氯乙烯和聚氨酯树脂等。

(6) 用作药物产品的包装材料 属于这类的高分子材料有高密度聚乙烯、聚丙烯、聚氯乙烯、聚碳酸酯、共聚物等。

5.2.2.2 表面活性剂

表面活性剂（SAA）是指能使液体表面张力显著下降的物质，其化学结构是由亲水极性基团和亲油非极性基团两部分组成，分别处于分子的两端，称为两亲结构，具有两亲性。表面活性剂根据其极性基团的解离性质不同可分为离子型表面活性剂和非离子型表面活性剂，而根据所带电荷不同，前者又可进一步分为阴离子表面活性剂、阳离子表面活性剂和两性离子表面活性剂。

表面活性剂在药剂中的应用广泛，常用于难溶性药物的增溶、油的乳化、混悬剂的助悬，增加药物的稳定性，促进药物的吸收，增强药物的作用及改善制剂的工艺等，是制剂中常用的附加剂。阳离子表面活性剂还用于消毒、防腐、杀菌等。

(1) 乳化作用 当水相与油相混合时，加入表面活性剂作为乳化剂可降低油水的界面张力，分散成稳定的乳剂。此外，表面活性剂在降低油水界面张力的同时被吸附于液滴的表面，并有规律地定向排列形成乳化膜，可阻止液滴的合并。表面活性剂在液滴表面上排列越整齐，乳化膜就越牢固，乳剂也就越稳定。

(2) 润湿作用 在固液界面体系中加入表面活性剂后，可以降低固液界面张力，从而降低固体与液体的接触角，对固体表面起润湿作用。因此，作为润湿剂的表面活性剂，要求分子中的亲水基团和亲油基团应该具有适宜的平衡，其亲水亲油平衡值（HLB值）一般在7～11，并应有适宜的溶解度。

(3) 增溶作用 表面活性剂在水溶液中达到临界胶束浓度（critical micelle concentration，CMC）值后，一些水不溶性或微溶性物质在胶束溶液中的溶解度可显著增加，形成透明胶体溶液，这种作用称为增溶，加入的表面活性剂被称为增溶剂。例如，0.025%吐温-80可使非洛地平的溶解度增加10倍。在药剂中，一些脂溶性物质，如挥发油、甾体激素、脂溶性维生素等药物常可借此增溶，形成澄明溶液或提高浓度。药物的性质不同，增溶方式不同。无极性增溶是指非极性药物如苯、甲苯等药物增溶时，药物分子增溶到胶束内部非极性区，药物被包围在疏水基团内部。极性-非极性增溶是指具有极性又具有非极性的半极性药物如水杨酸等，其极性基团在胶束外部，非极性基团在胶束内部，药物分子在胶束中定向排列。吸附增溶是指极性药物如对羟基苯甲酸，完全被胶束表面极性基团所吸附。影响增溶的因素主要有增溶剂的种类、同系物增溶剂的分子量、浓度、用量、增溶剂的加入顺序等。

(4) 起泡和消泡作用　泡沫是一层很薄的液膜包围着气体，是气体分散在液体中的分散体系。一些含有表面活性剂或具有表面活性物质的溶液，如含有皂苷、蛋白质、树胶及其他高分子化合物的中草药乙醇或水浸出液，当剧烈搅拌或蒸发浓缩时，可产生稳定的泡沫。在产生稳定泡沫的情况下，加入一些 HLB 值为 1～3 的亲油性较强的表面活性剂，则可与泡沫液层争夺液膜表面而吸附在泡沫表面上，代替原来的起泡剂，而其本身并不能形成稳定的液膜，故使泡沫破坏，这种用来消除泡沫的表面活性剂称为消泡剂。

(5) 去污作用　去污剂或称洗涤剂是用于除去污垢的表面活性剂，HLB 值一般为 13～16。常用的去污剂有油酸钠及其他脂肪酸的钠盐和钾盐、十二烷基硫酸钠或烷基磺酸钠等阴离子表面活性剂。去污剂的作用机制较为复杂，包括对污物表面的润湿、分散、乳化或增溶、起泡等多种过程。

(6) 消毒和杀菌作用　大多数阳离子表面活性剂和两性离子表面活性剂都可用作消毒剂，少数阴离子表面活性剂也有类似作用，如甲酚皂、甲酚磺酸钠等。表面活性剂的消毒和杀菌作用可归结于它们与细菌生物膜蛋白质的强烈相互作用，使之变性或破坏。

5.2.2.3 防腐剂

常用的防腐剂主要有对羟基苯甲酸酯类、苯甲酸、山梨酸、苯扎溴铵、醋酸氯己定等几类。对羟基苯甲酸酯类防腐剂混合使用有协同作用，是一类很有效的防腐剂，化学性质稳定，在酸性、中性溶液中均有效，但在酸性溶液中作用较强，在弱碱性溶液中作用减弱。

5.2.2.4 矫味剂

矫味剂是指药品中用于改善或屏蔽药物不良气味和味道，使患者难以觉察药物的强烈苦味（或其他异味如辛辣、刺激等）的药用辅料。矫味剂一般包括甜味剂、芳香剂、胶浆剂和泡腾剂 4 类。

(1) 甜味剂　包括天然的和合成的两大类。天然的甜味剂如蔗糖和单糖浆应用最广泛，如具有芳香味的果汁糖浆（如橙皮糖浆）。

(2) 芳香剂　在制剂中有时需要添加少量香料和香精以改善制剂的气味和香味，被称为芳香剂。香料分天然香料和人造香料两大类。天然香料有植物中提取的芳香性挥发油如柠檬、薄荷挥发油等，以及它们的制剂如薄荷水、桂皮水等。人造香料也称调和香料，是由人工香料添加一定量的溶剂调和而成的混合香料，如苹果香精、香蕉香精等。

(3) 胶浆剂　胶浆剂具有黏稠缓和的性质，可以干扰味蕾的味觉而矫味，如阿拉伯胶、羧甲基纤维素钠、琼脂、明胶、甲基纤维素等的胶浆。在胶浆剂中加入适量糖精钠或甜菊苷等甜味剂，则增加其矫味作用。

(4) 泡腾剂　由酸碱组成的混合物遇水产生大量二氧化碳气体，CO_2 溶于水呈酸性，能麻痹味蕾。常用的酸碱混合物有枸橼酸和碳酸氢钠。

5.2.2.5 着色剂

有些药物制剂本身无色，但为了心理治疗上的需要或某些目的，有时需加入到制剂中进行调色的物质称着色剂。着色剂能改善制剂的外观颜色，可用于识别制剂的浓度、区分应用方法和减少患者对服药的厌恶感。选用的颜色与矫味剂能够配合协调，更易为患者所接受。常用的着色剂有天然色素与合成色素。

5.3　药物制剂生产工艺

药物制剂的生产是按照规定的处方，以一定的生产工艺流程，利用特定的制药机械生产出符合一定质量标准的制剂。药物的生产工艺为原料药加上辅料制成剂型的过程，如片剂生产工艺包括粉碎、筛分、混合、制粒、压片、包衣、包装等。药品质量是在生产过程中形成的，因此生产过程的管理和质量控制是决定药品质量的关键。通常需要具备三个基本条件：一是组织机构，即经培训具有适当专业知识和操作技能的生产管理人员；二是文化管理规程，即制定各种生产规程，如工艺规程、批生产记录、标准操作规程等；三是生产过程的有效控制，即对生产过程和相关设施进行严格的监控和记录，保证生产按预定的工艺进行。

以下对不同剂型的生产工艺作简要介绍。

5.3.1　固体制剂生产工艺简介

常用的固体制剂有散剂、颗粒剂、胶囊剂、片剂、丸剂、膜剂等，常用的固体制剂制备工艺流程如图 5-1 所示。

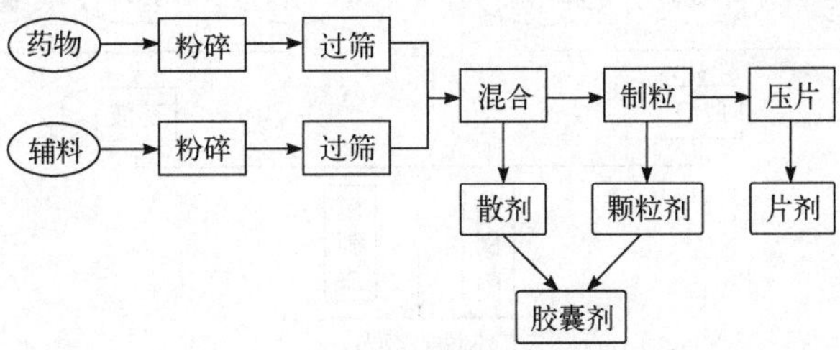

图 5-1　固体制剂制备工艺流程

5.3.1.1　散剂（powders）

散剂是指一种或多种药物均匀混合制成的粉末状制剂，有内服散剂和外用散剂。其特点有：口服易分散，溶出和吸收快；外用散剂覆盖面积大，保护、吸收分泌物，促进凝血和愈合；剂量调整方便，适于儿童服用；制备工艺简单。但腐蚀性较强、性质不稳定的药物不宜制备成散剂；剂量较大的散剂不易服用。散剂的制备工艺流程如图 5-2 所示。

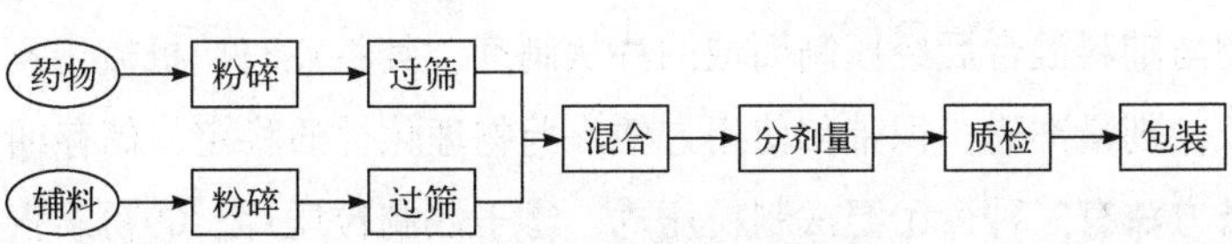

图 5-2　散剂制备工艺流程

5.3.1.2 颗粒剂（granules）

颗粒剂是将药物与适宜辅料制成的干燥颗粒状制剂。其特点有：服用方便；通过包衣或制成具有不同释放速度的颗粒达到缓控释作用。颗粒剂的制备工艺流程见图 5-3。

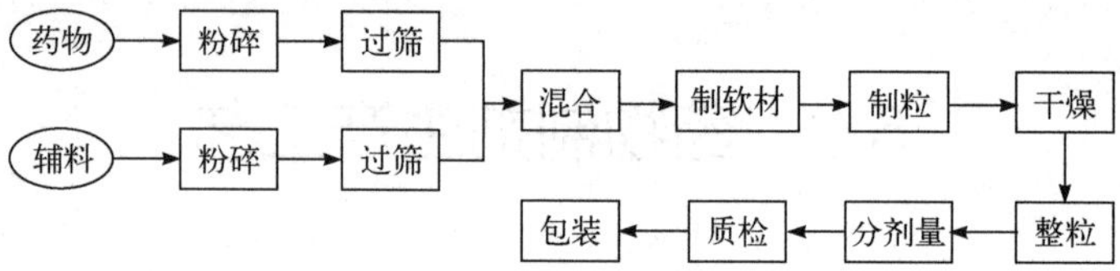

图 5-3 颗粒剂制备工艺流程

5.3.1.3 胶囊剂（capsules）

胶囊剂是将药物填装于硬胶囊或具有弹性的软胶囊中制成的固体制剂。其特点有：掩盖药物不良臭味，减小刺激；与片剂、丸剂相比，生物利用度较高；提高药物对光线、湿气的稳定性；使液体药物固体化；控制药物释放速度和释放部位；具有丰富的色彩与形状。胶囊剂的制备工艺流程如图 5-4 所示。

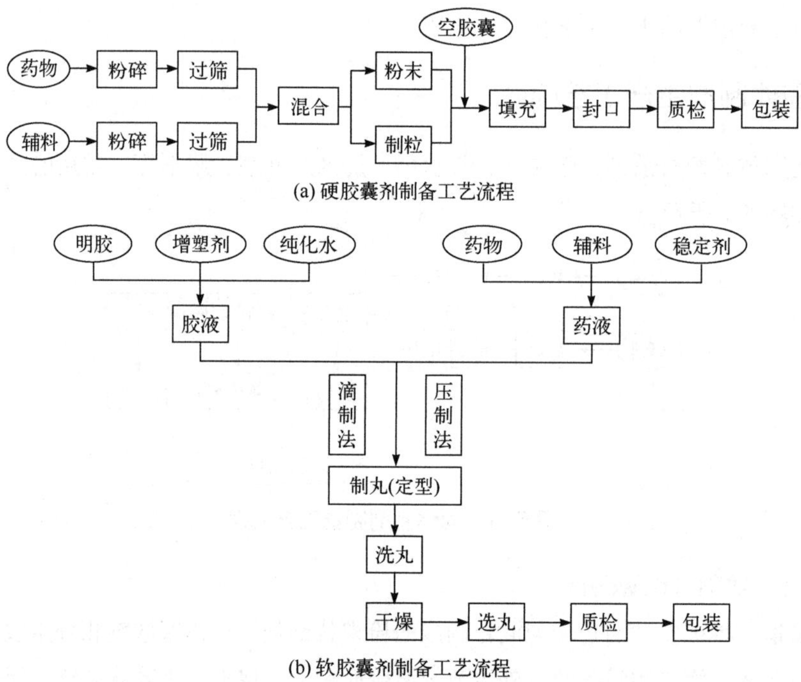

图 5-4 胶囊剂制备工艺流程

5.3.1.4 片剂（tablets）

片剂指药物与辅料混合后经压制而成的片状制剂。其特点有：机械化及自动化程度高，产量高，成本低；剂量准确，携带和使用方便；药物理化性质稳定，储存期长。

片剂的制备方法有三种：①湿法制粒压片；②干法制粒压片；③粉末直接压片。其工艺流程如图 5-5 所示。压制成型的片剂可再进行包衣制成包衣片。

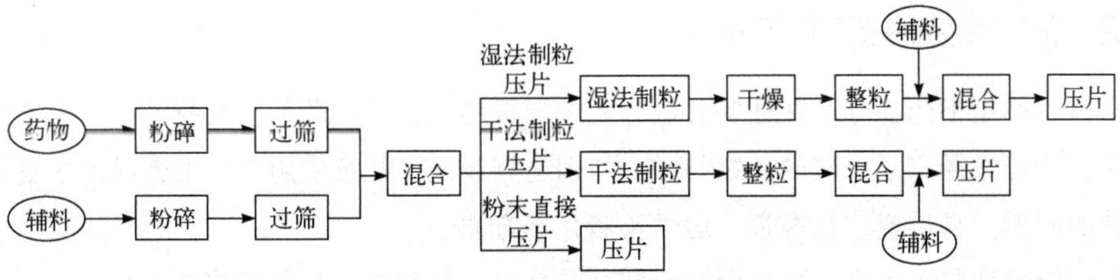

图 5-5　片剂制备工艺流程

5.3.1.5　丸剂（pills）

（1）微丸（micropills）　是指药物与适宜辅料制成的直径小于 2.5mm 的球形颗粒制剂。可直接包装，也可装胶囊后使用。其特点有：比表面积大，药物吸收速度快而均匀，个体差异小，减小局部刺激；包衣或制成具有不同释放速度的微丸而达到缓控释作用。制备方法：沸腾制丸法、喷雾制丸法、喷雾冻结制丸法、离心抛射制丸法。

（2）滴丸（dropping pills）　是指药物与基质加热熔化混匀后，滴入不相混溶的冷却液中收缩而成的球状制剂。除口服外，尚可外用于眼、鼻、直肠等。其特点有：药效迅速，生物利用度高，也能选择缓释材料做成缓释制剂；液体药物固体化，便于服用与运输；设备简单，操作成本低。

（3）中药丸剂（traditional chinese medicinal pills）　是指药物细粉或药材提取物加入黏合剂及其他赋形剂而成的球状制剂。根据赋形剂不同分为水丸、蜜丸、水蜜丸、浓缩丸、糊丸及蜡丸。其特点有：作用缓慢、持久；减少毒副作用；可容纳较多黏稠性及液体药物；适宜贵重及芳香等不宜加热的药物；制法简单。制备方法有泛制法及塑制法。泛制法是在转动的机械中将药物细粉与赋形剂交替润湿、撒布，不断翻滚，使药丸逐渐增大的方法；塑制法是药物细粉加入黏合剂，混匀制成软硬适宜的团块，然后制成丸条，分粒，搓圆的方法。

5.3.1.6　栓剂（suppositories）

栓剂是指药物与适宜基质制成的具有一定形状、可塞入腔道的固体外用制剂。其特点有：具有局部作用如润滑、收敛、抗菌、杀虫；可产生全身作用，并避免肝首过效应。栓剂制备工艺流程如图 5-6 所示。

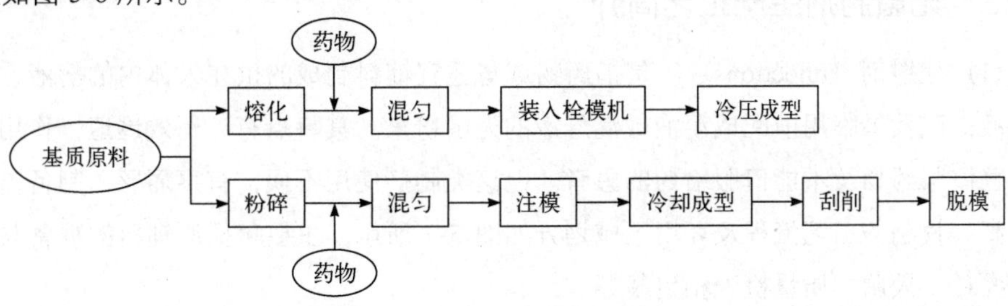

图 5-6　栓剂制备工艺流程

5.3.2 液体制剂生产工艺简介

液体制剂是指药物分散在适宜分散介质中形成的液体形态药剂。其特点有：分散度大、吸收快、给药途径广泛；减少药物刺激；特别适宜老人、儿童使用；但也容易产生物理化学稳定性的问题，易霉变，且携带、运输及储存不方便。

按药物分散粒子大小，可分为溶液剂、混悬剂及乳剂等。制备方法如下。

（1）溶液剂（solutions） 药物溶解于适当溶剂中制成的均匀稳定的液体制剂。该类药剂可用溶解法、稀释法和化学反应法三种方法制备。

（2）混悬剂（suspensions） 混悬剂是难溶性药物以微粒状态分散在液体介质中形成的非均相液体制剂。大多采用分散法制备，也可用凝聚法制备。

分散法：将药物粉碎成适宜的粒度，加入其他辅料，再分散于分散介质而成。

凝聚法：分为物理凝聚法和化学凝聚法。其中物理凝聚法是将药物溶液加入不良溶剂或经降温，使药物析出微细结晶而制成；化学凝聚法是采用化学反应，使两种药物生成不溶性微粒，再分散于分散介质中。

（3）乳剂（emulsions） 乳剂是指互不相溶的两种液体混合，其中一种液体以液滴形式分散于另一种液体中形成的非均相分散体系。制备方法根据乳化剂不同分为若干种。

①水中乳化剂法（湿胶法） 乳化剂为阿拉伯胶、西黄蓍胶等天然高分子材料。将阿拉伯胶分散于水相中，加油搅拌制成初乳，再加其他附加剂，加水稀释至全量，混匀。

②油中乳化剂法（干胶法） 乳化剂为阿拉伯胶、西黄蓍胶等天然高分子材料。将阿拉伯胶分散于油相中，加水搅拌成初乳，再加其他附加剂，加水稀释至全量，混匀。

③新生皂法 先分别制备油相和水相，分别加热至一定温度混合，乳化剂为油水两相混合时产生的新生皂类，包括钠皂、钾皂、铵皂、钙皂等。

④两相交替加入法 乳化剂为天然胶，固体粉末，且用量较大。将少量水相与油相交替加入乳化剂中并不断搅拌，形成乳剂。

⑤机械法 无需考虑乳化剂种类及加入顺序。将油相、水相、乳化剂一起加入，利用乳匀机、胶体磨、超声波乳化器经高速搅拌成乳剂。

5.3.3 无菌制剂生产工艺简介

（1）注射剂（injections） 是指药物或与适宜辅料制成的供注入体内的溶液、乳状液、混悬液，以及供临用前配成溶液或混悬液的无菌粉末。其特点有：药效迅速，作用可靠；适于不宜口服药物及不能口服给药的患者。但这类制剂使用不便，有疼痛感；制备过程复杂，要求高。其制备工艺流程及环境区域划分如图 5-7 所示，主要包括原辅料的准备与处理、配制、灌封、灭菌、质量检查和包装等。

（2）输液 静脉滴注输入体内的大容量注射剂又称为输液，主要分为电解质输液、营养输液、胶体输液。因其量大且直接进入血液，故质量要求高，对无菌、无热原、可见异物限度要求特别严格；渗透压为等渗或偏高渗；应无异性蛋白、降压物质。不得添加任何抑菌剂。

塑料瓶装及软袋装输液的制备工艺流程及环境区域划分如图 5-8 所示。

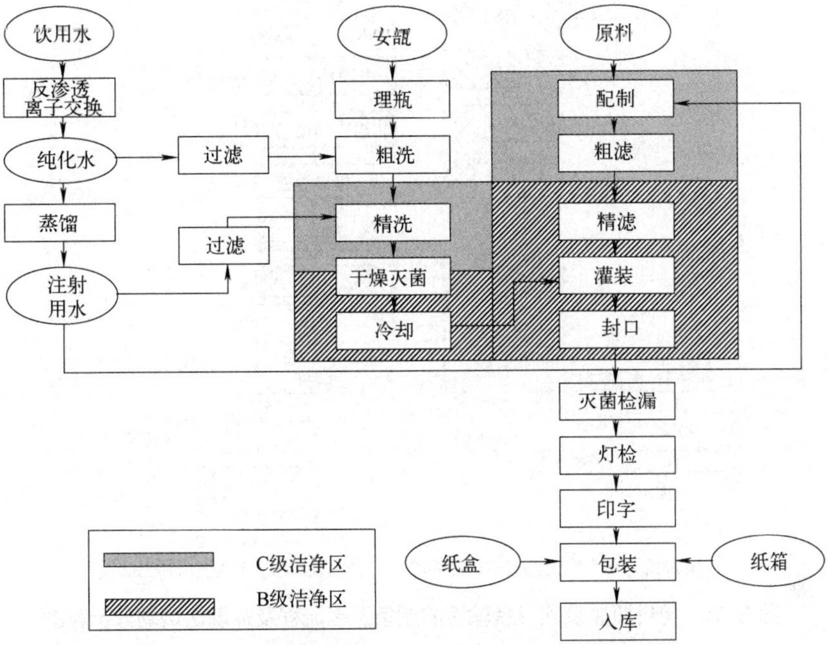

图 5-7　注射剂制备工艺流程及环境区域划分示意图

(3) 眼用制剂　指直接用于眼部发挥治疗作用的无菌制剂，包括滴眼剂、洗眼剂、眼内注射液、眼膏剂等。其中，滴眼剂（eye drops）是指直接滴用于眼部的无菌液体制剂，主要为水溶液，也有少数水混悬剂，其特点有：治疗眼部疾病，起杀菌、消炎、散瞳、麻醉等作用，制备方法与输液类似。

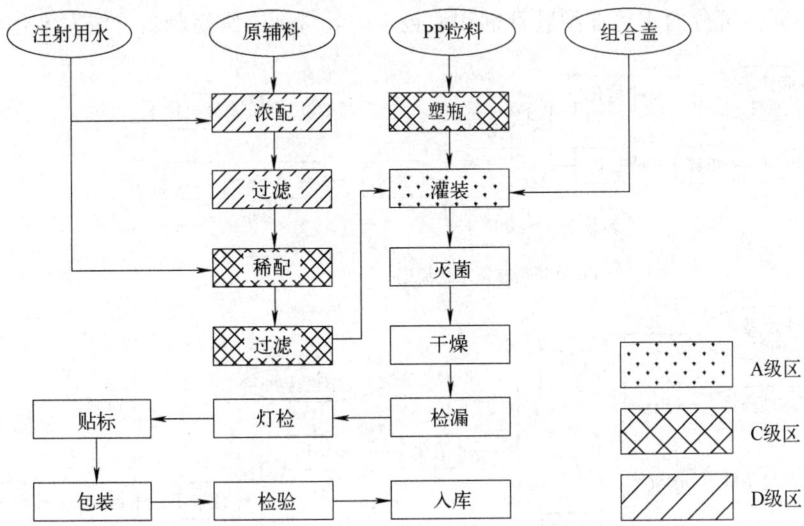

(a) 最终灭菌大容量输液 (塑料瓶) 制备工艺流程及环境区域划分示意图

图 5-8

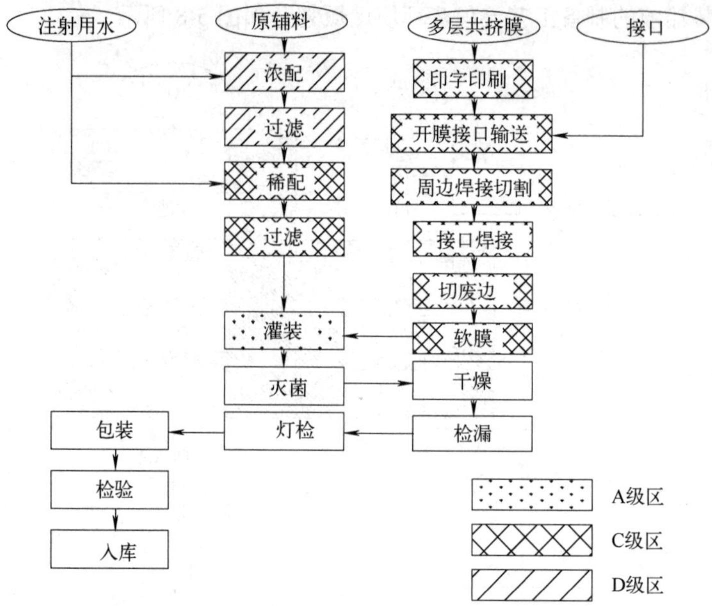

(b) 最终灭菌大容量输液 (软袋) 制备工艺流程及环境区域划分示意图

图 5-8　塑料瓶装及软袋装输液的制备工艺流程及环境区域划分示意图

5.3.4　半固体制剂生产工艺简介

(1) 软膏剂 (ointments)　是指药物与适当油脂性或水溶性基质混合制成的涂布于皮肤、黏膜的膏状半固体外用制剂。其特点有：对皮肤具有良好的保护、润滑、营养及治疗作用。软膏剂的制备工艺流程如图 5-9 (a) 所示。

(2) 乳膏剂 (creams)　是指药物溶解或分散于乳状液型基质中形成的均匀半固体制剂。根据基质不同，可分为水包油型乳膏剂和油包水型乳膏剂，常用制备方法为乳化法。乳膏剂

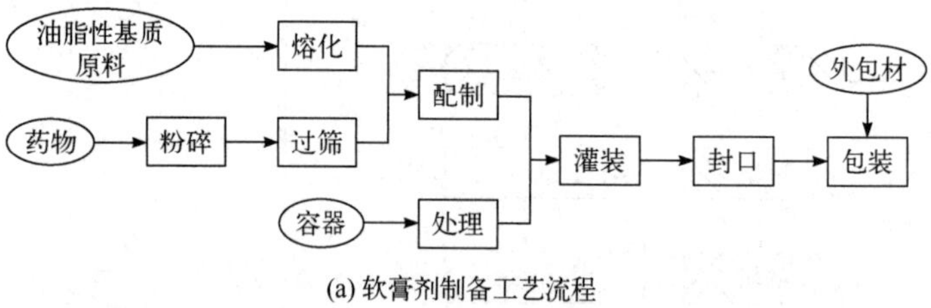

(a) 软膏剂制备工艺流程

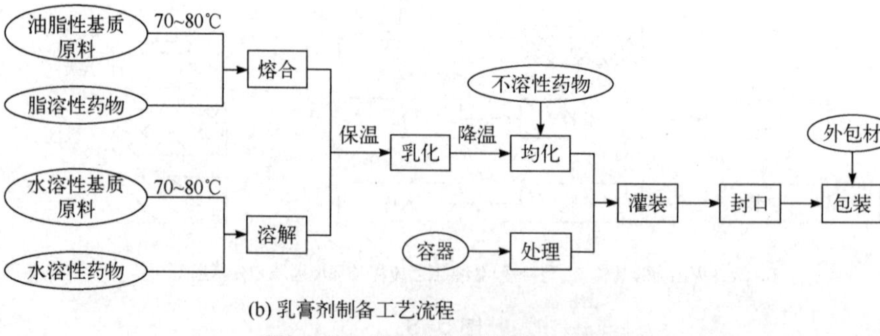

(b) 乳膏剂制备工艺流程

图 5-9　半固体制剂制备工艺流程

的制备工艺流程如图 5-9（b）所示。

（3）凝胶剂（gels）　是指药物与能形成凝胶的辅料制成的具有凝胶特性的稠厚液体或半固体制剂。局部用于皮肤及体腔，如鼻腔、阴道和直肠等。

5.3.5　气雾剂生产工艺简介

气雾剂（aerosols）是指含药溶液、乳状液或混悬液与适宜抛射剂共同封装于具有特制阀门系统的耐压容器中，借助抛射剂气化产生压力，将内容物呈雾状微粒喷出的气体装制剂。可用于皮肤、呼吸道、腔道产生局部或全身的作用。其特点有：速效与定位、保存性好；避免胃肠道破坏及肝首过效应；成本高。气雾剂制备工艺流程如图 5-10 所示。

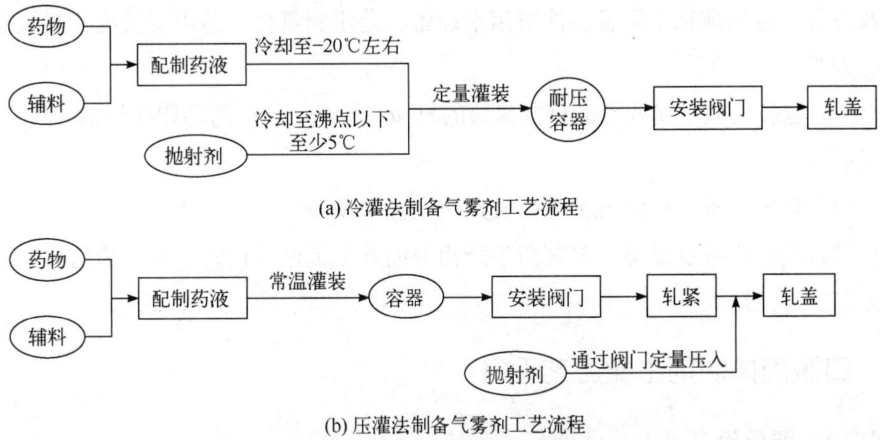

图 5-10　气雾剂制备工艺流程

5.4　制 药 设 备

5.4.1　制药设备的分类

主要用于制药工艺过程的设备称为制药设备。制药设备是实施药物制剂生产操作的关键因素，其密闭性、先进性、自动化程度的高低直接影响药品质量及 GMP 的执行。不同剂型制剂的生产操作，其制药设备大多不同，同一操作单元的设备选择也往往是多类型多规格的。按照不同的剂型及其工艺流程掌握各种相应类型制药设备的工作原理和结构特点，是确保生产出优质药品的重要条件。

制药设备按 GB/T 15692—2024《制药机械 术语》分为 8 类。

（1）原料药机械及设备　采用物理化学方法，将动物、植物或矿物等进行生物、化学转化或形状、性状改变，从而制取原料药的机械及设备。包括反应设备、塔设备、结晶设备、分离机械及设备、萃取设备、提取浓缩设备、蒸发设备和浓缩设备、蒸馏设备、换热器、干燥机械及设备、贮存设备、灭菌设备等。

(2) 制剂机械及设备　将药物原料制成各种剂型药品的机械及设备。包括颗粒剂机械、片剂机械、胶囊剂机械、粉针剂机械、小容量注射剂机械及设备、大容量注射剂机械及设备、丸剂机械、散剂机械、栓剂机械、软膏剂机械、口服液体制剂机械、气雾剂/喷雾剂机械、眼用制剂机械、药膜剂机械等。

(3) 药用粉碎机械　以机械力、气流、研磨等方式粉碎药物的机械。包括机械式粉碎机、气流式粉碎机、研磨机械等。

(4) 饮片机械　通过净制、切制、炮炙、干燥等处理，使中药材改变形态或性状而制取得到中药饮片的机械和设备。包括净制机械、切制机械、炮炙机械、药材烘干机械等。

(5) 制药用水、气（汽）设备　采用适宜的方法，制取制药工艺用水和制药工艺用气（汽）的机械及设备。包括纯化水设备、注射用水设备、药用制氮机、药用制氧机、臭氧发生器、蒸汽发生器等。

(6) 药品包装机械　完成药品直接包装的机械与设备。包括药品印字机械、瓶包装机械、袋包装机械等。

(7) 药物检测设备　检测各种药物质量的仪器与设备。

(8) 其他制药机械及设备　与制药生产相关的其他机械及设备。包括输送机械及装备、辅助机械等。

5.4.2 口服固体制剂主要工艺设备

5.4.2.1 粉碎设备

(1) 齿式粉碎机　齿式粉碎机是一种应用较广的粉碎机。图 5-11 (a) 所示为齿式粉碎机机身，图 5-11 (b) 所示为齿式粉碎机的全套装置。齿式粉碎机适宜粉碎各种干燥的非组织性

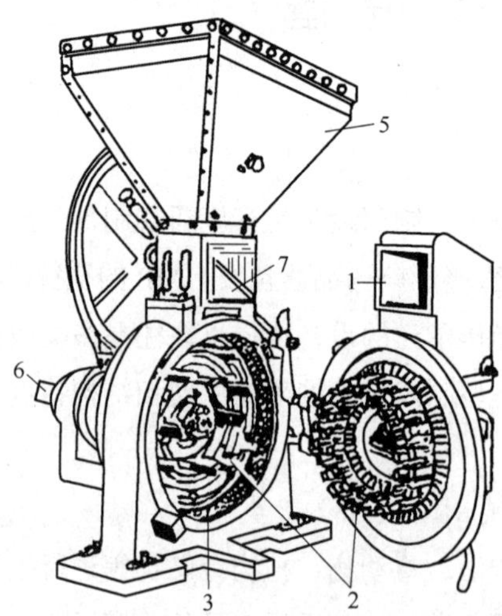

(a) 机身

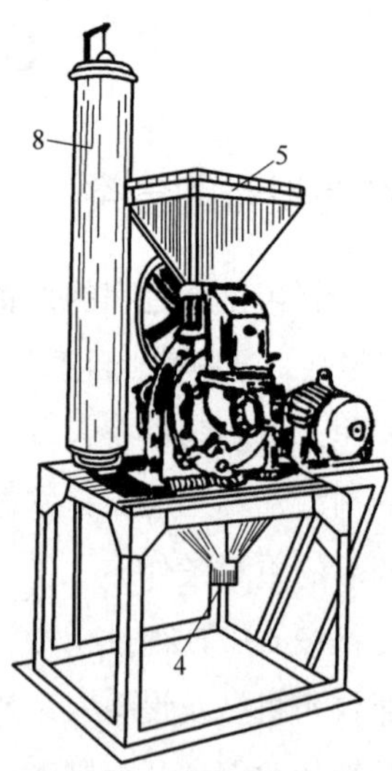

(b) 全套装置

图 5-11　齿式粉碎机

1—入料口；2—钢齿；3—环状筛板；4—出粉口；5—加料口；6—水平轴；7—抖动装置；8—放气袋

药物，如中药的根、茎、皮等。但由于高粉碎过程中会发热，故不宜用于含有大量挥发性成分的药物和具有黏性的药物的粉碎。

（2）球磨机　球磨机是由不锈钢或瓷制的圆筒，内装一定数量和大小的钢球或瓷球作为研磨介质而构成的。圆筒转动时，带动研磨球运动，物料在圆筒内受到研磨球的连续研磨、撞击和滚压作用而研磨成细粉。球磨机的研磨效果与球的运动状态密切相关，如图 5-12 所示。

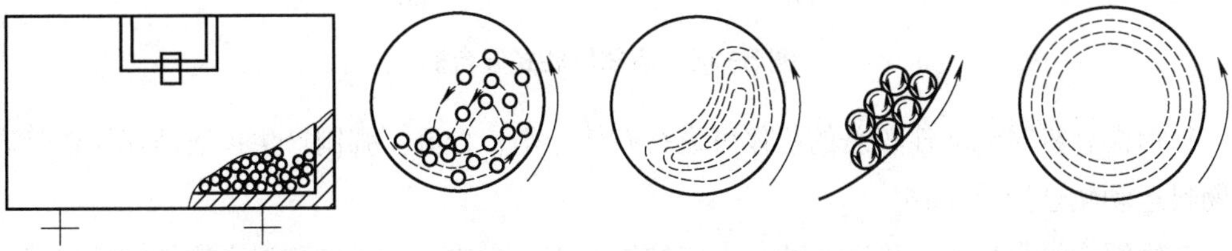

(a) 球磨机结构　(b) 适宜运动速度　(c) 过慢运动速度　(d) 过快运动速度

图 5-12　球磨机与球的运动状态

（3）气流粉碎机　气流粉碎机（jet mill）是利用高速弹性流体（压缩空气或惰性气体）作为粉碎动力，在高速气流作用下，使物料颗粒间相互激烈冲击、碰撞、摩擦，以及气流对物料的剪切作用，进而达到超细粉碎，同时进行均匀混合。圆盘式气流粉碎机见图 5-13。

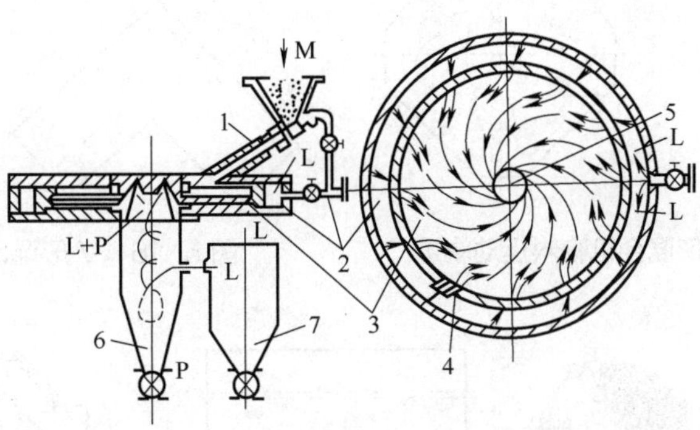

图 5-13　圆盘式气流粉碎机

1—给料喷嘴；2—压缩空气；3—粉磨室；4—喷嘴；5—旋流区；6—气力旋流器；7—滤尘器；
L—气流；M—原料；P—最终产品

5.4.2.2　混合设备

混合设备分为容器旋转式和容器固定式。容器旋转式混合机（也称转鼓式混合机）如图 5-14 所示，机壳有圆筒形、双锥形和 V 形等。转动装置使转鼓在水平轴上绕轴旋转时，固体粉末在转鼓内翻动而得以混合。不同结构的转鼓，机内的固体颗粒运动轨迹不同，混合程度也有差异。

例如，双锥形混合机中的固体颗粒在旋转容器内的运动形式呈现滑移、对流、循环、混合状态，固体颗粒间的分离和混合两个过程同时进行，其物料运动轨迹如图 5-15 所示。

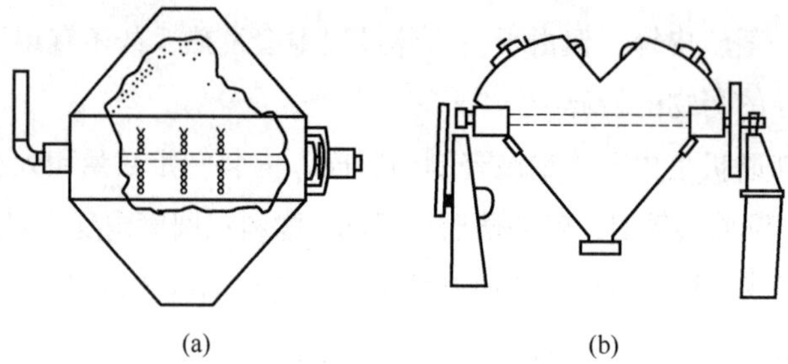

图 5-14 容器旋转式混合机

V 形混合机对流动性较差的粉体可进行有效分割、分流，强制产生扩散循环混合状态，其物料运动轨迹见图 5-16。

三维混合机由机座、传动系统、电气控制系统、多向运动系统和混合筒等部件组成，如图 5-17 所示。混合筒可进行上下、前后、左右的多方向运动，筒内物料在进行自转的同时进行公转，混合点多，混合效果好，避免了一般混合筒因离心力作用所产生的物料偏析和积聚现象，混合均匀度要高于一般混合机。

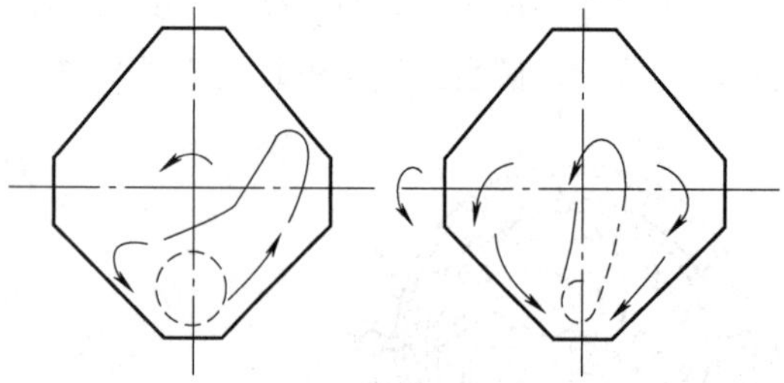

图 5-15 双锥形混合机物料运动轨迹

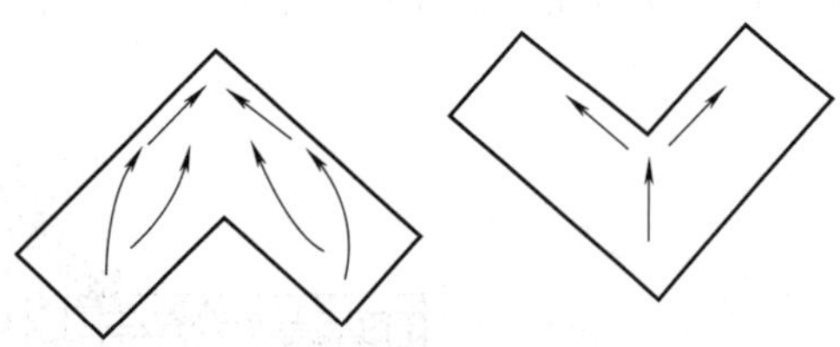

图 5-16 V 形混合机物料运动轨迹

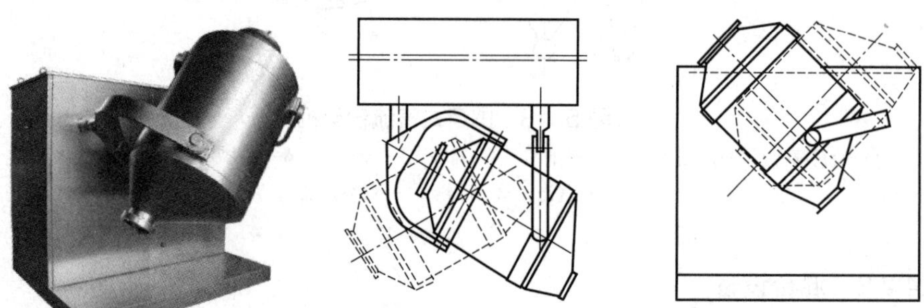

图 5-17 三维混合机

5.4.2.3 制粒设备

（1）摇摆式制粒机　摇摆式制粒机的主要构造是在加料斗的底部装有一个由六个钝角形棱柱组成的滚轴，滚轴一端连接于一半月形齿轮带动的转轴上，另一端则用一圆形帽盖将其支住，借机械动力作摇摆式往复转动，使加料斗内的软材压过装于滚轴下的筛网而形成颗粒（图 5-18）。由于产量较高，制粒时黏合剂或润滑剂添加量稍多并不严重影响操作及颗粒质量，机械装拆和清理也方便，在大量生产中多采用。

（2）湿法混合制粒机 主要由容器、搅拌桨、切割刀组成（图5-19）。将药物粉末与辅料置于高速搅拌制粒机内，搅拌混匀后加黏合剂，在高速旋转的搅拌桨作用下，物料发生混合、翻动、分散甩向器壁后向上运动，在切割刀作用下，大块颗粒被绞碎、切割，与搅拌桨作用相呼应，使颗粒得到挤压、滚动而形成致密和均匀的颗粒。该设备的特点是在一个容器内完成物料的混合、捏合和制粒。

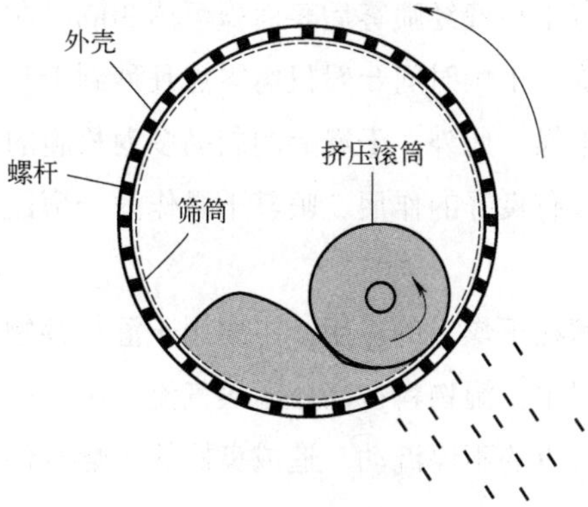

图5-18 摇摆式制粒机结构示意图

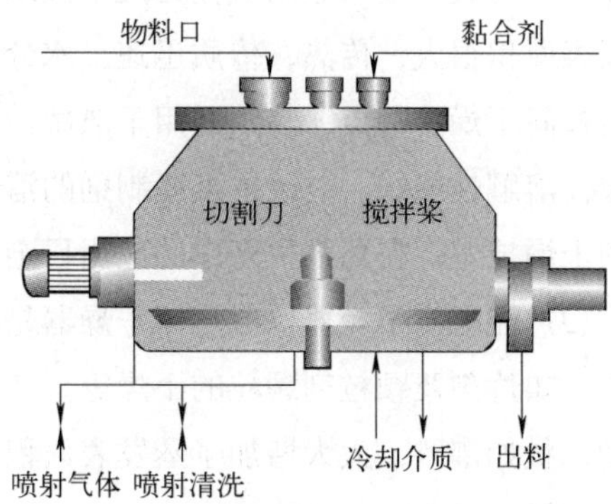

图5-19 湿法混合制粒机结构示意图

（3）流化床制粒机 该设备的特点是在同一容器内完成混合、制粒、干燥、包衣等操作。FL-120型流化床制粒机的主要结构如图5-20所示。

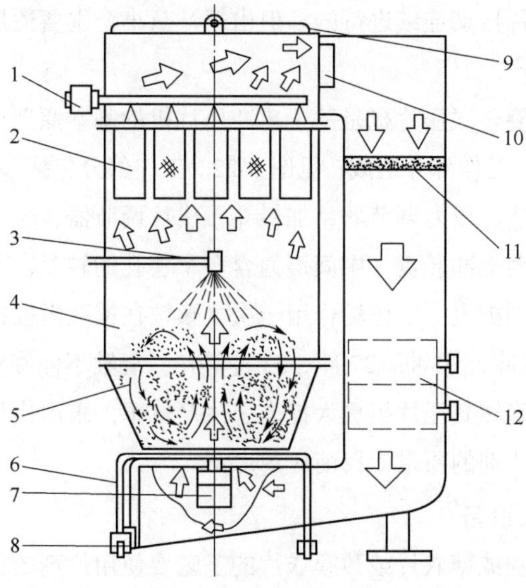

图5-20 FL-120型流化床制粒机结构简图

1—反冲装置；2—过滤袋；3—喷嘴；4—喷雾室；5—盛料器；6—台车；7—顶升气缸；8—排水口；9—安全盖；10—排气口；11—空气过滤器；12—加热器

制粒时，黏合剂由上部喷枪喷出，物料受气流及容器形态的影响，作由中心向四周的上、下环流运动，粉末物料边受黏合剂液滴的黏合，聚集成颗粒，边受热气流的作用，带走水分，逐渐干燥。

5.4.2.4 干燥设备

(1) 喷雾干燥器 喷雾干燥器能直接将溶液、乳浊液、混悬液干燥成粉状或颗粒状制品，可以省去进一步蒸发、粉碎等操作。在干燥室内，稀料液（含水量可达 70%～80%）经雾化后，在与热空气接触的过程中，水分迅速汽化而使产品得到干燥。雾滴直径与雾化器类型及操作条件有关。通常雾滴直径为几十微米，每立方米料液经喷雾后表面积可达 300m^2 左右，因而表面积很大，传热、传质迅速，水分蒸发极快，干燥时间一般只需零点几秒到十几秒，具有瞬间干燥的特点，特别适用于热敏性物料的干燥。此外，干燥后的制品多为松脆的空心颗粒，溶解性能好，对改善某些制剂的溶出速率具有良好的作用。喷雾干燥作为一项比较先进的干燥技术，在药剂生产中的应用日渐广泛。

(2) 流化床干燥器 流化床干燥器是流化技术在干燥上的应用，主要用于湿粒性物料的干燥，如片剂及颗粒剂颗粒的干燥等。在干燥过程中，湿物料在高压温热气流中不停地纵向跳动，状如沸腾，大大增加了蒸发表面积，加之气流的不停流动，造成良好的干燥条件，干燥速度快。

5.4.2.5 压片机

①单冲式压片机 此种压片机是由转动轮、加料斗，以及一个模圈，上下两个冲头和一个能左右转移或前后进退的饲料靴组成。图 5-21 是单冲压片机的压片过程。压片机的压片过程是由加料、加压至出片自动连续进行的。但由于产量小，主要适用于药厂、医院、科研院所的试生产和小批量生产。

②旋转式压片机 旋转式压片机是基于单冲压片机的基本原理设计的多冲压片机，主要由动力部分、传动部分、工作部分组成，见图 5-22。工作部分包括装冲头冲模可旋转的机台，上、下压轮，片重调节器、压力调节器、加料斗、出片调节器、吸尘器等。

机台分三层，上层为上冲转盘，中间层为含多个模孔的转盘，下层为下冲转盘。机台每旋转一圈，上、下冲分别被上、下压轮作用一次，颗粒在模孔内被挤压成片。由于在转盘上设置了多组冲模（如 16 冲、19 冲、27 冲、33 冲等），绕轴不停旋转，每旋转一周，可压出的片数等于冲模数量。旋转式压片机极大提高了生产效率，采用模具的填料方式，片重差异小，压力均匀，保证了片剂的质量，目前应用广泛。

5.4.2.6 片剂包衣设备

将片芯（素片）包制成糖衣片或薄膜衣片的工艺要使用片剂的包衣设备。荸荠式包衣机主要由包衣锅、动力部分、鼓风设备及加热器组成。

包衣锅的材料常用铜和不锈钢制成，形状似荸荠形，包衣锅的轴与水平呈一定角度。包衣时，将片芯置于转动的包衣锅中，加入包衣材料溶液，片芯在包衣锅中转动时，借助离心力和摩擦力的作用随锅的转动上升到一定高度，再呈弧线运动落下，包衣材料均匀黏附在片芯表面，吹热风使其干燥。

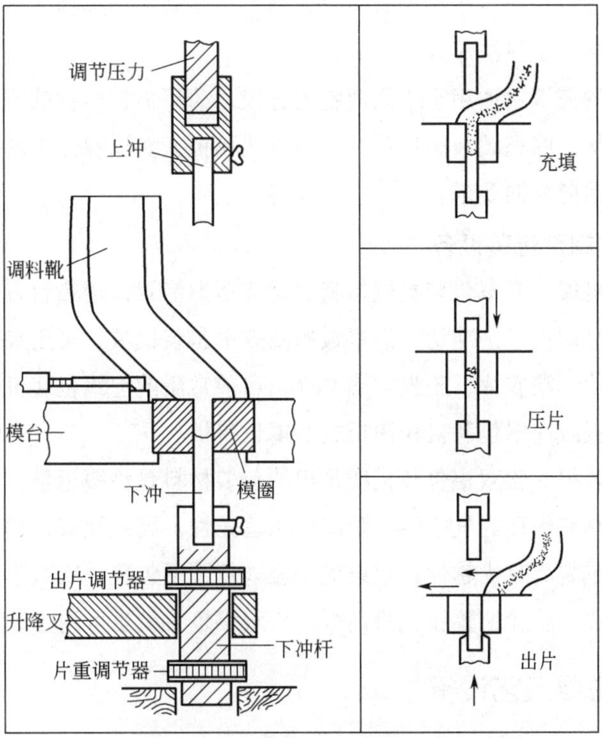

图 5-21　单冲压片机的压片过程

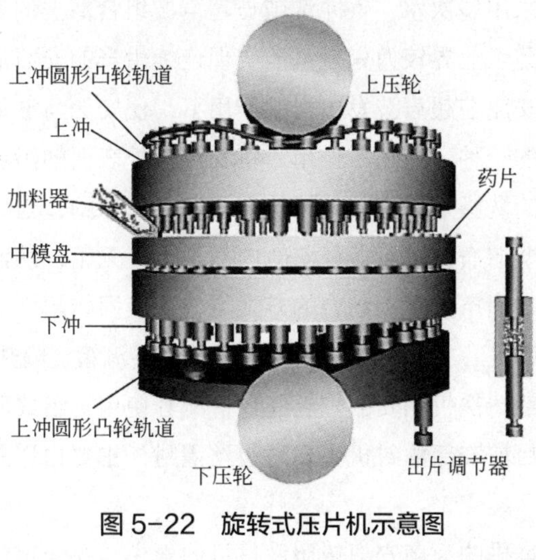

图 5-22　旋转式压片机示意图

滚筒式包衣机由主机、热风柜、排风柜、电脑控制系统、糖衣装置、水相薄膜喷雾装置、有机薄膜喷雾装置、控温装置、自动清洗装置、下料装置等部件组成。加入锅内的片芯随水平转动的包衣锅上升至一定高度后，由于重力作用，在物料层斜面旋转滑下，喷雾器向物料表面喷洒包衣溶液，热空气从锅的夹层穿过片芯间隙排出。滚筒式包衣机具有密封性好，防止交叉污染，自动化程度高，工作效率高等特点。

5.4.2.7 硬胶囊充填机

硬胶囊充填机按其工作台运动形式可分为间歇运转式和连续回转式。按充填方式可分为插管式定量法、填塞式定量法等。

不同充填方式的充填机适用于不同药物的分装，药厂需按药物的流动性、吸湿性、物料状态（粉状或颗粒状、固态或液态）选择充填方式和机型，以确保生产操作和分装重（质）量差异符合《中国药典》的要求。

5.4.2.8 固体制剂包装设备

(1) 泡罩包装机械　泡罩包装机械是将底材成型为泡罩，用热合方法将药品封合在泡罩与复合膜之间，经打印批号，冲切成泡罩板的高效率包装机械。可用来包装各种几何形状的口服固体药品如素片、糖衣片、胶囊、滴丸等。目前常用的泡罩包装机械有三种型式：滚筒式泡罩包装机、平板式泡罩包装机和滚板式泡罩包装机。

(2) 软双铝包装机　软双铝包装机所采用的包装材料是涂覆铝箔，产品的形式为板式包装。由于涂覆铝箔具有优良的气密性、防湿性和遮光性，因此软双铝包装对要求密封、避光的片剂、丸剂等的包装具有优越性，效果优于玻璃黄圆瓶包装。软双铝包装除可包装圆形片外，还可包装异形片、胶囊、颗粒、粉剂等。软双铝包装机也可用于纸袋形式的包装。

5.4.3 注射剂主要工艺设备

5.4.3.1 最终灭菌小容量注射剂生产工艺设备

(1) 安瓿清洗机　采用多次水、气冲洗或与超声波组合清洗的安瓿清洗机器。其中超声波安瓿清洗机是目前制药工业界较为先进且能实现连续生产的安瓿清洗设备。它的作用机理为：浸没在清洗液中的安瓿在超声波发生器的作用下，使安瓿与液体接触的界面处于剧烈的超声振动状态时所产生的一种“空化”作用，将安瓿内外表面的污垢冲击剥落，从而达到清洗安瓿的目的。超声波的洗涤效果是其他清洗方法不能比拟的，当将安瓿浸没在超声波清洗槽中，它不仅能保证外壁洁净，也可保证安瓿内部无尘、无菌，从而达到洁净指标。工业上常用针头单支清洗技术与超声技术相结合的方式构成连续回转超声清洗机。

(2) 隧道式灭菌干燥机　主要由传送带、加热器、层流箱、隔热机架组成，如图 5-23 所示。可考虑与超声波安瓿清洗机和安瓿拉丝灌封机配套使用，组成联动生产线。

(3) 安瓿灌封机　目前安瓿灌封机主要是拉丝灌封，主要由送瓶部分、灌装部分及封口部分组成。

送瓶部分是将密集堆排的灭菌安瓿依照灌封机的要求，在一定的时间间隔内，将定量的安瓿按一定距离间隔排放在灌封机的传送装置上；灌装部分是将配制后的药液经计量，按一定体积注到安瓿中去；拉丝封口部分是将已灌注药液的安瓿用火焰加热其颈部，待熔融后使其密封。加热时安瓿需自转，使颈部均匀受热熔化。拉丝封口不仅是瓶颈玻璃自身的融合，而且是用拉丝钳将瓶颈上部多余的玻璃靠机械动作强力拉走，加上安瓿自身的旋转动作，可以保证封口严密不漏，且使封口处玻璃厚薄均匀，而不易出现冷爆现象。

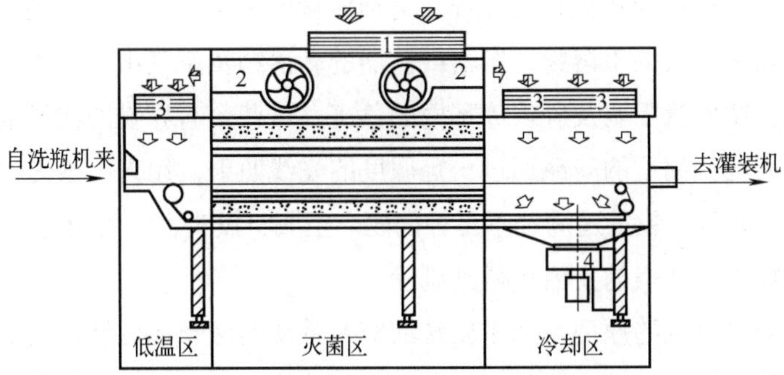

图 5-23　隧道式灭菌干燥机结构示意图

1—中效过滤器；2—送风机；3—高效过滤器；4—排风机

（4）安瓿洗—烘—灌封联动线　是由安瓿清洗机、隧道式灭菌干燥机、安瓿灌封机及输送带等设备组成的联动线，实现了注射剂生产承前联后同步协调操作。除了可以连续操作之外，每台单机还可以根据工艺需要，进行单独的生产操作。安瓿洗—烘—灌封联动线结构原理如图 5-24 所示。

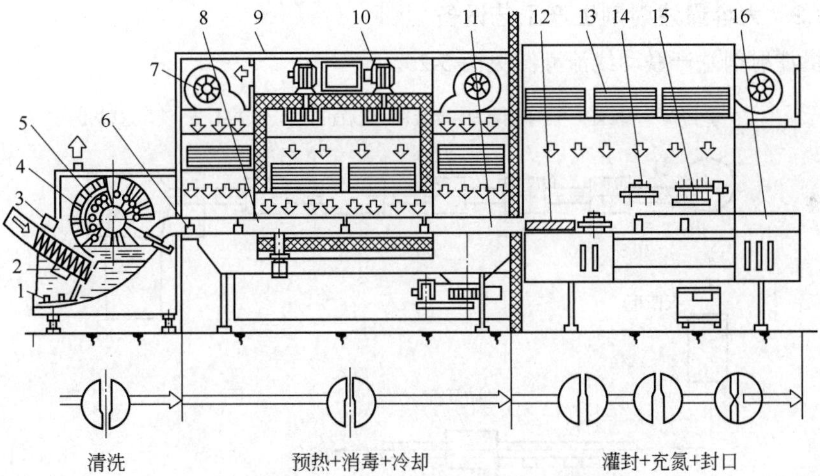

图 5-24　安瓿洗—烘—灌封联动线工作原理

1—水加热器；2—超声波换能器；3—喷淋水；4—冲水、气喷嘴；5—转鼓；6—预热器；7，10—风机；8—高温灭菌区；9—高效过滤器；11—冷却区；12—不等距螺杆分离；13—洁净层流罩；14—充气灌药工位；15—拉丝封口工位；16—成品出口

（5）安瓿水针剂灭菌器　为确保水针剂的内在质量，对灌封后的安瓿必须进行高温灭菌操作，以杀死可能混入药液或附在安瓿内壁的细菌，确保药品无菌。

水针剂的灭菌一般采用水浴式灭菌、蒸汽灭菌。检漏的目的是检查安瓿封口的严密性，以保证安瓿灌封后的密封性。一般将灭菌与检漏在同一个密闭容器中完成。在湿热法的蒸汽高温灭菌未冷却降温之前，立即向密闭容器中注入色水，将安瓿全部浸没色水后，安瓿内的气体与药水遇冷成负压，这时若安瓿封口不严密，则出现色水渗入安瓿的现象，所以还可以达到检漏的效果。

(6) 灯检设备　可见异物检查是保证注射剂质量的关键。因为注射剂生产过程中难免会带入一些异物，如未滤去的不溶物、容器或滤器的剥落物及空气中的尘埃等，这些异物在体内会产生肉芽肿、微血管阻塞及肿块等不同的危害。这些带有异物的注射剂必须通过可见异物检查剔除。经灭菌检漏后的安瓿通过一定照度的光线照射，用人工或光电设备可进一步判别是否存在破裂、漏气、装量过满或不足等问题。空瓶、焦头、泡头或有色点、浑浊、结晶、沉淀以及其他异物等不合格的安瓿可得到剔除。

安瓿异物自动检查仪的原理是利用旋转的安瓿带动药液一起旋转，当安瓿突然停止转动时，药液由于惯性会继续旋转一段时间。在安瓿停转的瞬间，以光束照射安瓿，在光束照射下产生变动的散射光或投影，背后的荧光屏上即同时出现安瓿及药液的图像。利用光电系统采集运动图像中（此时只有药液是运动的）微粒的大小和数量的信号，并排除静止的干扰物，再经电路处理可直接得到不溶物的大小及数量的显示结果。再通过机械动作及时准确地将不合格安瓿剔除。

(7) 安瓿印字包装机　这是水针制剂生产的最后工序，整个过程包括安瓿印字、装盒、加说明书。印字包装机应由开盒机、印字机、装盒关盖机、贴签机等四个单机联动而成。

5.4.3.2　大容量注射剂生产工艺设备

大容量注射剂生产联动线流程图见图 5-25。

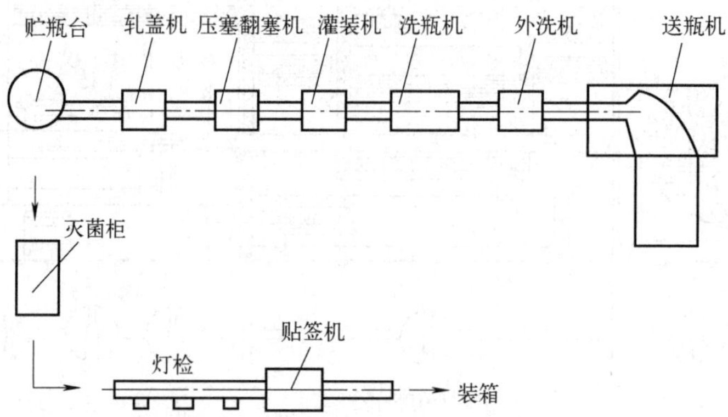

图 5-25　大容量注射剂生产联动线流程图

例如，玻璃输液瓶由送瓶机组经转盘送入外洗机，刷洗瓶外表面，然后由输送带进入滚筒式清洗机（或箱式洗瓶机），洗净的玻璃瓶直接进入灌装机，灌满药液立即封口（经盖膜、胶塞机、翻胶塞机、轧盖机）和灭菌。灭菌完成后贴标签、打批号、装箱，进入流通领域成为商品。

(1) 清洗机　按照大容量注射剂的包装类型主要包括玻璃输液瓶清洗机、塑料输液瓶清洗机、非 PVC 膜软袋管口清洗机。玻璃输液瓶清洗机主要采用多次水、气冲洗或与超声波组合完成玻璃输液瓶内外壁清洗，主要包括行列式玻璃输液瓶清洗机、箱式玻璃输液瓶清洗机，其中箱式清洗机的整机是个密闭系统，由不锈钢铁皮或有机玻璃罩子罩起来工作，玻璃瓶在机内的工艺流程如下：

热水喷淋（两道）→碱液喷淋（两道）→热水喷淋（两道）→冷水喷淋（两道）→喷水毛刷清洗（两道）→冷水喷淋（两道）→蒸馏水喷淋（三喷两淋）→沥干（三工位）

(2) 灌装、封口设备　玻璃输液瓶灌装机有许多形式，按运动形式有直线式、回转式；按灌装方式有常压灌装、负压灌装、正压灌装和恒压灌装；按计量方式有流量定时式、量杯容积式和计量泵注射式。玻璃输液瓶完成灌装后，还需完成压塞、翻塞、轧盖操作。塑料输液瓶大容量注射剂采用塑料输液瓶灌封机完成塑料输液瓶定量灌装、加塞、加盖、焊盖封口。非 PVC 膜软袋大容量注射剂采用非 PVC 膜软袋灌封机完成定量灌装和加塞、加盖、焊盖封口。

(3) 灭菌设备　灭菌工序对保证大容量注射剂在灌封后的药品质量非常关键，目前较为常用的灭菌方式有高压蒸汽式和水浴式。高压蒸汽灭菌方式是以蒸汽为加热介质，对大容量注射剂进行加热、加压灭菌。水浴式灭菌方式是采用去离子水作为载热介质，对输液瓶或塑料瓶（袋）装输液进行加热升温、保温灭菌、降温冷却。水浴式灭菌器的流程见图 5-26。灭菌器中，利用循环的热去离子水通过水浴式（即水喷淋）达到灭菌目的。

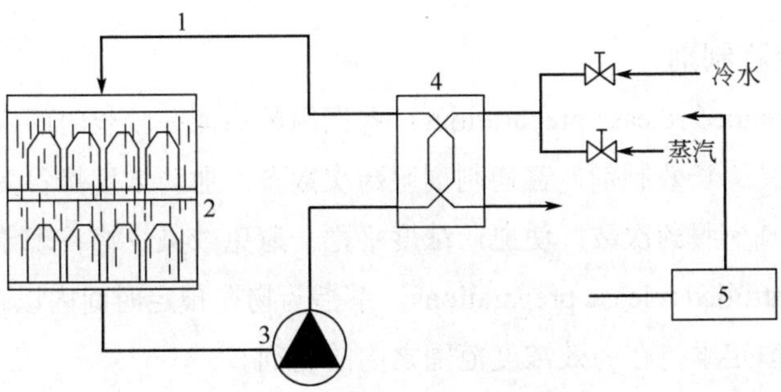

图 5-26　水浴式灭菌器灭菌流程

1—循环水；2—灭菌柜；3—热水循环泵；4—换热器；5—控制系统

(4) 粉针剂生产工艺设备　粉针剂机械主要是将无菌粉末药物定量分装于抗生素玻璃瓶内，或将无菌药液定量灌入抗生素玻璃瓶再用冷冻干燥法制成粉末并盖封。

①无菌分装粉针剂　无菌分装粉针剂的生产以设备联动线的形式来完成，其工艺流程如图 5-27 所示。粉针剂生产过程包括粉针剂玻璃瓶的清洗、灭菌和干燥、粉针剂充填、盖胶塞、轧封铝盖、半成品检查、粘贴标签等。

②冻干粉针剂　冻干粉针剂的生产一般经洗瓶、灭菌除热原、灌装、半压塞、冷冻干燥、轧盖等过程，将无菌药液定量灌入玻璃瓶再用冷冻干燥法制成粉末并盖封。其中，冷冻干燥机由冻干箱、冷凝器、冷冻系统、真空系统、冷热交换系统组成。具体结构在这里将不作详述。

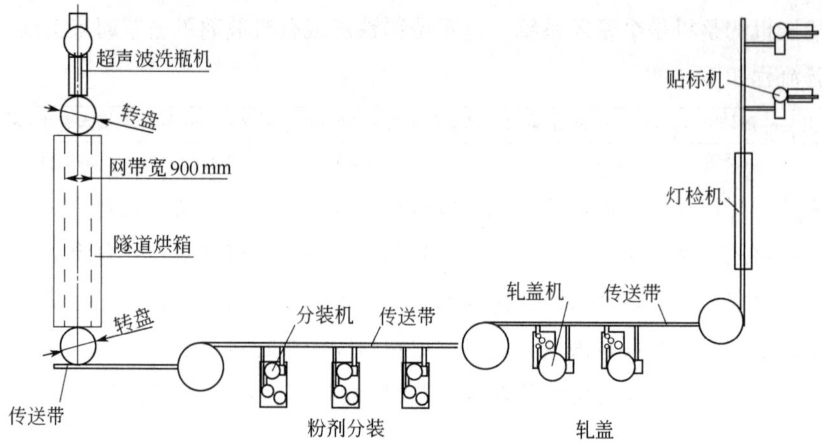

图 5-27 粉针剂生产设备联动线工艺流程

5.5 新剂型与新技术

5.5.1 药物递送系统

5.5.1.1 缓控释制剂

缓释制剂（sustained release preparations）系指用药后能在较长时间内持续释放药以达到长效作用的制剂，又称长效制剂。普通制剂服药次数多，血药浓度峰谷变化大，缓释制剂中药物缓慢释放，可减少服药次数，使血药浓度平稳，避免或减少峰谷现象，减少药物总剂量。控释制剂（controlled release preparations）系指药物在预定时间内以预定的速度释放，使血药浓度长时间恒定维持在有效浓度范围之内的制剂。

近年来，由于制剂技术的进步，许多对口服缓释及控释制剂药物的选择限制已被打破。一些半衰期很短或很长的药物也被制备成缓释或控释制剂。传统观点认为抗生素药制备成缓释制剂后易导致细菌耐药性，但目前国内外均有研制头孢类抗生素缓释制剂的专利或报道，头孢氨苄缓释胶囊已上市。一些成瘾性药物制成缓释制剂以适应特殊医疗应用。为减少癌症患者的痛苦，吗啡、可待因等麻醉药物将被制成缓释的单方或复方品种。

缓控释制剂主要有以下几种类型。

①骨架缓控释制剂　包括亲水凝胶骨架片、蜡质骨架片、不溶性骨架片及骨架型小丸等。亲水凝胶骨架片的材料主要为羟丙甲纤维素（HPMC）。HPMC 遇水形成水凝胶，水溶性药物的释放速度取决于药物通过凝胶层的扩散速度，而水溶性小的药物，释放速度由凝胶层的逐步溶蚀速度决定。

②膜控型缓控释制剂　包括微孔膜包衣片及小丸、膜控释片、膜控释小丸、肠溶膜控释片等。将片芯或小丸用水不溶性膜材包衣，包衣膜中含部分水溶性聚合物，药物通过水溶性聚合物形成的孔道扩散释放。

③渗透泵控释制剂　主要是渗透泵型片剂，利用渗透压原理制成。片芯为水溶性药物和水溶性聚合物，外层用水不溶性聚合物进行包衣，成为半透膜，水可渗进。一侧包衣膜用适当方法（如激光）开一细孔。当药片与体液接触，水通过半透膜进入片芯，使药物溶解，成为饱和溶液，片芯渗透压远大于体液渗透压，药物由细孔持续释放。该制剂中药物能均匀恒速释放，理论上药物释放速度与药物性质无关。

④植入型缓控释制剂　该类制剂在体内主要是通过皮下植入方式给药，生物利用度高，释药速度均匀，血药浓度平稳，持续时间长达数月甚至数年。目前研究发展的可降解植入式控释给药系统，载体可生物降解，患者免除释药后需手术取出植入物的痛苦。

5.5.1.2　靶向制剂（targeting preparations）

靶向制剂是指药物通过局部或全身给药，而选择性地浓集于靶组织、靶器官、靶细胞及细胞内结构的给药制剂。靶向制剂能减少药物在正常组织中的分布，提高疗效，减少药物用量，减轻毒副作用。

靶向给药系统（TDDS）是当代医药学领域的一个热门课题，取得了可喜的成果，目前人们对各种 TDDS 的靶向机制、制备方法、特性、体内分布和代谢规律等都有了较为清楚的认识，有的已进入临床研究阶段（如纳米粒制剂），有的已投入生产（如脂质体、淀粉微球等）。我国于 20 世纪 80 年代开始 TDDS 的研究，在脂质体的制备、稳定性、药效等方面有深入研究，而且在世界上首创了中草药脂质体并投产上市，在药物-糖蛋白受体结合物、药物-抗体结合物、白蛋白微球、白蛋白纳米粒、明胶微球、聚氰基丙烯酸酯纳米粒、聚乳酸纳米粒、乙基纤维素微球等方面也做了大量深入的研究工作。但是 TDDS 研究成果在生产和临床上的应用还存在不少问题，如 TDDS 的质量评价项目和标准以及体内代谢动力学等问题。

靶向制剂包括被动靶向制剂、主动靶向制剂和物理化学靶向制剂三大类。

①被动靶向制剂　网状内皮系统具有丰富的吞噬细胞，可将一定大小的微粒（0.1～3μm）作为异物摄取于肝、脾；较大的微粒（7～30μm）不能滤过毛细血管床，被机械截留于肺部；而小于 50nm 的微粒可通过毛细血管末梢进入骨髓。微粒给药系统具有被动靶向的性能，如脂质体、纳米粒或纳米囊、微球或微囊、细胞和乳剂等药物载体。如包虫病是肝脏的寄生虫病，丙硫咪唑是治疗包虫病的有效药物，但该药口服吸收较差，肝脏浓度低，动物试验证实丙硫咪唑脂质体的口服剂型和注射剂型可提高包虫病的治疗指数，降低毒副作用。

②主动靶向制剂　包括修饰的药物载体及前体药物两大类，前者如经免疫、糖基化等修饰的脂质体、乳剂、微球等。后者是将药理活性药物制备成药理惰性物质，在体内代谢为药理活性药物再发挥治疗作用。

③物理化学靶向制剂　包括磁性靶向制剂、栓塞靶向制剂、热敏靶向制剂、pH 敏感靶向制剂等。磁性靶向制剂是采用体外磁响应导向至靶部位的制剂，如磁性微球。栓塞靶向制剂采用动脉栓塞技术，栓塞制剂中含抗肿瘤药物，可以阻断靶区血供和营养，使靶区的肿瘤细胞缺血坏死，栓塞中抗肿瘤药物可靶向肿瘤区化疗。热敏靶向制剂利用相变温度不同制成热

敏脂质体，在相变温度时脂质体膜通透性增加，被包封的药物释放速度增大。pH 敏感靶向制剂利用肿瘤间质液的 pH 值比周围正常组织低的特点，采用对 pH 敏感的类脂为类脂质膜，在 pH 降低时释放药物。

此外，热敏脂质体和 pH 敏感脂质体虽然可以在靶区特定的环境中释放包封的药物，但不能定向地向靶区运送药物。热敏磁性脂质体具有磁性，包封的药物在体外磁场的控制下可以将药物定向地运送到靶区，因该脂质体是用热敏脂质或 pH 敏感脂质材料制备的，在病灶区外发热装置的作用或低 pH 下，脂质体脂质膜的流动性增加，定量地释放出包封的药物。

将药物通过药物载体（如单克隆抗体、脂质体、红细胞、多种人工制备微球等）送达靶组织和靶器官，或对药物进行不影响疗效的化学结构修饰等方法制成具有靶向作用的前体药物，是目前靶向给药系统重要的研究思路。如将药物与 *N*-甲基四氢吡啶交联后，其容易透过血脑屏障，能达到脑靶向分布的目的；将药物与“核输入顺序”的小肽交联可以使药物顺利穿过核膜孔，达到细胞核内靶向分布效果；药物与磷酸、亲脂性长链脂、醇及亲水性糖缩合而成的磷酸三酯类化合物是一种新型的药物载体，它可携带药物如核苷穿透亲脂性的生物膜进入细胞。

国外正在开发的脂质体药物有多柔比星、柔红霉素、庆大霉素、哈霉素、两性霉素 B、顺铂等。美国有三家脂质体公司已投入巨资开发多柔比星、两性霉素 B、顺铂等脂质体。法国以喷雾干燥法研制肺部药脂质体，已获由大豆卵磷脂构成的多室脂质体制品，将阿糖胞苷、色甘酸钠、谷胱甘肽等包封于此类脂质体中，可延长该药在体内的滞留时间，而被吸收进入全身血液循环的量可减至最低程度，从而达到靶向给药目的。国内开发的脂质体制品亦不少，如鹤草酚、唐松草新碱、油酸、环磷酰胺、5-氟尿嘧啶、甲氨蝶呤、β-谷甾醇的脂质体制品等。特别是用中药或天然药物提取物开发的脂质体，如长春花碱、喜树碱、三尖杉酯碱、苦杏仁苷及银杏叶提取物等的脂质体制品，引起世界关注。

5.5.1.3 经皮给药系统（TTS）

经皮给药系统是指经皮肤敷贴方式给药，药物经皮肤吸收进入血液循环并达到有效血药浓度，达到治疗作用的一类制剂。TTS 可产生持久、恒定和可控的血药浓度，减轻毒副作用，避免首过效应，提高生物利用度，用药及停药方便。缓释 TTS 可减少给药次数和剂量，适用于对长期性疾病、慢性疾病的治疗及预防。

5.5.1.4 脉冲式及自调式给药系统

拓展阅读 5-1

脉冲式释药系统能定时地快速释放药物。如根据心血管疾病等常常在凌晨发作的特点，通过控制片剂包衣材料的种类或包衣厚度等方法制备了口服脉冲式释药制剂，在睡前服药，可在凌晨脉冲释放一个剂量，达到治疗的效果。

自调式给药系统是可通过信息反馈机制，根据需要自动调节释药速度的一种新型控释给药系统。因为疾病的发作呈周期性变化，故可根据病情需要主动调节释药速度。

5.5.1.5 生物技术药物制剂（biotechnological preparations）

生物技术药物制剂是利用基因工程、细胞工程、酶工程、发酵工程等生物技术生产的药物所制备的制剂。特点：生物技术药物多为多肽和蛋白质，具有不稳定、易变性、易变质、对酶敏感、难于穿透胃肠黏膜的特点，而口服、口腔、鼻腔、直肠、肺部、皮肤、皮下植入等剂型是这类药物制剂研究的发展方向，具有广阔的前景。

5.5.2 制剂新技术

（1）固体分散技术（solid dispersion technic） 系指将难溶性药物以分子、微晶或胶态、无定形分散于水溶性材料中，以提高药物溶解度，使其产生速效作用，或将药物分散于难溶性材料中以延缓药物吸收的技术。特点：根据分散载体种类及制备方法，药物具有速效或缓释特性。

制备方法：常用方法有熔融法、溶剂法、溶剂-熔融法、溶剂-喷雾法、研磨法。存在问题主要为大规模生产中药物老化，即药物分散度在生产过程中重新下降的问题，因而使这种技术在实际中未得到广泛应用，这是今后重点要解决的问题。

（2）药物包合技术（drug inclusion technic） 系指一种药物分子（客分子）被包嵌于另一种具有空穴结构的分子内（主分子）形成包合物的技术。特点：作为客分子的药物被包合后，能改善其某一方面的特性，如溶解度增加、稳定性提高、防止挥发性成分的挥发、掩盖药物不良气味、降低药物刺激性及毒副作用、液体药物粉末化等。

制备方法：常用方法有饱和水溶液法、研磨法、冷冻干燥法、喷雾干燥法。最常用的包合材料为环糊精及衍生物。

（3）微囊化技术（microcapsulation） 系指利用合成或天然的高分子材料将固体、液体甚至是气体药物包裹在微米级尺寸的微型胶囊内的技术。特点：经过微囊化技术，可改善被包裹药物的一些特性，如提高药物稳定性、掩盖药物不良气味、减少药物在胃内失活或减少药物对胃刺激、液态药物固体化，或使药物作用的特性发生变化如具有缓释、控释作用，靶向作用等。

制备方法：常用方法包括物理化学法（如单凝聚法、复凝聚法、溶剂-非溶剂法等）、物理机械法（如喷雾干燥法、空气悬浮法、多孔离心法、锅包衣法等）、化学法（如界面缩聚法、辐射交联法等）。

（4）脂质体制备技术 系指将药物包封于类脂质双分子层内而形成的微型泡囊的技术。脂质体又称为具有脂质双分子层的“人工生物膜”。制备脂质体的材料主要有磷脂类、胆固醇等。含单一双分子层的脂质体称为单室脂质体；含多层双分子层的脂质体称为多室脂质体。

脂质体的特点如下。

①靶向性 脂质体进入体内被巨噬细胞作为异物吞噬，因此主要被肝和脾中网状内皮细胞吞噬，是治疗肝寄生虫病、利什曼病等网状内皮系统疾病理想的药物载体。脂质体包封药

物治疗这些疾病可显著提高治疗指数，降低毒性，提高药效。脂质体的这种天然靶向性也被广泛用于肝肿瘤的治疗及防止淋巴系统肿瘤的扩散和转移。

②缓释性　减少肾排泄和代谢，延长药物在血液中的滞留时间，使药物在体内缓慢释放，延长药物作用时间。

③降低药物毒性　脂质体注射进入体内后主要集中在肝、脾、骨髓等单核巨噬细胞丰富的器官，而在心、肾中药物浓度很低。对心、肾有毒性或抗癌药物包封成脂质体，毒性下降。

拓展阅读 5-2

④提高药物稳定性　不稳定药物受脂质双分子层膜的保护，稳定性增加。

参考文献

[1] 朱依谆, 殷明. 药剂学[M]. 8 版. 北京: 人民卫生出版社, 2017.

[2] 陈燕忠, 朱盛山. 药物制剂工程[M]. 3 版. 北京: 化学工业出版社, 2018.

[3] 朱世斌, 刘红, 殷殿书, 等. 药品生产质量管理工程[M]. 3 版. 北京: 化学工业出版社, 2022.

[4] 张洪斌. 药物制剂工程技术与设备. 3 版. 北京: 化学工业出版社, 2019.

[5] 王沛. 药物制剂设备. 北京: 中国医药科技出版社, 2016.

[6] 张珩, 薛伟明, 丰贵鹏, 等. 制药设备与车间设计[M]. 2 版. 北京: 化学工业出版社, 2024.

思考题

5-1. 什么是药物剂型？分为哪些类型？

5-2. 谈谈你对制剂重要性的认识。

5-3. 简述药用高分子材料在药物制剂中的应用。

5-4. 简述表面活性剂在药物制剂中的应用。

5-5. 常用的固体制剂有哪几种？简述其基本工艺流程。

5-6. 注射剂有哪些类型？有哪些质量要求？

5-7. 乳剂常用的附加剂有哪些？有哪些制备方法？

5-8. 新型药物递送系统有哪些？

第 6 章

药品生产过程质量检测与控制

6.1 概　述

6.1.1 药品生产过程质量检验的重要性

药品生产过程质量检验，即在药品生产过程的各个环节中，对原料、辅料、中间产品、成品的质量进行分析检验，以保证生产出来的药品质量可靠、安全有效。

药品是人类用于预防、诊断、治疗疾病并具有调节机体功能作用的特殊商品。药品质量的优劣，直接影响着治疗和预防疾病的效果，密切关系到人民健康与生命安危。所以，药品是特殊的商品。药品的特殊性体现在下面几个方面：药物种类的复杂性、药物使用的专属性、药物作用的两重性、药品质量的隐蔽性、药物检验的局限性。

药品的种类复杂繁多，全世界药物制剂多达 20000 余种。选择适合患者治病需要的药物时，大部分药品需要在医师和药师严格指导下使用。药物使用得当可以治病，使用不当却会对身体造成危害。患者自己难以判断药品质量的好坏，不能鉴别药品的真假优劣，需要由国家设立的专门药品检验机构的专业人员采用特殊的仪器、设备和方法，依照法定的标准进行测定。药品管理的法律规定：药品的生产企业，与经营企业和医院制剂室一样，都要有自己的药品检验机构，药品出厂前必须经过质量检验，不符合标准的，不得出厂。但因为药品检验的大多数项目为破坏性的，所以无法对产品进行全数的检验，只能抽查检验。随机抽样的药品检验有局限性。另外，2023 年 9 月国家市场监督管理总局发布的《药品经营和使用质量监督管理办法》（自 2024 年 1 月 1 日起施行），强调“药品上市许可持有人、药品经营企业和医疗机构等应当遵守国家药品监督管理局制定的统一药品追溯标准和规范，建立并实施药品追溯制度，按照规定提供追溯信息，保证药品可追溯”。综上所述，对药品生产进行严格的、规范的控制、检测、管理，保证药品的安全，具有非常重要的意义和作用。21 世纪初至今发生的多起重大的药害事件，充分地说明了药品是特殊的商品，必须进行严格、规范的控制、检测、管理，才能保证药品的安全。

（1）黄柏胶囊药害事件　2001 年 5 月至 8 月间，陈某、沈某等 58 人分别在湖南省株洲市不同的零售药店购买了由某制药企业生产的黄柏胶囊，服用后均出现不同程度的中毒症状，分别入院治疗或抢救。其中陈某在服药几天后开始呕吐不止，最后心跳、呼吸停止，昏迷不醒，经抢救后恢复。

湖南省药检所检测表明：黄柏胶囊中添加了过期的、不宜制成胶囊的四环素，其含有的四环素降解产物远远超过国家允许的安全范围，特别是差向脱水四环素，服用后引起多发性肾小管功能障碍综合征，引起肾小管性酸中毒，产生乏力、恶心、呕吐等症状。该成分系黄柏胶囊生产商和总经销商为牟取更大的经济利益擅自添加，并在药品说明书上夸大药品功能疗效和适应证。

黄柏胶囊药害事件发生后，在国家药监局的督导下，当地药监局对生产厂家的库存药品、财务和涉案人员全部进行了监控，公安机关依法将厂长、副厂长、生产技术科长等 5 人予以刑拘。湖南省药监局下令对销售此药的药店停业整顿，取消核发证资格，并追究有关人员的法律责任。2003 年 6 月 16 日，株洲市中级人民法院二审裁定，药品生产企业赔偿 58 名受害者总额 2818879.62 元。

（2）“亮菌甲素注射液”假药案件　2006 年 4 月 22 日至 30 日，在卫生部直属的广州市某三级甲等医院的重症肝炎住院病人中先后出现多例急性肾功能衰竭症状。经分析排查，怀疑是因为使用了某制药企业生产的“亮菌甲素注射液”。5 月 3 日，广东省食品药品监督管理局将不良反应报告国家食品药品监督管理局。国家食品药品监督管理局立即责成制药企业所在地食品药品监督管理局暂停了该企业“亮菌甲素注射液”的生产，封存了库存，派出调查组赴多个省市进行调查并追溯生产原料。

经过调查发现，这是一起不法商人用“二甘醇”假冒药用辅料“丙二醇”销售给制药企业，而该企业采购人员违规采购，质检人员严重违规操作，未将检测图谱与药用标准的丙二醇图谱对比鉴别，且发现检样的相对密度值与标准严重不符时，却将其改为正常值，签发合格证，使假冒药用辅料进入生产，制成假药投放市场，导致 11 人死亡的恶性案件。

事件最后，没收查封扣押的假药，没收该生产企业违法所得 238 万元，并处货值金额 5 倍罚款 1682 万元，吊销其《药品生产许可证》，撤销其 129 个药品批准文号，收回 GMP 认证证书。有 10 人被移交司法机关处理，包括企业原总经理、法定代表人、副总经理、化验室主任、采购员及涉案不法商人等。另外，有 11 人受到党纪政纪处分。司法确认要理赔的受害患者达 64 名。

这个事件是在工商管理、流通、原料质检、产品质检多环节均违规的情况下发生的，如果制药企业质检部门能够严守规程，恪守职责，就能够及时发现隐患，避免事件的发生。

（3）克林霉素磷酸酯葡萄糖注射液的不良事件　2006 年 7 月 22 日，青海省出现了使用某制药企业生产的克林霉素磷酸酯葡萄糖注射液后出现不良反应的群发状况，7 月 28 日，国家食品药品监督管理局调查组进驻该企业进行封闭式调查。结果发现该企业在 2006 年 6～7 月药品生产期间没有遵守国家食品药品监督管理局批准的应在 105℃灭菌 30min 的工艺，擅自增加灭菌柜装载量，灭菌温度降低到 100～104℃不等，灭菌时间缩短到 1～4min 不等。中国食品药品检定研究院对相关样品检验结果表明，无菌检查和热原检查不符合规定。最终在全国导致 11 人死亡，被定论为药物“不良事件”。显然，违规生产是该“不良事件”的主因！

2006 年 10 月国家药监部门宣布，对该注射液按劣药论处，要求召回并销毁。没收该企业违法所得，并处 2 倍罚款；该企业停产整顿；撤销其大容量注射剂药品 GMP 证书及该药品的批准文号。相关责任人总经理、副总经理、二车间主任、企业质保部长被撤销职务；法定代表人、生产管理部长、二车间副主任、工艺员被记大过。

(4) 毒胶囊事件　2012 年 4 月 15 日，中央电视台《每周质量报告》节目《胶囊里的秘密》报道曝光：包括河北某明胶蛋白厂（持有食品添加剂产品生产许可证，年产上千吨明胶）在内的一些企业，违反《中国药典》关于药用胶囊的原料明胶至少应达到食用标准，按照 QB/T 4087—2010《食用明胶》行业标准，应使用动物的皮、骨等原料，禁用皮革鞣制后废料的规定，用皮革废料（皮革在加工鞣制时使用了含铬鞣剂，常会导致铬残留），经用生石灰脱色漂白、清洗后熬制成工业明胶，以 2 万多元每吨卖给外省某药用胶囊生产企业制成药用胶囊。最终发现 9 个药厂 13 批次药用胶囊铬超标。4 月 19 日，国家食品药品监督管理局公布了第一批抽检结果，针对被媒体曝光的 9 家药企，共抽验 33 个品种 42 个批次，其中 23 个批次不合格。公安机关立案 6 起，抓获犯罪嫌疑人 53 名，查封工业明胶和胶囊生产厂家 10 个，查扣涉案明胶 230 余吨。一系列涉案企业的《药品生产许可证》被吊销，当地食品药品监管局责任人员也受到相应处理。

此外，2013—2022 年，全国法院共审结生产、销售、提供假药罪，生产、销售、提供劣药罪以及妨害药品管理罪一审刑事案件 2.8 万余件，判决人数 3.8 万余人。同时在全球范围内此类事件也多次发生，2015 年美国一家制药公司因销售不合格的药品而被曝光。这些药品包括降压药和抗癌药等，其质量不达标，可能对患者的治疗效果产生严重影响。该事件引起了美国监管部门的高度重视，也再度引起了人们对药品质量的关注。2019 年印度企业生产的一批降压药被检测出含有致癌物质。这些药品已经流入市场并被患者使用，对他们的健康造成严重威胁。此事引起了全球范围内对印度药品质量的质疑和关注。这些触目惊心的药害事件有力地说明了：药品质量，人命关天。质量是药品特殊性的根本体现，必须进行严格的控制和管理，来不得半点的马虎和懈怠，更不能昧着良心赚黑钱。否则，必将对患者、对社会造成极大危害，企业也无法生存。

6.1.2　药品生产过程质量检验的目的、作用和分类

药品生产过程包括：原材料、辅料、包装材料的采购、入库，活性药物或药物制剂的制备，最终产品的出厂。在药品生产过程中，质量检验发挥着如下的作用：

①对原材料、辅料、中间体、原料药及成品的质量进行合格性检验。根据检验结果判断其是否可以进入下道工序；

②分析生产单元间的质量传递关系。多生产单元的生产流程，必须分析测定产品质

量如性质、纯度等，计算单元生产的产量，确定单元间质量传递关系，保证生产流程正常运行；

③监督工序是否稳定，及时掌握其动态变化，调整和控制生产参数，对生产过程进行有效监控，达到生产预期；

④判断每批产品合格与否，能否出厂。产品经检验合格后方可放行，进入销售和使用环节；

⑤为质量管理提供必要的信息和依据。

基于上述目的，药品生产过程质量检验可分类为：

①原料、辅料、包装材料的购进检验；

②中间品的检验；

③成品检验；

④其他检测，如三废处理、排放的检测。

6.1.3 药品生产过程质量检验与药品全面质量管理的关系

在经历了多次药害灾难的沉痛教训之后，人们开始探索如何才能生产出安全有效、质量可靠的药品。20 世纪 60 年代，美国最先建立并实施《药品生产质量管理规范》（Good Manufacturing Practice，GMP），其实质是在药品生产中贯彻预防为主的质量保障原则，把质量管理工作的重点，从事后检验转移到事前设计和制造过程上来，在生产过程中的各个环节加强质量管理，消除产生不合格品的种种隐患，保证产品在制造过程中没有污染、混杂或混批的可能，做到防患于未然，把不合格品消灭在产品质量形成的过程中，以保证最终产品的质量。GMP 要求在药品投产前对全部生产过程必须规定得十分明确，对机构与人员、厂房与设施、设备、物料、卫生、验证、文件、生产管理、质量管理、产品销售与回收、投诉与不良反应报告、自检等方面作了详细的规定，并确保处于严密的控制状态，以此来衡量药品生产的全过程是否符合药品质量的要求。

经过近半个世纪的发展，GMP 已成为世界各国药品生产和质量管理的基本准则，已有 100 多个国家实施本国的 GMP。我国经过多年的宣传和逐步试行推广，已于 2004 年 7 月全面实施 GMP。

近年来，国际上药品质量管理的理念在不断发生变化，从“药品质量是通过检验来控制的”到“药品质量是通过生产过程控制来实现的”，进而又到“药品质量是通过良好的设计而生产出来的”（即“质量源于设计”，Quality by Design，QbD）理念，美国药典委员会（USP）在 2023 年 1 月提出采用新颖方法——采用 QbD 理念开发 OTC 药品标准。可见，当前人们已经充分认识到，药品质量不是检验出来的，而是设计和生产出来的，必须实行严格、规范、全面的管理。总结出一整套药品质量管理规范和制度，它包括五个方面，即药物研究、生产、经营、使用、上市后的再评价。具体有：《药物非临床研究质量管理规范》（GLP）、《药物临床试验质量管理规范》（GCP）、《药品生产质量管理规范》（GMP）、《中药材生产质量管理规范》（GAP）、《药品经营质量管理规范》（GSP）、《药品使用质量管理规范》（GUP）。它们构成了药品质量管理的完整连环，既独立又相互联系和依赖。

那么，药品生产过程质量检验与药品的全面质量控制、质量管理是怎样的关系呢?

它们的共同目的都是保障药品的质量。药品的全面质量管理比质量检验具有更广泛、更全面的内容和含义。它不但包括质量检验，还包括有关质量政策的制定，质量水平和目标的确定，以及在企业内部和外部有关产品、生产过程或服务的质量保证和质量控制的组织和措施。质量检验是全面质量管理的一个重要的内容和环节，是全面质量管理的眼睛，为质量监督提供信息。药品的全面质量控制，从药物研制开始，就离不开质量检验。如化学合成原料药和生化药物的纯度测定，以及中药提取物中有效化学成分的测定等，必须要有高分离效能的分析检验方法。药物结构或组成确定后，制定药品质量标准，即建立能有效控制药物的性状、真伪、有效性、均一性、纯度、安全性和有效成分含量的总的质量裁定依据，更需要分析检验技术。生产过程中的原材料、辅料、中间产品（中间体）、最终成品的质量控制与评价，发现影响药品质量的主要工艺，优化生产工艺条件也都需要质量检验。只有把产品的检验与生产过程各个环节的严格管理和控制结合起来，才能确保药品的生产质量；药品出厂前，也要经过质量检验；药物最终的质量还与使用前的储藏过程紧密相关。药物会因光、热、潮湿、霉菌、空气等而变质。药物在储藏过程中的质量稳定性考察，以便采取科学合理的储藏条件和管理方法，也需要质量检验。

因此，必须强化药品质量检验工作，使其充分发挥监督产品的作用，才能更好地实现全面质量管理。

6.2 药品质量检验的基本内容及程序

6.2.1 药物质量检验的基本内容及步骤

药品质量体现在有效性、安全性、稳定性、均一性四个方面。有效性、安全性是药物的根本要求，稳定性、均一性是有效性、安全性的保证。

有效性涉及有效成分及其含量的多少，与有效性相关的质量检验即需要对有效成分的存在进行鉴定，对其含量或浓度进行测定；**安全性**主要涉及杂质的种类及量的多少，是否存在异常毒性、热原、降压物质、微生物，当然安全性也与有效成分的剂量有关；药物剂型对药物的有效性、安全性也有很大的影响，故制剂方面的分析，如重量差异、崩解时间、含量均匀度、溶出度等也很重要。具体涵盖内容如下所示。

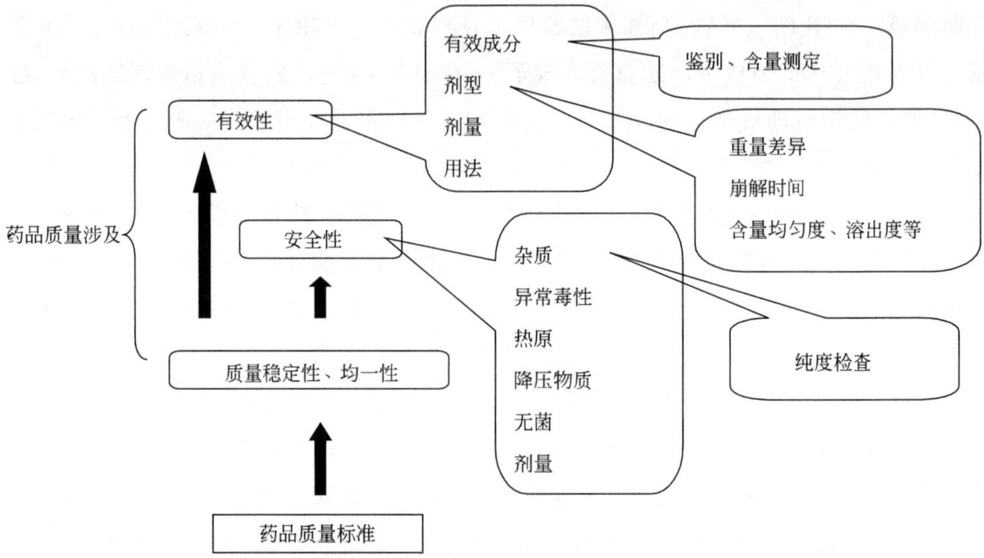

药物质量检验的基本内容和步骤如下

取样 → 鉴别（包括性状评价）→ 检查 → 含量测定 → 检验报告

上述所指的药物包括原料药和制剂，即和原料药的检验一样，药物制剂的检验也主要包括鉴别、检查和含量测定三方面。但检查的内容上，增加了制剂学方面的项目。

6.2.2 取样

药品质量检验的第一步是取样，即从一批物料或产品中取出适量供分析检验。取样应具有科学性、真实性和代表性，这是取样的基本原则。均匀取样是实现取样原则的保证。取样应按照取样规程，包括：取样方法、所用设备、取样容器及其清洗、取样量、取样部位、取样顺序、样品混合及细分方法、标签、样品的储存。

6.2.3 鉴别

依据药物的化学结构、理化性质或某些化学反应，测定某些理化常数或光谱特征，来判断药物及其制剂的真伪。药物的鉴别包括：化学鉴别法（显色反应鉴别法、沉淀生成鉴别法、荧光反应鉴别法、气体生成反应鉴别法）、光谱鉴别法、色谱鉴别法、生物学法。

通常，某一项鉴别试验，如官能团反应、焰色反应，只能表示药物的某一特征，绝不能将其作为判断药物真伪的唯一依据。因此，药物的鉴别需采用一组（两个或数个）试验项目全面评价，力求使结论正确无误。例如，《中国药典》（2025 年版）在醋酸可的松鉴别项下规定了一个母核（甾体）显色反应（硫酸显色反应）、一个官能团（C3 位酮基和 C20 位酮基）反应，以及一个紫外吸收光谱特征。

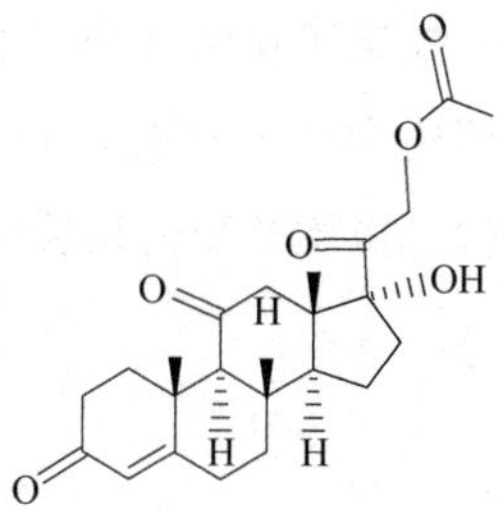

醋酸可的松分子结构

对于原料药，性状评价也起到鉴别的作用。因为药物的性状反映了其特有的物理性质，在一定程度上综合反映了药品的内在质量，一般包括药物的外观、色泽、气味、溶解度、澄清度、晶型和物理常数（物理常数包括相对密度、沸程、熔点、凝点、比旋光度、折射率、粒度、吸收系数、碘值、皂化值和酸值）等，在评价质量优劣方面同样具有重要意义，应予重视。如醋酸可的松（原料药）性状项下有晶型、臭味、溶解度、比旋光度和吸收系数的规定。

6.2.4　检查

药物的检查包括有效性、纯度、安全性、制剂检查四个方面。**杂质的检查**即检测药物中有关杂质是否在允许“限量”之内，故又称“杂质限量检查”，以判断药物的纯度是否符合要求。通常按照药品质量标准规定的项目进行，有一般杂质检查和特殊杂质检查。药品的不良反应除了与药品本身的药理活性有关外，有时还与药品中的杂质有关，因此杂质研究及控制是药品安全保证的关键要素。

例如，青霉素是应用广泛的抗菌药物。药物过敏中，无论在过敏发病率、过敏严重性以及过敏死亡率方面，青霉素均居于各种药物之首。青霉素过敏在全部使用青霉素的患者中占3%～6%，过敏反应死亡率高达 10%。青霉素及青霉素制品中的微量杂质（青霉烯酸、青霉噻唑酸、青霉素聚合物等）是致敏原。青霉烯酸、青霉噻唑酸及青霉素聚合物等本身是半抗原，能与机体蛋白质或青霉素制造过程中不纯物质中所含的蛋白质成分结合，形成完全抗原而获得抗原性。机体受抗原物质刺激后产生抗体，当药物再进入机体时，抗原与抗体结合会产生过敏反应，造成组织损伤或生理功能紊乱，引起一系列临床症状。例如，《中华人民共和国药典》（以下简称《中国药典》）（2025 年版）青霉素 V 钾项下规定青霉素 V 钾聚合物以青霉素 V 钾计不得超过 0.6%。

有效性检查：指与药物疗效有关，但在鉴别、纯度检查、含量测定中不能控制的项目。

安全性检查：包括异常毒性、热原、降压物质、无菌检查。

制剂的检查：检查是否达到制剂学方面的要求，如重量差异、崩解时限、含量均匀度等。

6.2.5　含量测定

对于合成药及制剂而言，即测定药物中有效成分的含量，确定其是否符合规定的含量标准。对于中药及其制剂而言，即测定药物中某些已知有效成分或活性成分的含量，确定其是否符合规定的含量标准。含量测定一般采用化学分析方法或理化分析方法。

对于抗生素药物而言，有的采用化学分析方法或理化分析方法测定含量，有的采用生物测定法（微生物检定法）测定其效价。抗生素效价是反映抗生素对微生物的杀伤或抑制程度的一种指标。

6.3 药品生产的质量标准

药品质量检验要有依据，要按照规定进行，即应有质量标准，包括检验所采用的方法原理、操作步骤、质量指标等。

- 药品标准
  - 法定标准
    - 《中国药典》
    - NMPA标准
  - 试行药品质量标准
  - 临床研究用药品标准
  - 企业标准
    - 使用非成熟(非法定)方法
    - 指标高于法定标准的标准

6.3.1 国家药品质量标准

国家药品质量标准是药品质量管理的法律依据，是国家对药品质量、规格及检验方法所作的技术规定，是药品生产、供应、使用、检验和药政管理部门共同遵循的法定依据。

我国现行的药品质量标准包括：《中华人民共和国药典》（ChP，简称《中国药典》）及国家药品监督管理局（NMPA）颁布的药品（质量）标准。

6.3.1.1 《中国药典》

药典是国家关于药品标准的法典，是国家管理药品生产与质量的依据，和其他法令一样具有约束力。

拓展阅读 6-1

世界最早的药典可追溯到公元 659 年我国唐朝的《新修本草》（又名《唐本草》）。新中国成立后，共出版了十二版药典：1953、1963、1977、1985、1990、1995、2000、2005、2010、2015、2020、2025 年版。2025 年版《中华人民共和国药典》由一部、二部、三部和四部构成，收载品种共计 6385 种。一部中药收载 3069 种。二部化学药收载 2776 种。三部生物制品收载 153 种。四部收载药用辅料 387 种。另外收载通用技术要求 410 个，指导原则 72 个。未被《中国药典》收录的药品在中国境内的生产、销售、使用是非法的。

《中国药典》各部均由凡例、正文、附录和索引四部分组成。正文内容包括：法定名称、来源、性状、鉴别、纯度检查、含量或效价、类别、剂量、规格、贮藏、制剂等。

6.3.1.2 外国药典

国外最早的药典是 1498 年意大利出版的《佛罗伦萨药典》，晚于《新修本草》839 年。

（1）《美国药典》 美国药品标准包括《美国药典》（United States Pharmacopoeia，USP）

和《国家处方集》（National Formulary，NF）。美国药典（USP）于 1820 年出版第一版，美国国家处方集（NF）1888 年出版第一版，1980 年起并入 USP，但仍分两部分，前面为 USP，后面为 NF。最新版为 USP-NF 2025（即 USP 48-NF 43），该版本于 2024 年 11 月 1 日正式生效。《美国药典》由凡例、正文、附录、索引等组成。

（2）《英国药典》　即 British Pharmacopoeia，每年更新一次，现为 2024 年版，缩写 BP2024；2023 年 8 月出版，2024 年 1 月生效。

（3）《欧洲药典》　《欧洲药典》（European Pharmacopoeia，EP），现为第 11 版（包括补充文件 11.3），自 2023 年 1 月 1 日起在 39 个欧洲国家具有法律约束力，并在全球 130 多个国家适用。欧洲药典对其成员国，与本国药典具有同样约束力，并且互为补充。

（4）《日本药局方》　日本药典（The Japanese Pharmacopoeia，JP），称为《日本药局方》。分两部出版，第一部收载原料药及其基础制剂，第二部主要收载生药、家庭药制剂和制剂原料。现行第 18 版（JP XⅧ）。

（5）《国际药典》　《国际药典》（The International Pharmacopoeia，Ph.Int）由世界卫生组织（WHO）颁布。2023 年 3 月 2 日，WHO 在官网最新发布的第 11 版《国际药典》。

6.3.2　其他质量标准

药品生产过程中，除了要涉及活性药物原料、药物制剂的质量检验之外，还要涉及其他的生产原料、辅料、包装材料、半成品等的质量检验。

6.3.2.1　原材料标准

（1）活性原料　大部分活性原料（合成药中的原料药、中药中的药材及饮片）的标准已收入《中国药典》（2025 年版）。未收入的活性原料可以查询 *The Merck Index*（默克索引），也可以参考国外药典的相关标准。

（2）辅料　大部分常用辅料也已经收入药典。或可参考《药用辅料手册》（原著由美国药学会和英国药学出版社共同编辑出版，1986 年首版，至今已出版至第八版）以及《药用辅料应用指南》。暂时无药用标准的一些辅料，也可以参考食品用原料的国家标准。

（3）化工原料和溶剂　已收入药典的化工原料和溶剂要参考药典，但大部分化工原料和溶剂未收入药典。可以参考《中国无机化工产品质量标准全书》（化工部标准化研究所，1992）、《有机化工原料大全》（化学工业出版社，1999）等。用于原料药合成的化学纯或分析纯试剂的标准可以参考《化学试剂标准大全》（化学工业出版社，1995）以及《化学试剂标准汇编》（中国标准出版社，2005）等。

6.3.2.2　水标准

水是许多药品的稀释剂或赋形剂、生产过程中的洗涤剂，在药品生产中起着非常重要的作用。首先，制药用的源水要符合应符合中华人民共和国国家标准《生活饮用水卫生标准》（GB 5749—2022）规定的生活饮用水卫生标准。制药用水分为纯化水、注射用水和灭菌用水，其标准在药典中均有规定。制药行业常用的纯化水电阻率一般应大于等于 0.5MΩ·cm/25℃，而对于注射剂和滴眼液容器冲洗用的纯化水，电阻率则应大于等于 1.0MΩ·cm/25℃。

6.3.2.3　包装材料标准

《中国药典》（2025 版）收录有肠溶明胶空心（硬）胶囊、明胶空心（硬）胶囊的标准，但其他各种药用包装材料、容器的标准未见收录。可参考表 6-1 所列的相关标准。

表 6-1　药用包装材料质量标准

类别	包装材料	标准
直接接触无菌产品的包装材料	西林瓶	药典，模制注射剂瓶（GB/Z 2640—2021）
	安瓿	安瓿（GB/T 2637—2016）
	大输液瓶	玻璃输液瓶（GB/T 2639—2008）
	胶塞	丁基橡胶药用瓶塞物理性能要求与测试（GB/T1938—2015）、注射液用卤化丁基橡胶塞（YBB00042005—2015）
	注射用 PVC 袋	国际医疗器械生产质量管理规范，如 ISO 13485 等
直接接触非无菌产品的包装材料	塑料瓶	《固体药用聚烯烃塑料瓶质量标准及检验规程》（STP-QB-301）
	玻璃药瓶	玻璃输液瓶（GB/T 2639—2008）
	铝箔	药用铝箔（YBB00152002—2015）
	PVC 硬片	聚氯乙烯固体药用硬片（YBB00212005—2015）
	各种复合膜	药用复合膜、袋通则（YBB00132002—2015）
	硬质空心胶囊	药典
不直接接触产品的包装材料	玻璃输液瓶铝盖	输液瓶用铝塑组合盖（YBB00402003—2015）
	输液瓶用铝塑组合盖	药用铝塑封口垫片通则（YBB00212004—2015）

6.4　药物质量检验的常用方法与技术

药物质量检验可采用化学分析法、仪器分析法、生化检验法。根据要检测的药品对象、剂型和检验项目内容的不同，选择合适的方法与技术。

药品质量检验方法
- 化学分析法
  - 化学反应鉴定
  - 容量分析法
  - 重量分析法
- 仪器分析法
  - 电化学分析法
  - 光谱分析法
  - 色谱分析法
  - 质谱分析法
  - 核磁共振波谱分析法
  - 热分析法
- 生化检验法
  - 微生物检定法
  - 动物法

6.4.1　化学分析法

化学分析法是以物质的化学特性和化学反应为基础建立起来的药物检验技术，包括化学反应鉴定、容量分析法及重量分析法，进行含量测定、杂质的限量检查。

6.4.1.1　化学反应鉴定

化学反应鉴定应用于药物分析中的两个方面：一是药物有效成分的鉴别，即根据药物的化学反应来判断药物的真伪；二是杂质的检查，即利用药物与杂质在化学性质上的差异（酸碱差异，氧化还原性质的差异，杂质与一定试剂生成沉淀、生成气体等）检验杂质的存在。

6.4.1.2　容量分析法

容量分析也称滴定分析，是利用标准溶液与待测组分间的定量化学反应，以标准溶液的体积进行定量测定的分析方法。容量分析法具有操作简便、分析速度快、准确度高等特点，所以应用较广泛。根据所利用的化学反应原理，容量分析法分为：酸碱滴定法、氧化还原滴定法、络合滴定法、沉淀滴定法、非水溶液滴定法等。

6.4.1.3　重量分析法

重量分析法是指将待测组分以化合物或单质的形式分离后，以称重的方式进行含量测定的方法。重量分析法具有准确度高、精密度好的优点，但操作烦琐、耗时长，所以应用已不多。重量分析法一般又可分为沉淀法、挥发法和萃取法。

6.4.2　仪器分析法

仪器分析技术在药物质量检验中的应用越来越广泛，仪器分析法包括：电化学分析法、光谱分析法、色谱分析法、质谱分析法、核磁共振波谱分析法、热分析法等。关于这些分析方法的原理、仪器、操作等在仪器分析课程中将会详细学习，在此只简单介绍在药品检验中应用的仪器分析方法的基本概念，不作详细介绍。

6.4.2.1　电化学分析法

电化学分析法是基于电化学参数测定的一类分析方法。电化学分析法种类很多，常用于药物分析的有永停滴定法、电导分析法、电位分析法。

（1）永停滴定法　又称双安培滴定法（double amperometric titration），或双电流滴定法，是基于电解的原理，根据滴定过程中电流的变化确定滴定终点的分析方法，属于电流滴定法。装置如图 6-1 所示，在指示终点系统的两支大小相同的铂电极上加 50～200mV 的电压，当达到终点时，由于电解液中产生可逆电对或原来的可逆电对消失，使该铂电极回路中的电流迅速变化或停止变化。永停滴定法指示终点非常灵敏，简便易行，准确可靠。

（2）电导分析法　电导即导体的导电能力。电解质溶液的电导过程是通过溶液中所有离子的迁移运动来进行的，当溶液中离子浓度发生变化时，其电导也随之发生变化。电导分析法就是根据溶液电导的变化来指示溶液中离子浓度变化的分析方法。电导定义为电阻的倒数，

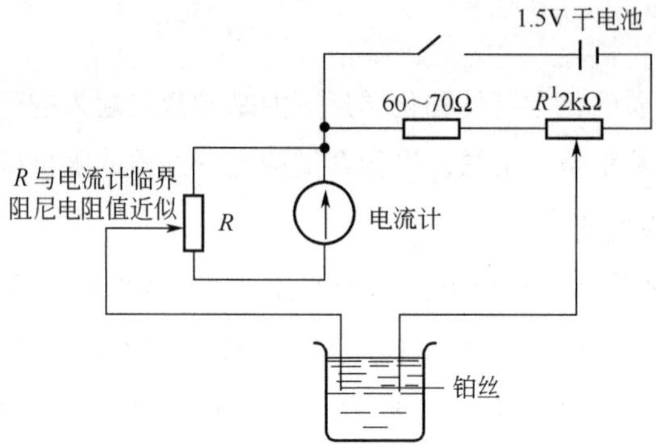

图 6-1　永停滴定仪装置

所以采用经典的测量电阻的方法——惠斯通平衡电桥法即可进行电导分析。在制药工业上主要应用于水质纯度的检测，并以电化学传感器的形式用于自动在线监测。

（3）电位分析法　是利用一支指示电极和另一支合适的参比电极构成一个测量电池，在通过电池的电流为零的条件下测定电池的电动势或电极电位（见图 6-2），从而利用电极电势与浓度的关系来测定物质浓度的一种电化学分析方法。如测定 pH 的玻璃电极（见图 6-3）、pH 传感器，即基于电位测定的离子选择性电极型传感器。

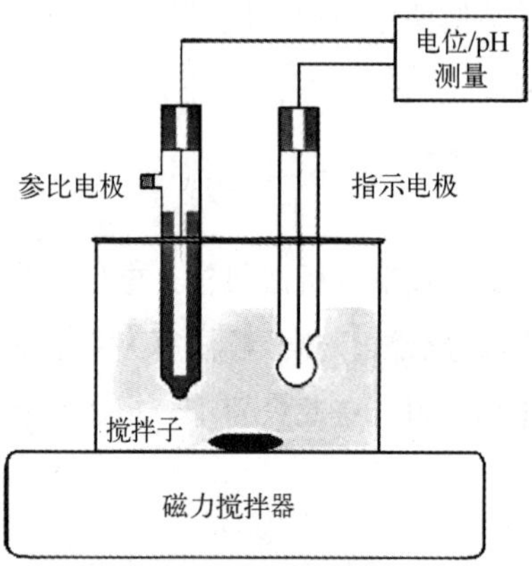

图 6-2　电位滴定法示意图

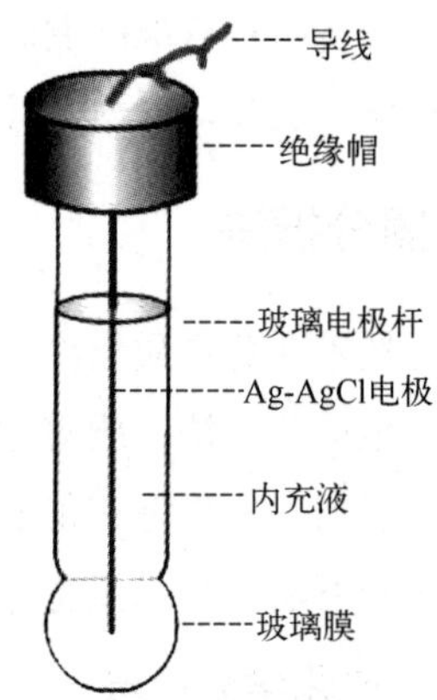

图 6-3　玻璃电极示意图

6.4.2.2　光谱分析法

光谱分析法是指在光或其他能量的作用下，通过测量物质的发射光、吸收光或散射光的波长和强度来进行分析的一类方法。

（1）紫外-可见分光光度法　是根据物质分子对 200～780nm 波长范围的紫外及可见光产生选择性吸收的波长（吸收光谱）及吸收程度（吸光度）进行定性、定量、结构分析的一种方法。紫外-可见分光光度法灵敏度和选择性较高，设备简单，易于操作，广泛应用于药物的定量分析，及作为高效液相色谱的通用检测器。其仪器原理图见图 6-4。

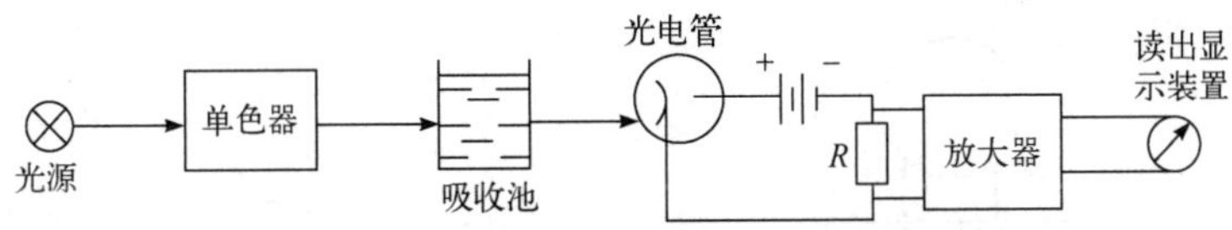

图 6-4　单波长单光束分光光度计原理图

(2) 浊度分析法　是基于溶液中的颗粒对入射光束的阻挡/吸收而造成的总吸光度而进行定量分析的一种方法，仪器常用可见分光光度计来代替。该方法操作简单，成本低。药物检验主要用于注射剂中的不溶性微粒的检测，如《中国药典》规定的可见异物检查法，也用于微生物发酵过程中的生物量的测定。

(3) 红外分光光度法（IR）　是基于物质的分子在振动或转动能级间激发时吸收相应的红外光（2.5～1000μm）而产生的特征吸收，吸收的程度与吸光物质的浓度有关，符合朗伯-比尔定律，得到与分子结构相应的红外吸收光谱，从而鉴别分子结构的方法。广泛应用于有机化合物的官能团定性分析和结构分析（对映异构体无效）。傅里叶变换红外光谱技术将光源的连续谱辐射全部投射到被测样品上，根据样品吸收辐射能的情况判定被测成分的含量。

(4) 旋光分析法　许多物质具有旋光性（又称光学活性），如含有手性碳原子的有机化合物。当平面偏振光通过这些物质的液体或溶液时，偏振光的振动平面向左或向右旋转，这种现象称为旋光。旋光法通过测量偏振光与旋光物质相互作用时偏振光振动方向的变化而实现对物质的分析（鉴别、定量测定或纯度检验），是手性药物分析的重要方法。旋光仪的原理见图 6-5。

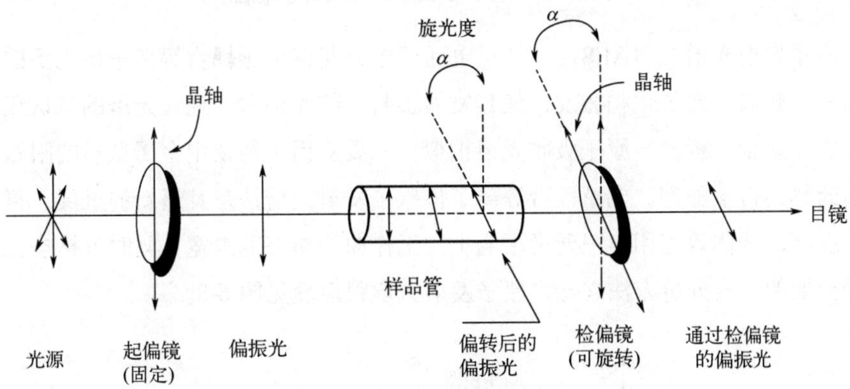

图 6-5　旋光仪原理示意图

(5) 荧光分析法　某些物质吸收照射光的能量而激发，然后很快回到基态，放出波长更长的光辐射。荧光分析法就是基于这种光致发光现象而建立起来的。荧光分析法灵敏度很高。近年来，荧光分析法作为高效液相色谱、毛细管电泳的高灵敏度检测器以及激光诱导荧光分析法在超高灵敏度的生物大分子的分析方面受到广泛关注。荧光光谱仪的原理见图 6-6。

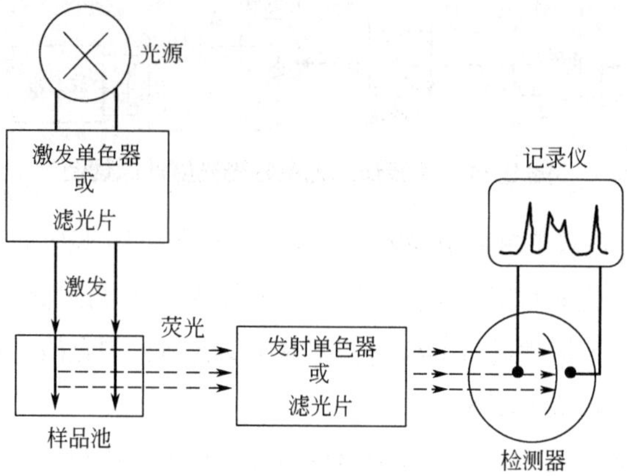

图 6-6　荧光光谱仪原理示意图

（6）原子吸收光谱法（AAS）　也称原子吸收分光光度法，是基于测量蒸气中基态原子对特征波长光的吸收，从而进行元素（主要为金属元素）的定量及定性分析的方法。可应用于药物中金属杂质的限量测定，及有机金属药物的含量测定。仪器原理见图 6-7。

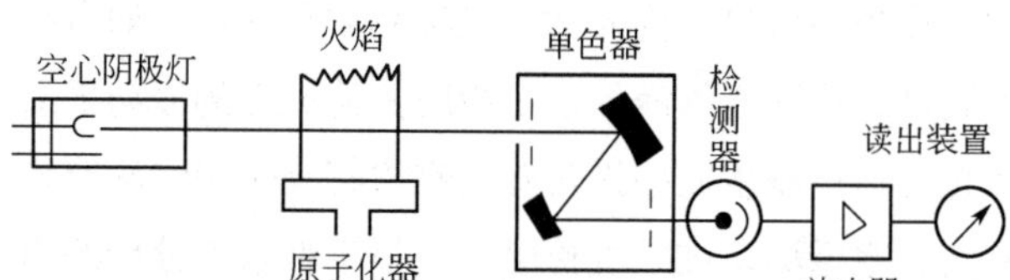

图 6-7　原子吸收分光光度计示意图

（7）原子发射光谱法（AES）　利用电弧或电火花或电感耦合等离子体光源的高温将分析试样蒸发，解离，原子化和激发，使其发射出特征的光辐射，通过光谱的辨认和测量可进行元素定性和定量分析。与原子吸收光谱相似，主要应用于药物中金属杂质的限量测定，及有机金属药物的含量测定。电感耦合等离子体原子发射光谱法是其最新的进展，具有检出限低，精密度高，基体效应和第三元素影响小，工作曲线动态范围宽，同时分析多元素等优点而成为最重要的元素分析方法之一。原子发射光谱仪原理见图 6-8。

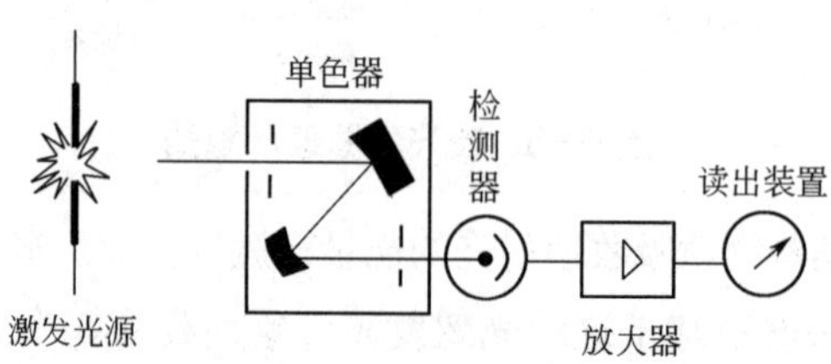

图 6-8　原子发射光谱仪示意图

6.4.2.3　色谱分析法

色谱分析法是一大类分离分析技术。其原理是流动相（气体或液体）携试样混合物流经固定相，试样中各组分与固定相发生作用。由于各组分性质和结构上的差异，与固定相之间的作用力强弱不同，随着流动相的移动，混合物在两相间反复多次地分配平衡，使得各组分被固定相保留的时间不同，从而按一定次序由柱中流出。与适当的柱后检测方法结合，实现混合组分的分离与检测。利用化合物在色谱固定相上的保留时间定性鉴别，利用峰高或峰面积进行定量分析。色谱法是目前最活跃的分析化学分支学科之一，在药物质量控制领域的应用日益普遍。药典中收录的色谱法越来越多。

色谱分析法具有以下的特点：分离效率高，可以分离复杂混合物、有机同系物、异构体、手性异构体；灵敏度高，可以检测出μg/g 甚至 ng/g 级的物质含量；分析速度快；应用范围广。不足之处是定性较为困难，要借助标准品或与其他具有定性分析、结构解析功能的方法联用。

（1）气相色谱法（GC） 是一种以气体为流动相的柱色谱分离方法，具有分离效能高、灵敏度高、分析速度快等特点。GC 法适用于沸点≤400℃的试样，而不适用于高沸点、难挥发、热不稳定物质的分析。仪器组成见图 6-9。

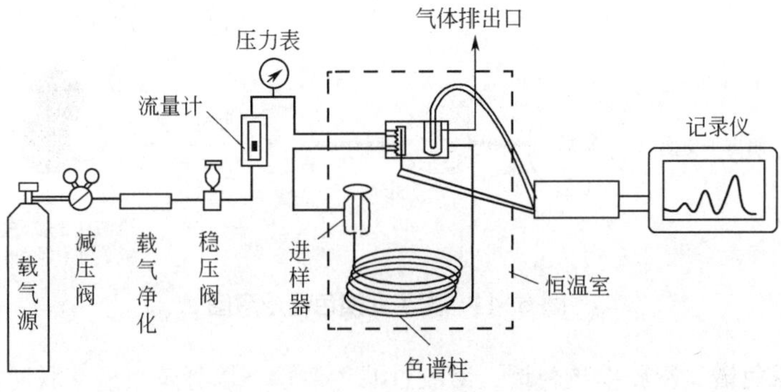

图6-9 气相色谱仪示意图

（2）高效液相色谱法（HPLC） 是以溶液作为流动相的色谱方法。与传统液相柱色谱不同的是，为了达到高效分离（5000～30000 板/m），采用了粒度极细的固定相填料。为了克服由此产生的流动相阻力，及达到快速（数分钟、数十分钟）的需要，采用高压驱动［（150～350）$\times 10^5$Pa］。柱后通常采用紫外检测、荧光检测或电化学检测，有较高的灵敏度。HPLC 不受样品挥发性和热稳定性的影响而应用广泛。其仪器组成见图 6-10。

根据固定相的作用原理，高效液相色谱主要分为下面几种。

①**吸附色谱**（液-固吸附色谱） 以硅胶、氧化铝等固体吸附剂为固定相，较常用硅胶（5～10μm）作固定相，属于极性吸附剂。主要采用非极性流动相，或加入某些极性溶剂。

②**分配色谱**（液-液分配色谱） 早期是在惰性的载体上涂渍一层固定液作为固定相，现在主要使用化学键合固定相（非极性、极性、离子交换键合相）。

③**离子交换色谱** 固定相为离子交换树脂，流动相为无机酸或无机碱水溶液。根据离子与树脂的交换基团的交换能力的不同而得到分离。图 6-11 为其分离原理示意图。

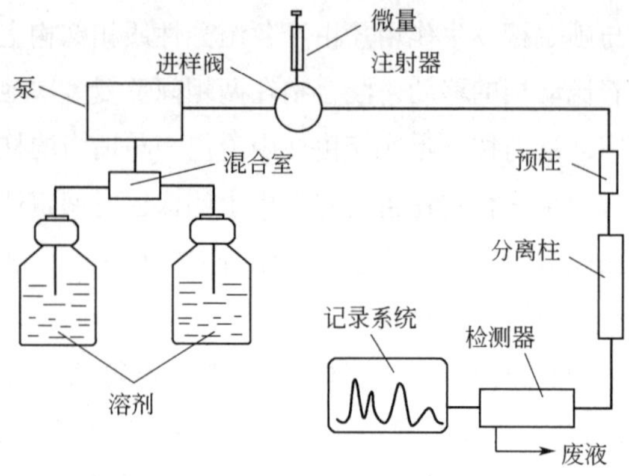

图 6-10　高效液相色谱仪示意图

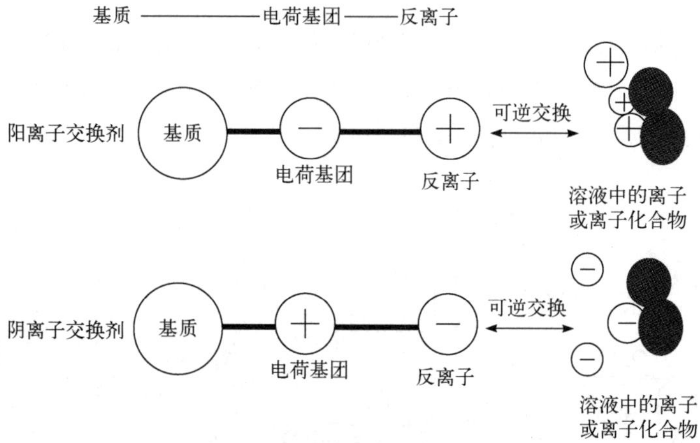

图 6-11　离子交换色谱示意图

④**体积排阻色谱**（凝胶渗透色谱、凝胶过滤色谱）　以凝胶（经交联而具有立体网状结构和不同孔径的多聚体的通称）为固定相，如葡聚糖凝胶、琼脂糖等软质凝胶，多孔硅胶、聚苯乙烯凝胶等硬质凝胶。广泛应用于有机大分子如蛋白质、多肽、多糖、核酸、DNA 等的分离、分子量的测定。凝胶色谱的分离原理见图 6-12，其中体积较大的分子能较快通过凝胶颗粒，而小分子则能进入凝胶的孔隙，移动路径较长，导致通过速度较慢。

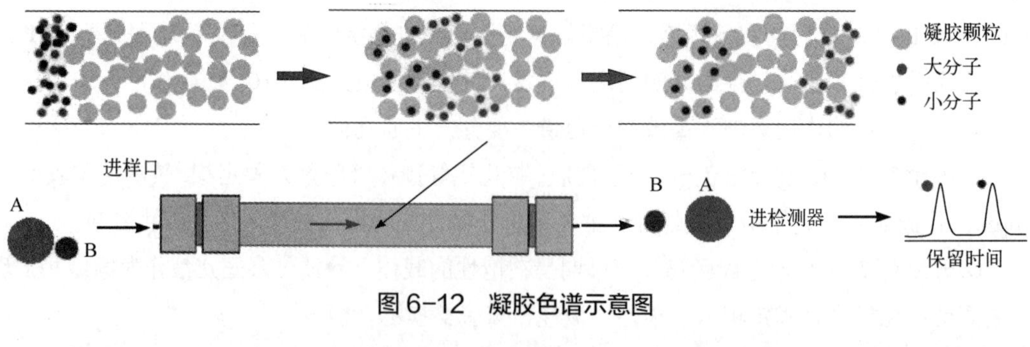

图 6-12　凝胶色谱示意图

⑤**亲和色谱**　是利用生物分子间所具有的专一亲和力（专一的可逆结合的能力）而设计的色谱技术，把可亲和的一对分子的一方固定在固定相时，另一方若随流动相流经固定相，

双方即可专一性地结合成复合物，然后利用亲和吸附剂的可逆性质，通过特定的洗脱剂洗脱以分离，最终纯化得到与固定相有特异亲和能力的某种物质。最大优点是从粗提液中经过一次简单的处理便可得所需的高纯度活性物质。例如，以球状琼脂糖为载体制得亲和吸附剂，从肝脏匀浆中成功提取胰岛素受体。

（3）薄层色谱法（thin layer chromatography，TLC）　是一种平面色谱技术。它是在平滑光洁的玻璃、金属、塑料板上（或聚酯薄膜上），把硅胶或氧化铝等吸附剂用淀粉、石膏或醋酸纤维素等黏合剂铺成薄层作为色谱固定相，用溶剂（流动相）把试样展开，利用显色剂使分离了的组分显色（有紫外吸收的组分可用紫外光照射显示出荧光斑点或在荧光板上显示荧光猝灭斑点）。根据组分展开的距离与展开剂前沿所移动的距离之比值 R_f 进行定性分析，根据色谱斑点的大小和颜色深浅进行定量分析的方法。薄层色谱原理见图 6-13。

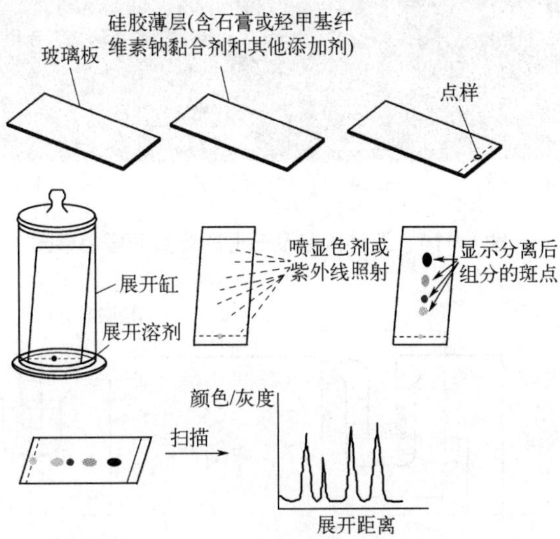

图 6-13　薄层色谱法基本原理示意图

薄层色谱法的原理主要包括吸附、分配、离子交换和分子筛等作用。当样品组分在薄层板上进行分离时，这几种作用产生不同的影响，究竟以哪种作用为主，要视情况而定。如在吸附薄层色谱中，因样品组分极存在性差异，不同组分与吸附剂和展开剂的亲和力就有差异，从而导致各组分在薄板上的移动距离不同，组分与吸附剂亲和力强的留在接近原点的位置；反之，组分与吸附剂亲和力弱的移动到离原点较远的地方。于是样品中的各种组分就得到分离。

传统的薄层色谱法由于精密度和重现性均较差，不适于定量分析。然而，20 世纪 80 年代以来，薄层色谱法得到了很大发展，高效薄层板、薄层扫描色谱仪、自动点样以及自动展开装置相继推出，使薄层色谱技术也能进行定量分析，操作的规范化及仪器化程度大为提高，加之直观、经济、简便的特点，薄层色谱法已成为药物分析中应用十分广泛的色谱方法。图 6-14 是高效薄层色谱分析三种人参及三七中人参皂苷的例子。

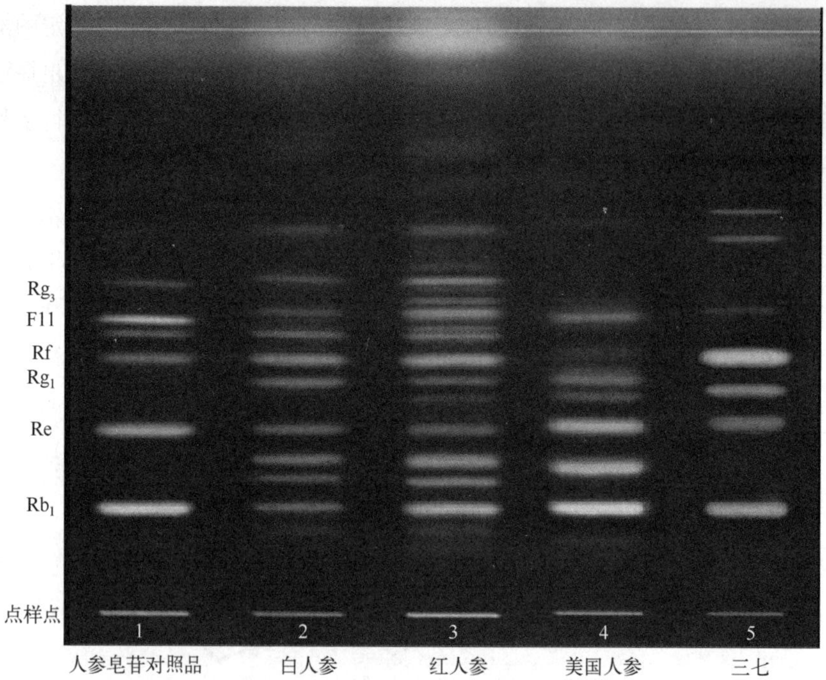

图 6-14　三种人参及三七的高效薄层色谱图

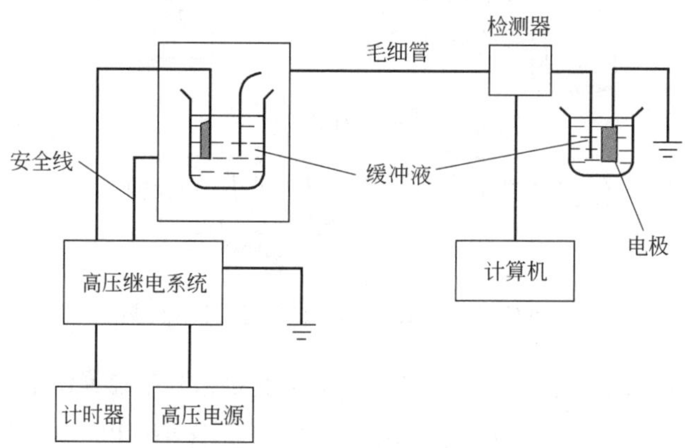

图 6-15　毛细管电泳仪示意图

（4）高效毛细管电泳（HPCE）　是以弹性石英毛细管为分离通道，以高压直流电场为驱动力，依据样品中各种组分之间淌度和分配行为上的差异而实现分离的电泳分离分析方法。在充满缓冲液且一端注有样品的毛细管的两端施加 5～30kV 的电压，在电场的作用下，各种性质不同的组分以不同的速率向极性相反的两极迁移，通过设置在毛细管一端的检测器（紫外吸收检测器、荧光检测器、安培检测器以及电导检测器）时被检测。图 6-15 是毛细管电泳仪示意图。毛细管电泳具有高效（可达到几十万理论板数/米）、高速（可在几～十几分钟内完成复杂样品的分离分析）、微量（只需 nL 级的样品）、只需要 mL 级流动相和价格低廉的特点。在分离许多生化物质上性能要优于一般色谱法。毛细管电泳可用于药物主要成分及所含杂质的定性及定量分析，可用于药物在体内代谢的研究，还用于测定各种 DNA 的各种形式及 DNA 序列。

将高效液相色谱的柱制备技术移植到毛细管电泳中，就产生了毛细管电色谱。

6.4.2.4　核磁共振波谱分析法

某些原子核可在磁场中产生能级分裂，若此时用无线电波照射，原子核发生共振跃迁，会吸收电磁波。记录电磁波被吸收的位置和强度就可获得核磁共振波谱。分子环境影响磁场中原子核的吸收，因而能够利用核磁共振波谱进行结构分析。最常用的为 ^{1}H 和 ^{13}C 谱。核磁共振仪组成见图 6-16。

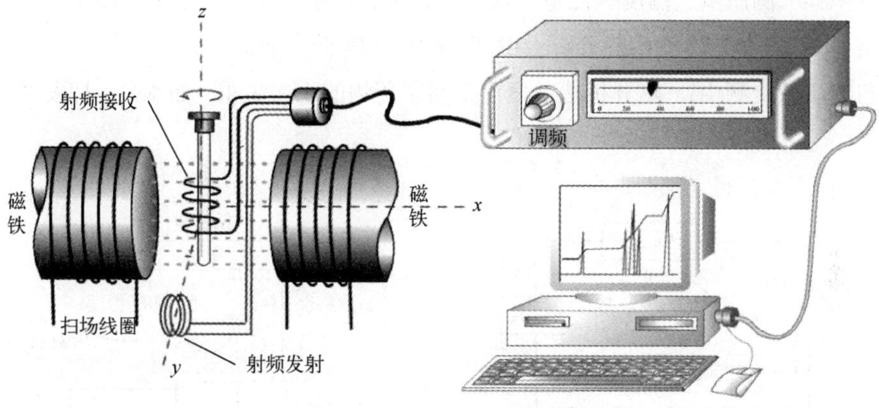

图 6-16　核磁共振仪组成示意图

6.4.2.5　质谱（mass spectroscopy，MS）分析法

应用离子化技术使处于气态的分子（原子）失去价电子而生成分子离子，分子离子的化学键进一步断裂生成不同质量的碎片离子，这些带正电荷的离子在电场或磁场作用下，按质荷比（m/e）及相对强度大小产生信号被记录下来，排列成谱即为质谱。由质谱可以确定分子量和分子式。另外，在一定条件下，碎片离子的种类及其含量与原来未裂解的结构有关，故从质谱可反推其化学组成及结构。质谱分析技术偏差小、响应快、精度高、维修问题少；但仪器设备昂贵。质谱与色谱的联用技术，可将质谱的分子量测定、结构推测和高灵敏度的特长与色谱的高分离效能结合起来，特别适用于结构未知的药物的定性分析及新药开发。质谱仪原理见图 6-17。

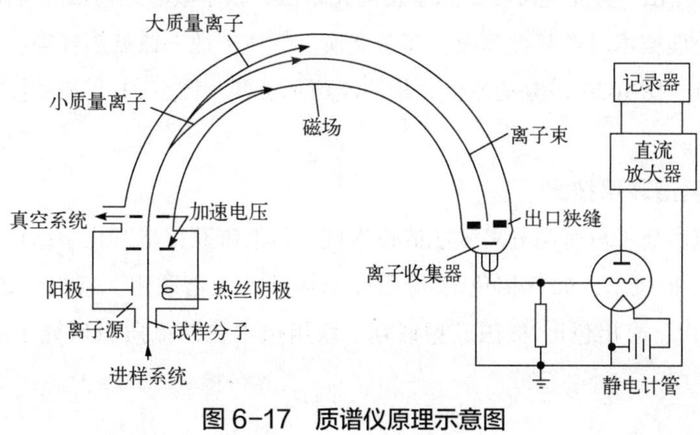

图 6-17　质谱仪原理示意图

6.4.2.6 热分析法

在程序控制温度下，测量物质的物理性质（热力学、力学、光学、电学、磁学、声学）与温度的关系进而进行鉴定的一类技术。主要有测量物质质量随温度变化的热重法（thermogravimetry，TG，见图 6-18），测量物质与参比物间温度差随温度变化的差热分析法（differential thermal analysis，DTA，见图 6-19），测量输入到样品与参比物之间功率差随温度变化的差示扫描量热法（differential scanning calorimetry，DSC）三种。热分析是一种通用的，在热动态条件下快速研究物质特性的有效手段，不用分离、不用试剂、分析速度快、方法和技术多样（测质量、温度、热量、尺寸、力学、声学、光学、电学、磁学）、可与其他技术联用，如 TG-DTA、GC-热分析、IR-热分析、MS-热分析。

在药物质量检测中， 热分析法主要用来测定药物的干燥失重，如水分、挥发性残留有机溶剂。

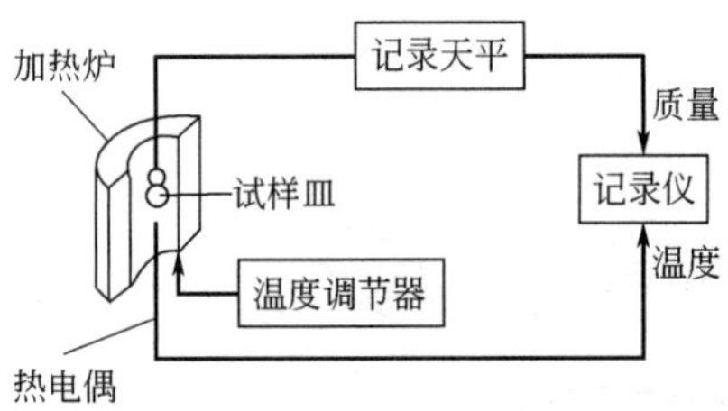

图 6-18 热重分析仪示意图

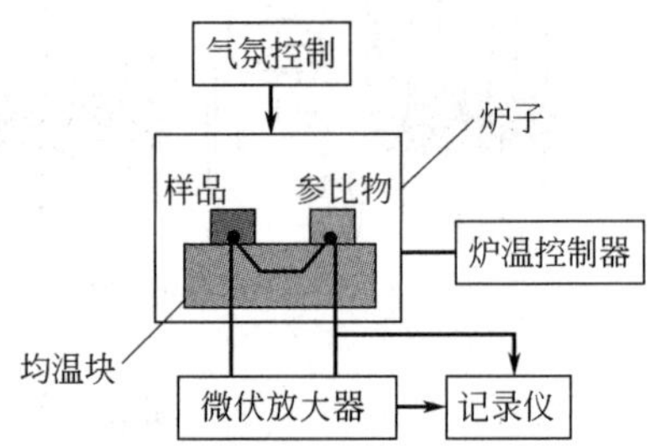

图 6-19 DTA 仪示意图

6.4.2.7 流动注射分析法

流动注射分析法是一种新型微量液体试样快速自动分析技术。通过进样阀将一定体积的液体试样间歇地迅速地注射到由蠕动泵驱动的、流速恒定的连续载流中，并随载流在反应混合盘管中移动，与另外注射到载液中的某些试剂发生化学反应形成某种可被检测的物质，在流经检测器时被检测，得到随时间连续变化的信号。流动注射分析法具有分析速度快、精度高、试样和试剂消耗少、设备简单、操作方便的优点，并可与多种检测手段（如分光光度法、浊度法、化学发光法、荧光光度法、原子发射光谱法、原子吸收光谱法、电化学法等）联用，以及与样品的处理技术（如溶剂萃取、离子交换、气体扩散、微波溶样等）联用，且易于实现自动化等优点。图 6-20 是流动注射分析的流路示意图，图 6-21 是流动注射光度分析对时间的扫描曲线。

6.4.2.8 色谱联用技术

色谱联用技术是将具有高分离效能的色谱技术与能够获得丰富化学结构信息的光谱技术相结合的现代分析技术，如气相色谱-傅里叶变换红外光谱联用、气相色谱-质谱联用、液相色谱-质谱联用、液相色谱-核磁共振联用。联用技术在药品质量研究中发挥越来越重要的作用。

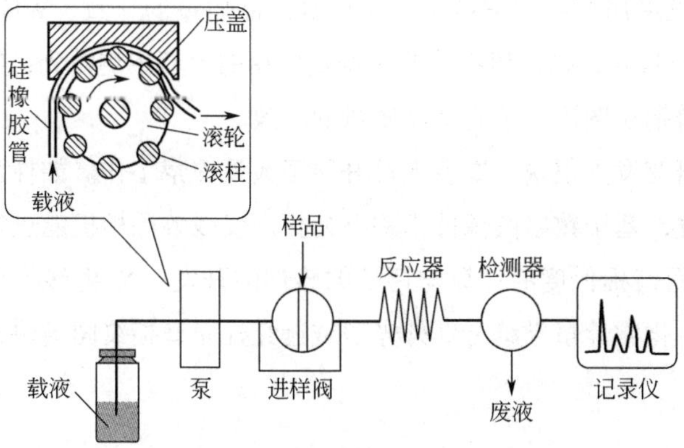

图 6-20　流动注射分析流路示意图

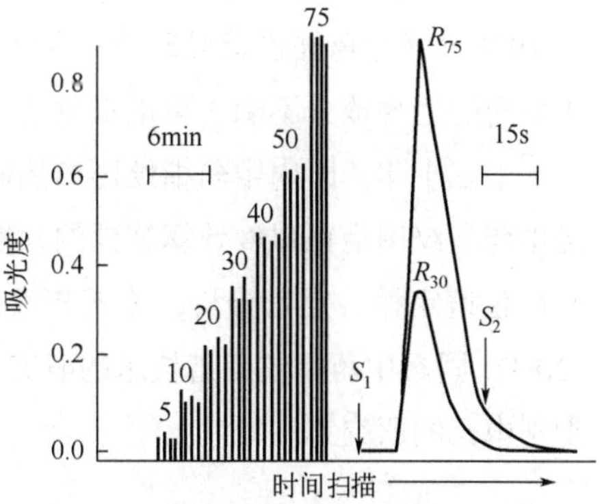

图 6-21　流动注射光度分析扫描曲线

6.4.2.9　中药指纹图谱技术——中药质量评价与控制的新方法

中药的化学成分众多、复杂。中药用药讲究君臣佐使，药效不是来自单一的活性化学成分，而是来自多种活性成分之间的协同作用。因此，任何单一的活性化学成分或指标成分都难以评价中药的真伪和优劣。长期以来，对中药材及中成药，多靠外观、显微形态鉴别及薄层色谱对照品定性，以 1 个或 2 个成分定量为控制指标，不能全面、正确反映中药的质量。

因此，长期以来，中药从原材料到产品缺乏被国际认可和接受的客观、明确、严格的质量标准和规范，中药制剂的有效性和安全性缺乏可靠的、系统的科学数据加以证实。这是阻碍中药全球化的关键瓶颈。所以中药的质量评价与控制工作是个艰巨的任务。

如何正确地、科学地评价中药的质量呢？经过多年来的研究，人们越来越认识到中药指纹图谱鉴别是当前解决这一问题的有效可行的方法。

中药指纹图谱即对某种或某产地的中药材或中成药经适当处理后，采用一定的现代分析手段，得到能够标示该中药质量特性的色谱、光谱或其他的图谱，并经过一定的数学处理，加以描述，称为中药指纹图谱。

中药指纹图谱是一种综合的、可量化的质量评价手段，目的是全面反映中药所含化学成分的种类与数量，进而反映中药的真伪、质量优劣、质量的一致性。因此，中药指纹图谱的建立，应该以系统的化学成分研究为基础，充分体现系统性、特征性、稳定性三个基本原则。**系统性**系指指纹图谱所反映的化学成分，其中包括中药有效部位所含主要成分的种类，或全部指标成分。**特征性**系指指纹图谱中反映的化学成分信息（具体表现为保留时间或比移值）应具有高度选择性。这些信息的综合结果，能特征地区分中药的真伪与优劣，成为中药自身的“化学条码”。**稳定性**系指指纹图谱在规定的方法与条件下，不同的操作者和不同的实验室应能做出相同的指纹图谱。

在现阶段，中药的很多有效成分还没有明确，采用中药指纹图谱的方式，将有效地表征中药质量。中药指纹图谱已成为中药质量评价的国际发展趋势，有利于中药及其产品进入国际市场。国内已要求在 2004 年 7 月完成 74 个中药注射剂的指纹图谱的研究。美国 FDA 及欧共体药审委对进口植物药产品均要求采用指纹图谱技术以保证其产品质量的一致。WHO在1996年《草药评价指导原则》中已有规定，如在植物药的制备及成品的章节中均提到，如果草药的活性成分不明，可以提供色谱指纹图谱以证明产品质量的一致。

近三十年，国内中药指纹图谱的研究发展很快，专业人员开展了大量探索工作。如柱色谱中药指纹图谱相似度计算软件的开发，基于数字图像技术和办公扫描仪或数码相机能进行平面色谱定性、定量分析，中药指纹图谱相似度的计算与评价的软件的开发，X射线衍射(XRD)固态中药指纹图谱技术的研究，化学计量学结合红外光谱或近红外光谱指纹图谱快速识别中药的研究等。

6.4.3 生化检验法

利用微生物、动物实验、生化反应来进行的药物检验方法。生化检验法的优点：测定原理与临床应用的原理、效果相一致，测定结果较直观，灵敏度高，干扰物质少。缺点：烦琐、耗时、误差大。微生物检定法如应用于抗生素效价的测定（抗生素对微生物的杀伤或抑制程度来衡量抗生素的药效）、无菌检查。动物法如家兔法检查热原。生化检验法如应用于细菌内毒素检查。

6.5 药物生产过程的在线分析及质量监测

6.5.1 药物生产过程分析技术

6.5.1.1 制药过程分析技术的含义

制药过程分析技术是随着过程分析化学（PAC）的发展及制药工业的过程质量控制要求而提出的新概念。2002年美国FDA正式推出药物生产的过程分析技术（process analysis technology，PAT）计划，2004年发表了关于PAT的工业指南《PAT——创新药物的研发，生产和质量保证的框架》，定义PAT为“一个通过实时测量原料、过程中物料的性能和过程本身的关键质量指标来实现设计、分析和生产过程的分析和控制的系统，目的是确保最终产品的质量达到认可的标准”。

PAT是包括化学、物理、微生物学、数学和风险分析在内的多学科综合分析方式，是将过程分析化学方法、反馈控制策略、信息管理工具、产品/过程优化策略集成用于产品生产，是一个连续在线的产品质量控制和评价平台。是以实时监测原材料、中间体和生产过程的关键质量和性能特征为手段而建立起来的一种设计、分析和控制生产的系统。

6.5.1.2 制药过程分析的作用及意义

制药工业投入高、开发周期长、回报高、风险高，产品质量密切关系到人的健康和生命安全。药品的质量安全有效至关重要。20世纪60年代初美国首先提出并建立药品生产和质量管理的基本准则——GMP。现在，GMP 已成为国际上公认的药品生产管理行之有效的制度和法规，得到广泛的推广。

然而，长期以来，制药行业多采用对生产过程中的原材料、中间产物和最终产品抽样后进行离线检测，合格后准许进入下一工序或出厂。这样的评价及控制其质量的方法所提供的信息往往滞后于生产过程，且难以保证全部产品合格。

此外，GMP 现行的管理系统比较僵化，生产规程被看作是固定不变的，任何微小的改动都要经过相关部门的审批，需要大量的时间和文件。这在一定程度上阻碍了制药生产过程的创新，使得药品生产企业对于创新会犹豫不决。由于这些原因，药品生产在效率和技术创新方面往往落后于其他行业。然而由于药品在健康中发挥着日益重要的作用，制药生产更需要引进创新、结合边缘学科和工程学知识，以及优秀的质量管理体系，以适应新发现（如新药和纳米技术）和新治疗方式（如个性化治疗、基因介入治疗）所带来的挑战；同时，管理政策也必须适应这一挑战。

为鼓励制药工业中的创新，改变目前只能依靠严格和生硬的认证规范的现状，减轻生产者对采用新技术可能遭遇管理僵化的顾虑，给予企业充分的灵活性，方便其实施符合实际情况的解决方案，加强对生产过程、工艺的控制和理解，提高药品生产效率和确保最终药品质量达到标准，PAT 工业指南明确了过程分析的地位与作用，鼓励将 PAT 引入药品生产和质量控制，鼓励主动开发和运用创新性药品生产和质量保证技术，以帮助制药企业处理新技术应用过程中可能遇到的问题，使制药企业的技术创新和产品质量保证能够同步进行。FDA 认为和传统质量保证手段相比，在确保最终产品的质量方面，PAT 具有非常明确的优势。由于在设计阶段就考虑到确保产品质量，PAT 可提高对生产过程和药品的理解，提高对于药品生产过程的控制。这体现了“质量不是被检测出来的，而是设计出来或通过设计融入进去的”。在全球药品生产已经进入现行生产质量管理规范（Current Good Manufacturing Practices，cGMP）时代，FDA 将 PAT 作为 cGMP 的开创性组成部分，PAT 成为 21 世纪美国 cGMP 改革的新动向之一。

拓展阅读 6-2

6.5.2　制药过程分析的特点及对象

6.5.2.1　制药过程分析的特点

与离线分析相比，制药过程分析具有以下特点。

（1）分析对象的多样性，组成复杂性　制药过程分析的对象是多种多样的，组成非常复杂。样品可能来自原料、提取分离过程、浓缩干燥过程、粉碎过程、清洁过程、制剂过程或包装过程的中间产品、最终成品等；样品的物理状态可能是液态、固态或多态共存；有的样品从物料堆中取样，有的则需从生产过程中动态取得。

（2）样品条件的苛刻性　生产流程中的物料环境条件苛刻，如酸碱度大、温度高、压力大、黏度大、高速运动、需密封。

（3）分析的快速性要求　过程分析是要对处于生产状态中的物料进行快速分析，监测药品生产工艺过程是否顺利进行以及产品质量状况，并将结果反馈回生产线以便控制生产过程。因此，制药过程质量监测，快速是第一要求。

（4）监测的动态性和连续性　任何的生产都是持续一定时间的过程。生产过程中，待分析对象的性质、组成和含量是随时间而变化的，过程分析也就需动态地连续进行。这就要求分析设备具有长时间工作的稳定性，还要求对浓度的响应范围广。

（5）采样与样品预处理的特点　制药工业生产的物料数量较大，组成往往又是不完全均匀的，分析时只能从中选取少量样品。因此，在过程分析中保证采样的代表性就显得非常重要。

拓展阅读 6-3

采样后，要将其处理成适宜于分析的形式。固体样品一般要进行粉碎、过筛、混合、溶解等操作，气体和液体样品一般要进行稳压、冷却、分离、稀释和定容等操作。根据样品的情况、待测成分的性质及后续的检测方法，选择适宜的预处理方法进行分离、净化，这对于大多数过程分析工作是非常重要的。自动采样与样品自动预处理是过程分析发展的方向之一。因所采取的分析方法本身的优点（如非接触检测）或样品成分单一使得过程分析无须做预处理，这是最理想的。

（6）化学计量学的重要性　多数过程分析方法的专属性受到一定的限制，由于分析速度的要求，在分析系统中不太可能设置复杂、费时的样品预处理装置，所以对监测得到的信号进行解析，提取有用的信息就显得非常重要。而且，为了识别和监测过程的状态，需要建立相应状态的模型。化学计量学是信号的提取和解析、化学建模的有力工具。

6.5.2.2　制药过程分析的对象

（1）有效成分含量的在线监测　药物中的有效成分是决定药效的主要因素，是药物质量的根本保证。生产过程中的质量检测和控制首先要围绕着有效成分来进行，包括药物合成产物中的有效成分的含量测定、多步合成反应中有效成分的前体测定、制剂中有效成分的含量测定、含量均匀度测定、溶出度测定等。对于原料药的测定而言，由于有效成分的含量高，可以选择灵敏度适中、但准确度好的分析方法；相对于分离纯化好的最终产品的分析，中间产品的分析要考虑方法的选择性；对于制剂的分析而言，由于制剂中有效成分的含量一般相对较低，应该选择灵敏度高而且选择性好的分析方法。

（2）关键杂质的在线监测　药物中的杂质，既有由原料、试剂、溶剂、催化剂、装置工具、包装容器中引入的杂质，也有残余的原料、中间体、副产物及一些降解物。要完全除去产品中的杂质几乎不可能，有时也没有必要。不同的杂质，其对药效的影响是不同的。有些杂质本身无害无毒，其多少仅反映药物纯度水平，称为普通杂质（或信号杂质），如氯化物、硫酸盐、铁盐等。而有些杂质，毒副作用较强，如重金属、砷盐、有害溶剂、青霉素类药物中的降解产物、遗传毒性杂质等。在过程分析中对所有的杂质都进行在线监测是不实际的。因此，针对关键性杂质（对药物药效影响大、毒副作用强的杂质）应选择合适的分析方法进行在线监测。

在某些情况下杂质检测难以实现，须依靠有效的过程控制措施实现杂质控制的目标。如水溶性复合维生素含近十种药物成分，其中有些成分稳定性的确欠佳，但用杂质检查法控制产品质量具有很高难度，如能从原料的源头和处方工艺着手限制原料药杂质含量、优化处方工艺、确保产品质量和稳定性，同时用质量标准控制其中的特定杂质，可以共同把握产品质量。可见，标准控制不是杂质控制的唯一手段，通过系统翔实的杂质研究，找出药品生产的过程控制要素与终产品杂质含量间的关联性，确认杂质含量在正常工艺条件下的波动范围，据此制定有效的控制措施和生产参数，可使药品杂质控制在安全合理的范围内。

(3) 过程调控参数的测定　与离线分析单纯依靠标准控制不同，过程分析技术除了原料、过程中物料的质量指标的即时测量之外，与过程密切相关的工艺参数，如温度、压力、pH、湿度、流量、液位、电导率、溶解氧、水分、洁净度、微生物、均匀度、粒度等的在线监测也是必需的，以便调控这些参数使生产按照合格产品的要求进行。这类参数的测定和仪器具有通用性，宜采用传感器在线进行检测，较易普及。

找出药品生产的过程控制要素与终产品质量（有效成分的含量、杂质含量）间的关联性，确认在正常工艺条件下它们的波动范围，据此制订有效的控制措施和生产参数，通过对起始原料、原料药和辅料的源头控制、制备工艺的过程控制、包装材料的优选、储藏条件及有效期的确立等终端控制措施，可使药品有效成分控制在目标范围内，将关键性杂质控制在安全合理的范围内。这些正是过程分析技术的最终目的。过程控制与标准控制的有机结合是确保产品质量的有效措施。

示例　某制药厂万吨维生素 C 生产过程采用了二步发酵新工艺，可使维生素 C 的收率提高 5%。在发酵过程中，种子罐需依介质的氢离子浓度和溶氧量调节菌种的生理状态、数量及比例。操作难度大，一旦发生误操作不仅整罐的种子全部废掉，而且还会对三级、四级种子罐产生影响。为充分发挥该新工艺的效率，保证新工艺过程能平稳高效地运行，采用现场总线技术对二级种子罐实现了罐内温度（TT302 现场总线智能温度变送器）、罐内压力（使用 LD302）、压缩空气通气量的自动控制以及发酵反应中物料 pH 的自动连续监测，把这四个测定参数输入到二级种子罐控制系统中，控制系统输出三个参数用于控制三个阀门的开度，即种子罐的排气阀、压缩空气的进气阀、冷却水的进水阀。从而实现种子罐的生化反应过程的最优控制，提高了整个维生素 C 生产线的生产能力。

6.5.3　在线分析分类

药物质量检验可以分为离线（off-line）分析和在线（on-line）分析。

离线分析即在实验室进行的分析检验。离线检验操作烦琐，费时费力，分析结果的获得滞后于生产进程，显然不符合生产过程快速监控的要求。

在线分析即利用自动取样和样品预处理装置或接触式或非接触式的传感器，将分析仪器与生产过程直接联系起来，在生产过程中对被控制的物料的特性量值进行连续的、自动的分析。能够与生产进程同步或几乎同步地给出分析结果，能真实地反映生产过程的变化。并通过反馈线路，对生产过程进行控制和最优化。在线分析是生产过程控制分析的发展方向。

在线分析又可以分为间歇式在线分析、连续式在线分析、直接式在线分析、非接触式在线分析。

（1）间歇式（intermittent）在线分析　在工艺主流程中引出一个支线，通过自动取样系统，定时将部分样品送入测量系统，直接进行检测。常用仪器有过程气相色谱仪、过程液相色谱仪、流动注射分析仪等。

例如，有人利用谷氨酸氧化酶共价偶联于硅烷化铂丝表面构建一种简单的微酶电极，建立了谷氨酸含量测量的流动注射分析系统，测量范围（0～2）$\times10^{-3}$mol/L。

（2）连续式（continuous）在线分析　样品经过取样专用支线连续通过测量系统，连续进行检测。所用仪器大部分是光学式分析仪器，如傅里叶变换红外光谱仪、近红外光谱仪、紫外-可见分光光度计等。

（3）直接式在线分析　将化学传感器直接安装在工艺流程中实时进行检测。所用仪器有光导纤维化学传感器、传感器阵列、超微型光度计等。

（4）非接触在线分析　或称非破坏性（noninvasive）分析。通过不与试样接触的敏感元件把被测物料的物理及化学性质转换为电信号进行检测。非接触在线分析是一种理想的分析形式，特别适用于工艺条件苛刻（如酸碱度大、温度高、压力大、黏度大、高速运动；生物反应过程还要考虑生物活性，需保证密封和无菌）的样品的在线监测、远距离连续监测。用于非接触在线分析的仪器有近红外光谱、红外光谱、X 射线光谱分析、超声波分析等。

6.5.4 常见的药品生产过程在线分析方法

在 PAT 技术中，除了过程分析仪表（例如工业 pH 计、流量计和压力表、工业黏度计、电导率计、工业温度计、水分分析仪、工业氧分析仪等）之外，在线分析仪器（如紫外-可见吸收光谱、中红外光谱、近红外光谱、拉曼光谱、色谱、色质联用等仪器）的应用也越来越重要。其中，光谱学方法更具有快速、简便、易实现连续、非接触分析的优势。

6.5.4.1 近红外光谱

近红外技术是光谱测量技术和化学计量学紧密结合的一门崭新的分析技术，其基本原理为有机分子中的含氢基团（C—H、N—H、O—H 和 S—H 等）振动的合频和各级倍频对近红外光（780～2500nm）产生的吸收。近红外光谱吸收强度一般比中红外光谱的吸收强度弱 10～100 倍，吸收峰重叠严重，且受物质颗粒大小、共存物质等多种因素的影响。这使得近红外技术无法像中红外光谱技术那样直接进行官能团的分析，及像紫外-可见分光光度法那样容易进行定量分析。但利用计算机结合相关的化学计量学对近红外吸收谱图进行数学处理，可进行定性鉴别、定量分析。并可获得化学组成、物质结构、密度、粒度、纤维直径、大分子聚合度、晶型、水分和纯度等理化参数。

近红外光谱法具有许多优点：无须对样品进行压片、稀释等预处理，可直接分析颗粒状、固体状、糊状、不透明的样品；操作简便、分析速度快（做一次分析仅需 2～3min），无损样品进行原位测定，可不使用化学试剂，不污染环境等；非常适用于快速分析及过程在线分析。如：可直接准确鉴别玻璃瓶内 10 种抗生素、不同厂家生产的同品种药品，粉末药品及复方片剂的无损非破坏定量分析，生化反应过程及发酵中的营养素贫化监控，粉末混合过程控制、干燥过程控制、包衣厚度、赋形剂的产地和来源的考察，药用包装高分子材料的鉴别。欧洲药典委员会和英国药典委员会已将该方法作为药物鉴定的通则。

示例　干燥是固体制剂生产过程中最普遍的单元操作之一，湿度是干燥过程最关键的指标，通常采用湿化学方法在干燥终点对物料进行检测，以判断是否达到要求。对冷冻干燥过程的监控主要是冻干产品残留水分的检测，以确定干燥终点。用光纤漫反射探针可以对安瓿内注射用冻干药物进行 1100～2500nm 波长范围透光率的扫描，不必破坏安瓿进行水分的测定，因此可以进行冻干产品生产质量的在线控制。

6.5.4.2　红外光谱技术

作为有机化合物的官能团定性分析和结构分析的最常用方法，红外光谱法具有操作简便、速度快、效率高、无污染、费用低的优点。红外光谱法在《中国药典》中有着广泛的应用。例如，甲硝唑片、甲硝唑阴道泡腾片、羧甲司坦片、替加氟片以及阿昔洛韦片的红外光谱快速鉴别方法，对乙酰氨基酚片快速、专属的鉴别方法，以及以热水为溶剂进行重结晶，采用红外光谱法（溴化钾压片）进行定性鉴别。

在快速非破坏性的分析方面，红外光谱法近年来在制药工业中表现出巨大的应用潜力，它不仅适用于原辅料性质的测定，还适用于成品片剂、胶囊与液体等制剂的分析。近几年，利用衰减全反射（ATR）原理，采用多次反射复合金刚石、氧化锆等材料制作的红外探头，使原位过程监测中红外光的传递和高性能红外探头研制的难题得到了突破。可适用于水溶液或其他强红外吸收溶剂、固体粉末或强红外吸收的样品。操作简单，样品只要与全反射晶体材料紧密贴合即可。当前成功案例中已使用在线 ATR 探头跟踪大肠埃希菌发酵、蔗糖水解等过程。

6.5.4.3　拉曼光谱（Raman spectra）技术

拉曼光谱是一种散射光谱，散射光的频率因入射光和受作用的分子不同而异。该技术是对与入射光频率不同的散射光谱进行分析以得到分子振动、转动方面的信息，并应用于分子结构研究的一种分析方法。其仪器结构示意图见图 6-22。该技术可用于盐酸林可霉素胶囊等固体制剂的溶出度的测定。

傅里叶变换拉曼光谱（FT-Raman）采用傅里叶变换技术对信号进行收集多次累加来提高信噪比，并用 1064nm 的近红外激光照射样品，大大减弱了荧光背景产生的可能。具有测量波段宽、热效应小、检测精度及灵敏度高等优点，在化学、生物学和生物医学样品的非破坏性结构分析方面显示出了巨大的生命力。FT-Raman 可用于各种生药材的无损鉴别，有人应用 FT-Raman 无损快速鉴别八角茴香及其伪品，方法准确、操作简单、不需处理样品。

结合计算机分析和管理技术，完全可能实现药物实时分析和在线监测功能。

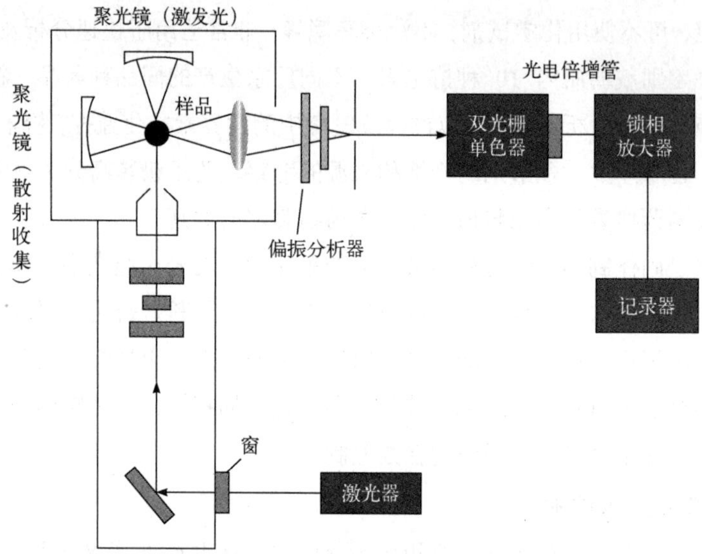

图 6-22　拉曼光谱仪结构示意图

6.5.4.4　紫外-可见吸收光谱

紫外-可见吸收光谱法灵敏度高、重现性好，在药物分析中有广泛的应用。近年来，紫外-可见吸收光谱法在药品生产领域快速测定方面的研究和应用开始得到重视。有研究应用紫外光谱建立了快速测定金银花提取物中绿原酸、咖啡酸、3，4-二咖啡酰奎宁酸、3，5-二咖啡酰奎宁酸、4，5-二咖啡酰奎宁酸 5 种有机酸含量的方法。在 220～400nm 范围内扫描金银花提取物溶液的紫外吸收光谱，采用偏最小二乘（PLS）法分别建模。5 个校正模型对预测集样本的预测值与对照值的相关系数都在 0.90 以上，相对预测误差分别为 1.46%、−2.13%、0.42%、6.40%、3.83%。

光纤具有体积小、可弯曲、方便携带、传输损耗低等特点，适用于现场分析及药品的快速检验。有研究利用由氘灯光源、石英光纤、探头、电荷耦合二极管阵列检测器构成的系统（见图 6-23），建立一种光纤传感技术快速分析（鉴别、测定含量）甲硝唑片的方法。将探头浸入简单处理的药物溶液中获取紫外吸收光谱，并与数据库中收载的对照品紫外光谱信息通过相似度计算进行定性，可作为快速分析鉴别药物真假的参数。系统理论法计算相似度时，合格药与劣药的相似度有明显的差异。

拓展阅读 6-4

高分辨率的紫外分光光谱仪是非常适用于上游和下游发酵过程的在线监测。有文献介绍了适合于监测各种生物过程的高分辨率紫外光谱仪的发展。这种技术结合化学计量学，允许同时检测多个分析物。实验数据表明，酿酒酵母浆的选择性絮凝过程纯化的 PLS 结果与离线化学分析的结果能很好地吻合。

为了解决普通分光光度计/光谱仪不易进行在线分析的问题，光纤光谱仪应运而生。这是一类目前较新的光谱仪，其允许光信号经过一根光纤（也叫光纤跳线）传递到光谱仪内部，在光谱测试及系统搭建中更加灵活和方便使用。光纤光谱仪上配备了光纤接口法兰，可以连接和固定光纤。光纤具有体积小、可弯曲、方便携带、传输损耗低等特点，该仪器用于现场分析（可将光纤插入提取罐、浓缩罐、反应釜等制药设备）及药品的快速检验。

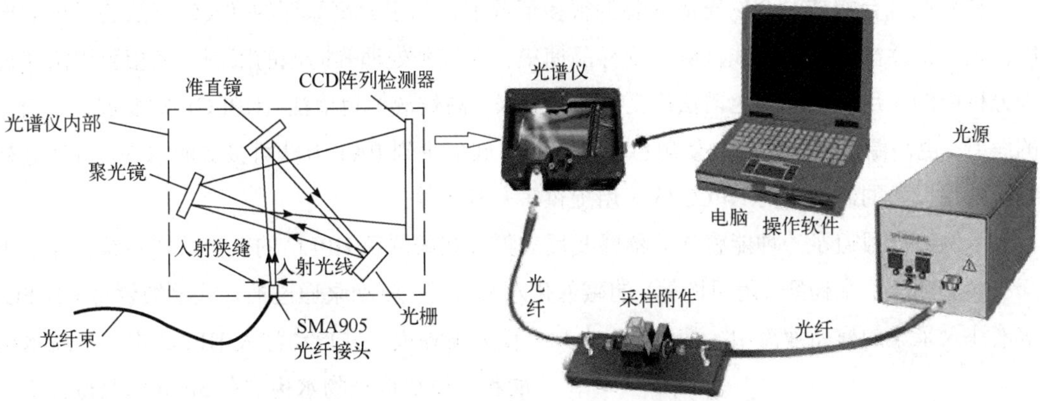

图6-23　光纤-紫外光谱仪系统示意图

6.5.4.5　荧光光谱法

细菌总数检测方法在生物和医药领域中具有重要意义。目前常用的方法主要为传统的平板菌落计数法和比浊法。前者需要菌落培养，测定时间在24h以上，且步骤烦琐，易引起污染，人工计数会带来主观误差。比浊法方法简便，耗时少，但无法分辨死活细胞，应用受限。近年来，国内外在缩短检测时间、简化检测程序方面有新的进展，如聚合酶链式反应（PCR）法、原位杂交（ISH）法、酶联免疫吸附试验（ELISA）法、免疫荧光（IFA）法、基因芯片法以及生物传感器等。各方法在精确度、敏感性、检测速度等方面都有较大的提高，但或因设备和试剂昂贵，或因操作复杂，或因实验条件严格，并不适用于所有的机构和单位。

还原型烟酰胺腺嘌呤二核苷酸（NADH）广泛存在于动物、植物和微生物的活细胞中，可作为具有代谢活性的细胞指示物。NADH是一种强荧光物质，在细胞质和线粒体中NADH水平与荧光强度有很好的定量关系。此外，单位菌体胞内NADH含量恒定，细菌菌数与NADH含量应呈正相关关系，所以细菌菌数与荧光强度呈良好的线性相关。因此，可通过测定NADH的荧光强度来监测发酵过程细胞浓度及其生长代谢状态等的各种参数。

基于细菌胞内NADH的荧光特性及其在胞内含量稳定的特性，建立了一种快速检测活细菌总数的荧光方法。经离心获得菌体细胞，热Tris-HCl法提取胞内NADH，以342nm为激发波长、461nm为发射波长测定提取液荧光强度，1h内可检测到样品1×10^4CFU/mL菌数。该方法快速、灵敏、简便、重复性好，可适用于食品卫生与安全、环境检测等领域活细菌数量的定量检测。

上述技术属于单次测量的荧光技术，二维荧光光谱能提供更多的分析信息。用二维荧光可以同时监测所有存在于样品中的荧光基团。基于这种技术开发了一种非破坏性传感器，用于测量全细胞的L-丝氨酸和吲哚以色氨酸生物转化，以及用于工业下游加工甜菜糖蜜。在1min内可以收集一个完整的光谱。通过使用此技术，可以同时检测生物样品、色谱柱或生物反应器中的蛋白质（细胞内和细胞外）和其他荧光分子。

6.5.4.6 在线色谱分析技术

在复杂混合物或混合物光谱重叠的很多情况下，基于分离原理的 PAT 方法还是很需要的，色谱法逐渐应用于在线检测。受样品捕集、在线预处理等问题的限制，液相色谱法在过程分析中的应用不如气相色谱法广泛。但近年来，高效液相色谱法（HPLC）的发展，如较高的压力、更高温度和整体柱的使用已使其分离时间减少到 PAT 方法可接受的水平，自动进样和预处理设备的研制亦为 HPLC 的应用提供了有利条件。

示例 已报道了一种能将样品稀释及反应猝灭在线联用 HPLC 的微量采样系统，并应用于在线监测乙酰水杨酸（阿司匹林）的碱催化水解过程。驱动泵通过推入式毛细管将 KH_2PO_4 溶液注入采集的样品液流中，使其 pH 上升，反应被猝灭，并自动注入 HPLC 中。乙酰水杨酸和水解反应产物水杨酸在 3min 内获得分离。并计算出了此反应的速率常数。

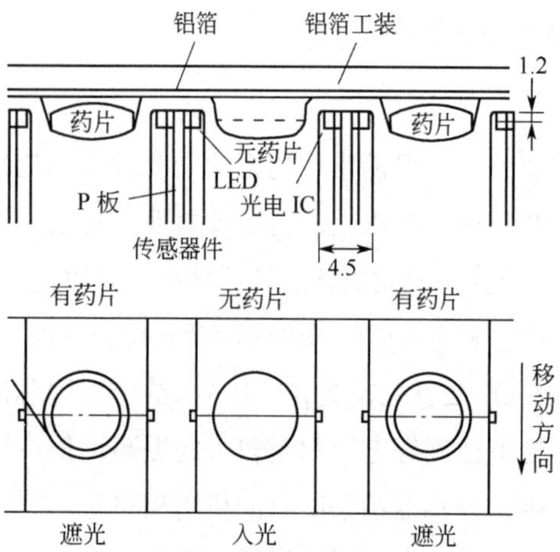

图 6-24 片剂填装检漏传感器示意图

6.5.4.7 其他分析方法

片剂填装检漏用于在线检测包装片剂的药片漏装，即“欠片”。在 PTP 包装薄层的孔穴填装药片并与铝箔压紧的工序后，在片间插入装有光电 IC 和传感器 LED 的探头，由光电 IC 发出的光被药片所挡，提示该孔穴填装有药片；若传感器 LED 能接收到光电 IC 发出的光，说明该孔穴漏装（见图 6-24）。高速移动的包装中即使漏装一片也可快速、准确、稳定地检出。被检测药品包装材料限于 PTP 包装。

参考文献

[1] 段民江，马统勋，张启堂，等. 青霉素过敏性休克机制的实验研究[J]. 中国药学杂志, 1980(5).

[2] 周守玉. 关于青霉素过敏反应特殊表现的研究[J]. 中外妇儿健康, 2011, 19(8): 290.

[3] 何瑾，梁冰，毛雪华，等. 办公用扫描仪在薄层扫描色谱中应用的基础研究[J]. 四川大学学报工程科学版, 2003, 35(2): 68.

[4] 敬小丽，丁远明，毛雪华，等. 数字图像处理技术在平面色谱中应用的研究[J]. 西南民族大学学报, 2004, 30(3): 295-298, 333.

[5] Mark L B. Process analytical dechnology concepts and principles[J]. Pharmaceutical Technology, 2003, 27(10): 54-66.

[6] 张哲峰. 药物杂质研究中风险控制的几个关键问题[J]. 现代药物与临床, 2010, 25(5): 327-333.

[7] 周嵩煜. 近红外光谱技术在药物分析中的应用[J]. 中国药业, 2010, 19(18): 84-87.

[8] 艾立，梁琼麟，罗国安，等. 近红外光谱在药学中的应用[J]. 亚太传统医药, 2008, 4(6): 52-54.

[9] 戴学慧. 药物检测技术新方法的研究进展[J]. 中外医疗, 2012, 2: 185.

[10] 王玮，蔡源源，曹倩，等. 拉曼光谱在药学中的应用[J]. 河南大学学报, 2012, 31(2): 142-144.

[11] 邢丽红，李文龙，瞿海斌. 金银花提取物中 5 种有机酸含量测定的紫外光谱法[J]. 药物分析杂志, 2011, 31(3): 547.

[12] 靳露，李莉，李新霞，等. 光纤传感技术结合紫外光谱相似度快速分析甲硝唑片[J]. 药学学报, 2011, 46 (2): 203-206.

[13] Ulber R, Frerichs J G, Beut S. Optical sensor systems for bioprocess monitoring[J]. Analytical and Bioanalytical Chemistry. 2003, 376 : 342-348.

[14] 王晶, 王静雪, 林洪, 等. NADH 荧光法快速检测细菌总数[J]. 微生物学通报, 2009, 36(5): 773-779.

[15] Chisolm C N, Evans C R, Jennings C, et al. Development and characterization of "push-pull" sampling device with fast reaction quenching coupled to high-performance liquid chromatography for pharmaceutical process analytical technologies[J]. Journal of Chromatography A, 1217 (2010)7471-7477.

[16] 高建海. 现代化背景下化工企业安全环保管理研究[J]. 化工设计通讯, 2023, 49(2): 138-140.

[17] 李军伟. 制药企业 EHS 变更管理实践[J]. 现代职业安全, 2023(10): 81-82.

[18] 张茂森. 风险管理在制药企业 EHS 管理中的应用[D]. 北京: 北京大学, 2009.

[19] 刘庆年. HSE 与 SSM 发展历程与社会效益[J]. 石化技术, 2018, 25(8): 181.

[20] 李成军. 探讨 EHS 管理体系在制药企业中的运用[J]. 中小企业管理与科技, 2017(19): 39-40.

[21] 尹宏权, 陈甫雪. 基于 OBE 和 EHS 理念的制药过程安全与环保课程体系建设[J]. 化学教育(中英文), 2023, 44(6): 84-89.

[22] 闫远海. EHS 管理体系在制药企业中的科学运用[J]. 化工管理, 2014(26): 64.

思考题

6-1. 药品是特殊的商品，体现在哪些方面？

6-2. 药品生产为什么要实行全面的质量管理？

6-3. 药品质量检验的基本内容有哪些？

6-4. 药品生产过程质量检验与药品的全面质量管理有什么关系？

6-5. 药品质量检验有哪些常用的方法与技术？

6-6. 药品生产过程分析有哪些值得关注的技术？

6-7. 中药质量评价与控制技术有什么新趋势？

第7章

药品生产质量管理与保证

7.1 概　　述

7.1.1 药品质量内涵的深刻变化

什么是质量？人们以不同方法、不同角度来定义质量。质量管理学家克劳士（Philip B.Closby 美）将质量定义为“符合要求”，朱兰（J.M.Juran 美）则定义为“适用适宜”。1986年，ISO发布了世界上第一个质量管理体系标准文件，命名为ISO 8402《质量管理和质量保证-术语》，其中对质量的定义为“反映实体满足明确或隐含需要能力的特性总和”（GB/T 6583—1994等同采用国际标准ISO 8402:1994）。随着人类社会对经济发展方面的认识的变化，质量观念和质量管理思想也有了新的、积极的发展变化。ISO 9000:2005对质量的定义为“一组固有特性满足要求的程度”；当前适用的ISO 9000:2015《质量管理体系-基础和术语》（GB/T 19000—2016等同采用）对质量的定义为“产品和服务的质量不仅包括其预期的功能和性能，而且还涉及顾客对其价值和受益的感知”。

世界卫生组织（World Health Organization，WHO）早在20世纪40年代中期就提出了一个新的健康观念:“健康不只是没有疾病和虚弱，而是指生理和心理的完好状态。”这种健康观念促使开展药品影响患者生存质量的研究，同时也赋予药品质量新的内涵，即对药品质量进行评价时，药品研究人员和质量管理人员应更多地关注“患者”，而非“疾病或患病器官”。这一观念要求在保证药品疗效的前提下，药品的研制、生产、销售和使用的全过程应当确保避免药品中出现影响患者生存质量的不良因素，如药物不良反应、杂质、交叉污染和各种可能的差错等。

当前，药品质量概念采用“适用性质量”，生产经营者应遵循“严格责任理论”，而不局限于“符合性质量”。“以市场的需求为导向”是生产者和经营者的行为准则，药品质量由“符合性”转为“适用性”，立法的立足点从规范生产经营者的行为转移到更多地关注消费者。

药品质量就是产品、体系和流程的一系列内在特性符合要求的程度（ICH Q10）。“ICH

Q10 药品质量体系”对从研发一直到药品退市的不同阶段都提出了质量管理的要求。质量管理不再仅仅局限于生产，而是从生产扩展到药品的整个生命周期，包括药品研发、生产工艺与工程设计、销售以及退市。任何一个环节的疏忽，都可能影响药品质量。

7.1.2　药品质量管理体系

药品质量保证依赖于完整的药品质量管理体系，该体系包含五个子系统，即从药品研究开始，经过生产、经营、使用，最后是药品上市后的再评价。这五个子系统都有自己独立的阶段、独自的内容和特点，但又是相互联系、相互依存的。只要这五个阶段的质量都能得到有效管理，整个药品的质量就可基本保证。国家药品监管机构参照国际惯例，结合我国国情，对药品这五个阶段的质量管理，进行了深入、广泛的调查研究，制定了一系列的法规性文件:《药物非临床研究质量管理规范》（GLP）、《药物临床试验质量管理规范》（GCP）、《药品生产质量管理规范》（GMP）、《中药材生产质量管理规范》（GAP）、《药品经营质量管理规范》（GSP）。各地依据《药品经营和使用质量监督管理办法》制定了本省的《药品使用质量管理规范》（GUP）。它们构成了药品质量管理的完整连环。2025 年 1 月 2 日，国家药监局发布了《药品生产质量管理规范（2010 年修订）》药用辅料附录、药包材附录的公告。

药品的质量保证始于药物的临床前研究，这一阶段主要包括药学研究、药理毒理研究两大部分。药学研究（国际上称为 Chemistry，Manufacturing and Controls，CMC）包括药品生产工艺研究、杂质研究、分析方法研究、质量研究、稳定性研究、工艺验证等方面内容，对非临床和临床研究试验提供技术和物质支持，贯穿于药品研发及生产的全生命周期。药理研究包含药效学、药物代谢动力学等研究；毒理学研究包括毒性、致敏性、致突变性、致癌性、成瘾性等安全性研究内容。所有的新药安全性评价研究必须在经过 GLP 认证的实验室进行，对不具备药品研究基本条件的单位不予受理申报新药。药品研究机构只有完成新药临床前研究工作之后，才能申报新药临床研究。

药物临床研究是指任何在人体（包括患者或健康志愿者）进行的药物系统性研究，以证实或揭示试验药物的作用、不良反应及（或）试验药物的吸收、分布、代谢和排泄，以确定试验药物的疗效与安全性，包括生物等效性试验。新药临床研究分为四期。临床试验是决定候选药物能否成为新药上市销售的关键阶段，必须获得国家药品监管部门的批准，在具有药物临床试验资质的机构中实施，并严格遵守 GCP。

临床试验结束，通过药品注册评审取得注册证书的药品，只能在取得《药品生产许可证》的医药生产企业生产。GMP 适用于药品制剂生产的全过程，GAP 适用于中药材的种植、加工和生产过程。国家药品监管机构将会对药品生产企业进行动态的 GMP、GAP 符合性检查。

药品上市后，经营企业要按照 GSP 的要求从事药品经营管理活动。

药品使用环节主要是在医院，药品在使用过程中要按照 GUP 进行质量管理。

在上述六个规范中，属于药品研究阶段的有 GLP、GCP，生产阶段的有 GMP、GAP，经营阶段的为 GSP，使用阶段的为 GUP。可以说，药品的质量保证始于新药的研发，形成于药品的生产，终于药品的使用，图 7-1 表明了药品质量管理各规范之间的关系。

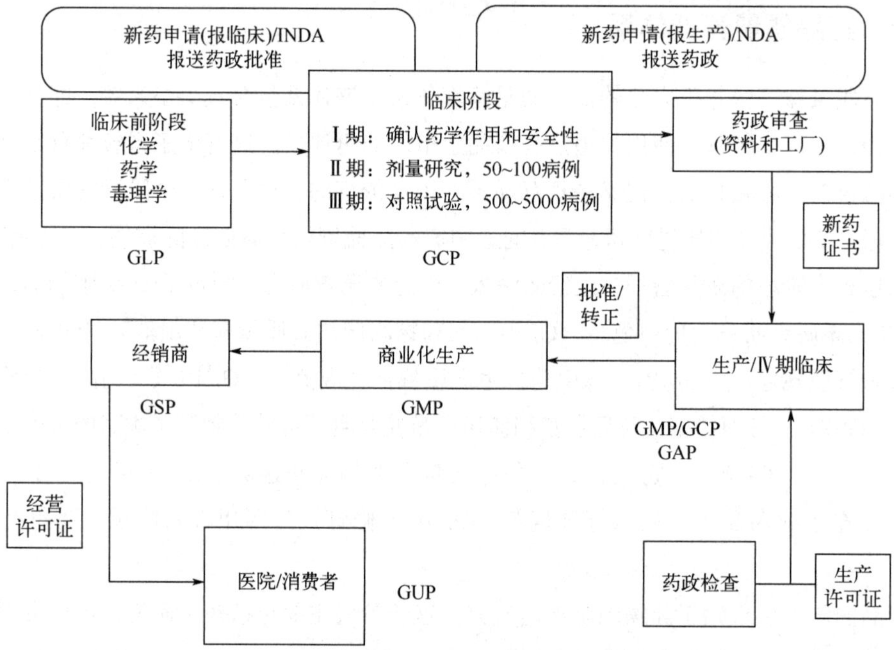

图 7-1　药品质量保证各环节及相关法规示意图

7.2　GMP 及发展

药品作为关系到人命安危的特殊商品，世界各国在其生产过程中都实行了严格的药品生产质量监督管理，其核心标准就是 GMP（Good Manufacturing Practice for Drugs 或 Good Practice in the Manufacture and Quality Control of Drugs）。

GMP，是指负责指导药品生产质量控制的人员和生产操作者的素质及生产厂房、设施、建筑、设备、仓储、生产过程、质量管理、工艺卫生、包装材料与标签，直至成品的储存与销售或召回的一整套保证药品质量的管理体系，是确保药品生产持续稳定符合规定用途，符合药品注册批准或规定的要求和质量标准的一系列活动。

所以，药品实施 GMP 制度是国家对药品生产企业监督检查的一种手段，是药品监督管理的重要内容，也是保证药品质量的一种科学的先进的管理方法。国际社会早已把是否实施 GMP 视为药品质量有无保障的先决条件，是否符合 GMP 要求并通过 GMP 认证决定着药品能否进入国际医药市场。我国法律规定了实施药品 GMP 及其认证，是制药企业生产药品的前置条件。

7.2.1　GMP 的提出与发展

同 ·切事物一样，GMP 的理论和实践也经历了一个形成、发展和完善的过程。GMP 源于 20 世纪 60 年代一起重大药物灾难性事件。随着现在科学技术的不断进步，药品生产过程的验证技术也得到发展，这使得 GMP 随着质量管理科学理论在现代化药品生产企业中的实践而不断完善。

1940 年 12 月，美国 Winthrop 药厂生产出来的磺胺药片导致近 300 人的伤亡。美国 FDA 检查发现，回收的药片中夹杂有高约 350mg 的苯巴比妥，含量远超过苯巴比妥催眠时 30～100mg 的有效剂量。由于当时磺胺药片的毒性很低，所以应用的剂量也很大，即便是掺入苯巴比妥也不易被觉察到。美国 FDA 到现场深入调查后发现，由于两种药品的压片工序设置在同一车间，两组压片机相隔很近，有时候甚至交叉混用，所以造成污染。更令人震惊的是，当年 12 月发生的严重交叉污染事故，一直拖到三个月后才被曝光。正是由于 Winthrop 公司粗劣的质量控制活动，未能及时向 FDA 报告，没有快速地召回已送出的药片等种种行径，FDA 下令该公司停止生产苯巴比妥，而且严加控制磺胺药片的生产，并要求该公司定期汇报生产状况。由此诞生了 GMP 监管工作的雏形。

第二次世界大战期间，黄热病流行，导致许多士兵死亡。为了预防黄热病在军营中的流行，美国国防部决定为士兵接种用健康人血清作稀释剂的黄热病疫苗。1942 年 3 月，美军暴发大面积黄疸型肝炎。军方调查小组仔细检查了士兵的食物、衣服、装备等，都没有发现任何原因，周围的环境也没有问题。最终发现，在注射的 177 批疫苗中有 9 批血清中混进了传染性肝炎恢复期志愿者的血清，导致美军 28585 人发生了黄疸型肝炎，62 人死亡。1944 年，美国通过《公共卫生服务法》，该法涉及的健康问题十分广泛，对生物制品监管和传染病控制作出严格规定。

1962 年，因为“反应停”事件，美国国会决定对 1938 年美国《食品、药品及化妆品生产法》进行大幅度的修改和补充，并制定出 GMP 法案，于 1963 年正式执行。1975 年 11 月世界卫生组织也正式公布世界 GMP 的标准法案。

1963 年美国《食品、药品和化妆品法》的修正案，对制药企业有如下几方面的要求:

①制药企业对出厂的药品提供 2 种证明材料，即“安全”和“有效”。

②实行新药研究申请（investigational new drug, IND）制度和新药申请（new drug application, NDA）制度。

③实行药品不良反应（adverse drug reaction，ADR）报告与监测制度和药品广告申请制度。

④制药企业实施药品生产质量管理规范（GMP）。

FDA 于 1963 年颁布了世界上第一部《药品生产质量管理规范》。药品生产企业如果没有实施 GMP，其产品不得出厂销售。如果制药企业没有按照 GMP 的要求组织生产，不管样品抽检是否合格，美国 FDA 都有权将其视为伪劣药品。GMP 的颁布从这个意义上来说，是药品生产质量管理中“质量保证”概念的新起点。

GMP 的理论在此后多年的实践中经受了考验，并获得了发展，它在药品生产和质量保证中的积极作用被各国政府所接受。1969 年，世界卫生组织（WHO）向全世界推荐了 WHO 的 GMP，标志着 GMP 的理论和实践开始从一国走向世界。在此后的 30 多年里，世界很多国家、地区为了维护消费者的利益和提高本国药品在国际市场的竞争力，根据药品生产和质量管理的特殊要求以及本国的国情，分别制定了适合本国的 GMP。

拓展阅读 7-1

拓展阅读 7-2

GMP 的发展历程揭示了 GMP 是人类社会发展与科技进步的产物，GMP 理论源于实践，又在实践中不断创新发展。如果将 GMP 的产生作为药品生产质量管理历史上的第一个里程碑，那么 1976 年 GMP 验证概念的引入及 GMP 系列化规范的出台，则是 GMP 发展史上第二个里程碑。以 1985 年美国 FDA 批准第一批参数放行（parameter release）为标志，参数放行是制药业质量管理史上第三个里程碑。质量风险管理文件（ICH Q9）的出台，可以看作 GMP 发展的第四个里程碑。

纵观国际上 GMP 的发展，各国都经历了两个阶段：一是认识、接受及实施药品 GMP 这一新的科学管理制度的阶段；二是在已经建立起 GMP 制度的基础上，不断地引入科学技术和管理技术的最新发展成就，丰富和发展 GMP，并借鉴其他国家或地区实施 GMP 的经验，相互融合，彼此确认，使得 GMP 国际化、标准化的步伐不断加快。在长期的实践过程中，人们对药品生产及质量保证手段的认识逐步深化，GMP 的内容不断更新。如同世界各国及国际组织的 GMP 各个版本的发展一样，我国 GMP 的版本经历了 1988 年、1992 年、1998 年、2010 年的发展，从中可以看出两个主要趋势：一是 GMP 制度的“国际化”趋势，国家的规范向国际性规范靠拢或由其取代；二是 GMP 制度朝着“治本”的方向深化，特别是 ICH 系列文件的出台。

7.2.2 药品质量管理体系

质量管理体系是质量体系的组成部分。质量体系一般包括质量管理体系和质量保证体系。质量管理体系是指企业为了实施内部质量管理而建立的质量体系。质量保证体系则为实施外部质量保证而建立的质量体系。

药品质量管理体系是一个复杂体系，也是一个大的系统工程。国家药品监管部门参照国际惯例，结合国情，对药品在研究、生产、经营、使用和药品上市后再评价 5 个阶段的质量管理进行了深入、广泛的调查研究，制定了一系列的法规性文件：《药物非临床研究质量管理规范》（GLP）、《药物临床试验质量管理规范》（GCP）、《药品生产质量管理规范》（GMP）、《中药材生产质量管理规范》（GAP）、《药品经营质量管理规范》（GSP）、《药品使用质量管理规范》（GUP）。它们构成了药品质量管理的完整连环。

GMP 是药品生产和质量管理的基本准则。就 GMP 而言，药品生产企业质量体系的重点在于建立和健全质量管理体系。

质量体系主要由总纲性要素、过程性要素和基础性要素构成。**总纲性要素**是质量体系的指导性要素，主要包括组织机构职责、质量成本管理、质量文件及质量审核等内容；**基础性要素**是为达到质量体系总纲性要素的要求和保证过程性要素正常而规范地实施，使整个体系得以有效运转而确定的相应要素；**过程性要素**包括生产前、生产中及生产后三个阶段的若干要素。

药品生产质量管理体系的诸要素标准构成具体如下。

(1) 组织机构与职责　药品生产企业应建立生产和质量管理机构。质量管理部门应发挥规划、组织、协调、监督企业全面质量管理的职能作用，负责药品生产全过程的质量管理和检验，受企业负责人直接领导。质量管理部门的职责包括：①制定和修订物料、中间产品和成品的内控标准和检验操作规程，制定取样和留样制度；②制定检验用设备、仪器、试剂、试液、标准品（或对照品）、滴定液、培养基、实验动物等管理办法；③决定物料和中间产品的使用；④审核成品发放前批生产记录，决定成品发放；⑤审核不合格品处理程序；⑥对物料、中间产品和成品进行取样、检验、留样，并出具检验报告；⑦监测洁净室（区）的尘粒数和微生物数；⑧评价原料、中间产品及成品的质量稳定性，为确定物料储存期、药品有效期提供数据；⑨制定质量管理和检验人员的职责；⑩会同有关部门对主要物料供应商质量体系进行评估。

(2) 质量成本分析与管理　质量成本分析是从经济学角度评价质量管理有效性的重要方法。药品生产企业实施质量成本管理的主要内容包括：确定质量成本项目、核算方法与管理制度；开展预测，提出质量成本的中期、年度计划和实施成本管理的计划；对实施质量成本管理的结果进行分析；根据分析报告结果落实当期考核，进行下期控制调节，以稳定提高质量管理的综合效益。

(3) 质量体系文件　药品生产企业的质量体系文件主要包括法规性文件和见证性文件两大类。法规性文件包括：企业质量方针、质量手册、程序性文件、质量计划等；见证性文件一般指包括质量记录、信息报表在内的用以表明质量体系运行情况和证实其有效性的文件。在管理中应做到一切工作有文字依据并按规定执行，一切工作要记录在案并有数据和事实记载。

(4) 质量体系审核与复审　质量体系建立和运行后，要定期地对其适用性和有效性进行审核、复审及评定。审核范围主要包括组织结构、管理与技术标准、工作程序、人员素质、检测养护与经营条件等。

(5) 人员与奖惩　根据企业机构设置与职责需要，确定相关质量人员的数量与水平，规定和实施教育培训内容与方法，建立严格的奖惩制度及考核系统。

(6) 过程性要素　质量管理贯穿药品生产的全过程。包括：原辅料、包装材料的采购、验收、清验、储存、发放、使用及记录管理；成品验收入库、储存保管、发放、记录管理；不合格物料的管理；特殊物料的管理；生产厂房与设备的管理；生产环境卫生、人员卫生、设备卫生的管理；工艺用水、清场等的管理。

7.2.3　药品质量保证体系

质量保证就是为使产品或服务符合规定的质量要求，并提供足够的置信度所必须进行的一切有计划的、系统的活动。从系统的观点看，它还包括上工序向下工序提供半成品和服务，并要符合下工序的质量要求，即上工序向下工序提供质量担保。

质量保证，实质上体现了生产厂家和用户之间的关系以及上下工序之间的关系。它通过质量保证的有关文件或担保条件（如保单、质量保证书、质量契约）把生产者和用户联系起来，取得用户的信任，使用户对生产者所提供的产品和服务的质量确认可靠，生产者也可以以此提高产品的竞争力，赢得更多的用户，获得更大的经济效益。为了提供证据，本组织必须开展有计划和有系统的活动。

药品质量保证就是按照一定的标准生产产品的承诺、规范、标准。由国家药品监督部门提供药品质量技术标准、药品生产过程标准（如 GMP），当然客户也可以提供类似的标准。药品生产企业按照标准组织生产，药品监督部门和客户对产品进行必要的检验，对生产现场进行必要的考察，以保证产品的质量符合社会大众的要求。

质量保证分为内部质量保证和外部质量保证。内部质量保证是企业管理的一种手段，目的是使本组织最高管理者对组织具备满足质量要求的能力树立足够信任。外部质量保证是在合同环境下，供方取信于需方的一种手段。

因此质量保证的内容绝非单纯保证质量，而更重要的是通过对那些影响质量的质量体系要素进行一系列有计划、有组织的评价活动，监督、协调，确保达到预计质量的活动。其包含 GMP 以及 GMP 以外的其他要素，如产品的设计和开发。

质量控制（quality control，QC）为质量管理的一部分，致力于满足质量要求。（ISO 9000：2005）

世界卫生组织（WHO）的 GMP 中 17.1 条款指出：质量控制是 GMP 的一部分，它涉及取样、质量标准、检验以及组织机构、文件系统和产品放行程序等。质量控制旨在确保所有必要的检验都已经完成，而且所有的物料或产品只有经认定其质量符合要求后方可发放使用或发放上市。质量控制不仅仅局限于实验室内的检验，它必须涉及影响产品质量的所有决定。

按照现代质量管理的理论和实践，质量管理（quality management）是在质量方面指挥和控制组织的协调的活动。在制药企业中质量管理的概念为：确定及实施质量方针目标的管理功能的方式，即由上层管理机构正式说明并授权的一个有关质量的组织机构的总意图及方向。质量管理部门可分为两个部分：一个是质量管理监督，负责质量保证（quality assurance），也称为 QA；一个是质量检验，负责质量控制（quality control），也称为 QC。图 7-2 展示了质量保证与 GMP 的关系。

由图 7-2 可见，质量保证包含质量控制，还包括质量策划和质量改进。质量控制的责任是为质量保证提供法律依据和技术支持，着眼于影响产品质量的过程控制，其工作重点在产品。而质量保证则着眼于整个质量体系，是系统地提供证据从而取得信任的活动。两者都以保证质量为前提。没有质量控制就谈不上质量保证，反之，质量保证能促进更有效的质量控制。质量保证包含了质量控制，质量控制是质量保证的基础，质量保证是质量管理的精髓。质量保证是对所有有关方面提供证据的活动，这些证据是为了确立内部和外部信任所需要的，表明质量职能在贯彻。

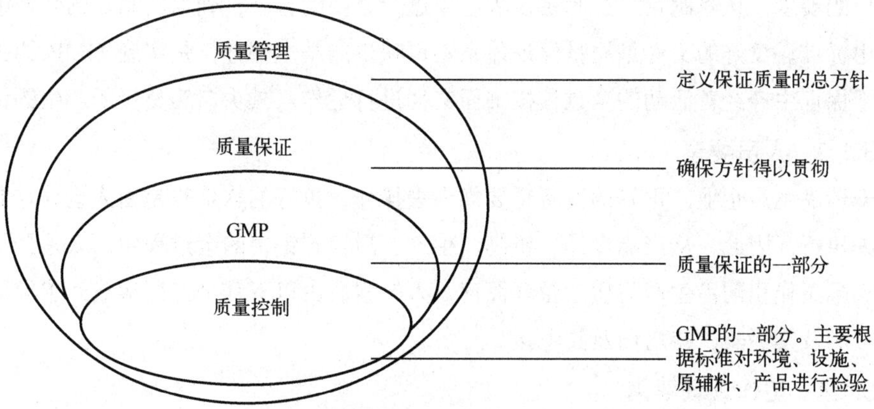

图 7-2　质量保证与 GMP 的关系

7.3　GMP 实施概论

GMP 是世界各国普遍采用的对药品生产全过程进行监督管理的法定技术规范，是保证药品质量和用药安全有效的可靠措施。由于药品的特殊性，要求其质量必须 100%合格，必须安全、有效、稳定、均一。GMP 就是从保证药品质量出发，对影响药品质量的因素——人员、环境、原料、设备、工艺及质量监控等做出明确要求和规定，使之标准化、规范化，是药品生产全面质量监控的通用准则，是药品生产质量保证原则，是药品生产质量管理体系的核心。

7.3.1　GMP 实施的要素

7.3.1.1　硬件要素

所谓硬件要素，就是药品生产与质量管理所涉及的环境、厂房设施、仪器设备、物料用品等。在 GMP 的实施过程中，硬件的建设、改造和完善是药品生产企业首先投入的要素，一旦硬件建设完成，在今后的生产与质量管理活动中若发生问题，进行改造比较困难，改造的投入也较大。其中，对于厂房设施，为符合药品生产要求，应最大限度地避免污染、交叉污染、混淆和差错，便于清洁、操作和维护；生产区应当根据所生产药品的特性、工艺流程及相应洁净度要求合理设计、布局和使用；制药用水符合《中国药典》的质量标准及相关要求；仓储区、质量控制区、辅助区等应有独立、满足需要的空间且达到卫生标准等。

7.3.1.2　软件要素

软件特点：第一，软件对硬件有依附性；第二，软件有价值，但价格水平难以评估，一个好的软件不但能提高生产与质量管理的效率，甚至可以弥补硬件方面的缺陷或不足；第三，软件比较容易改进，而且改进的空间很大，也比较容易复制。众所周知，质量是设计和制造出来的，而产品的质量要通过遵循各种标准的操作和管理制度来保证，这就需要一套经过验证的、具有实用性、可行性的软件。因此，对于软件这个要素，企业必须严格根据硬件（包括工艺）的要求，认真制定，在制定过程中要进行必要的验证，确保所制定的软件能达到规定的使用标准。良好的文件是质量保证体系不可缺少的基本部分，是实施 GMP 的关键，其目的在于保证生产经营活动的全过程按书面文件进行运作，减少口头交接所产生的错误。

7.3.1.3 人员要素

对于药品生产企业，再好的设备也要靠人去操作，再好的软件也是由人设计与制定的，要靠人去执行，因此，从产品设计、研制、生产、质控到销售的全过程中，人是最关键的要素。就实际工作和药品生产与质量管理而言，人的素质由以下几个方面构成：①学历及其水平；②资历及其经验；③培训及其考核。

7.3.1.4 工作现场要素

在生产和质量管理的实际工作中，或在工作现场，硬件、软件和人员组成了工作现场。这三个要素的组合形成了工作现场这个要素。其特征为：第一，工作现场要素的水平和硬件、软件和人员要素各自的水平没有成正比的线性关系；第二，工作现场的有关要素的组合水平是企业实际生产与质量管理水平的体现；第三，工作现场要素提升空间很大，提升效果快而且好。

7.3.2 组织机构的设置

根据国外经验和我国药品生产企业的实际情况，药厂一般应设置七八个部门，具体为：生产部、质量管理部、行政管理部、销售部、供应部、财务部、开发部、工程部。其中特别强调生产与质保分开，供应与销售分开，质量部必须具有充分的权威性。

以某药厂 GMP 组织结构的设置（图 7-3）来说明其 GMP 组织，可分为四个子体系。

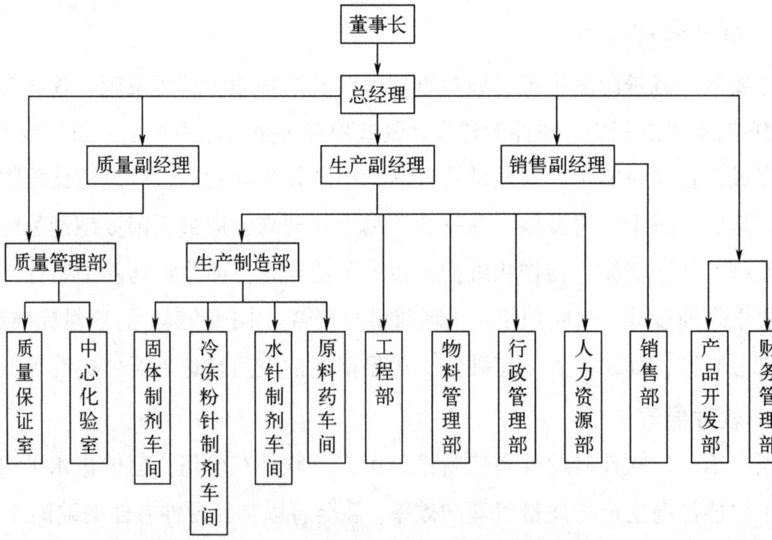

图 7-3 某药厂 GMP 组织机构图

7.3.2.1　生产管理体系

(1) 生产管理部门　负责按计划均衡组织生产，做好原辅料、动力供应的限额领用和平衡调度工作。并按 GMP 要求坚持做到不合格原辅料未经技术部门批准不安排投料，不合格成品不予统计交仓。

(2) 技术管理部门　负责按 GMP 要求进行生产过程中一系列技术管理工作，如技术文件（规程、岗位技术安全操作法等）的组织编写、审定，工艺控制点、原始记录的检查，开展技术分析等，帮助和督促生产车间切实执行 GMP。

(3) 各生产车间　在生产过程中负责实施 GMP 中有关生产技术管理、设备管理、原辅料领用管理、质量管理、工艺卫生管理等规定，做到文明生产。图 7-4 为某药厂生产组织机构图。

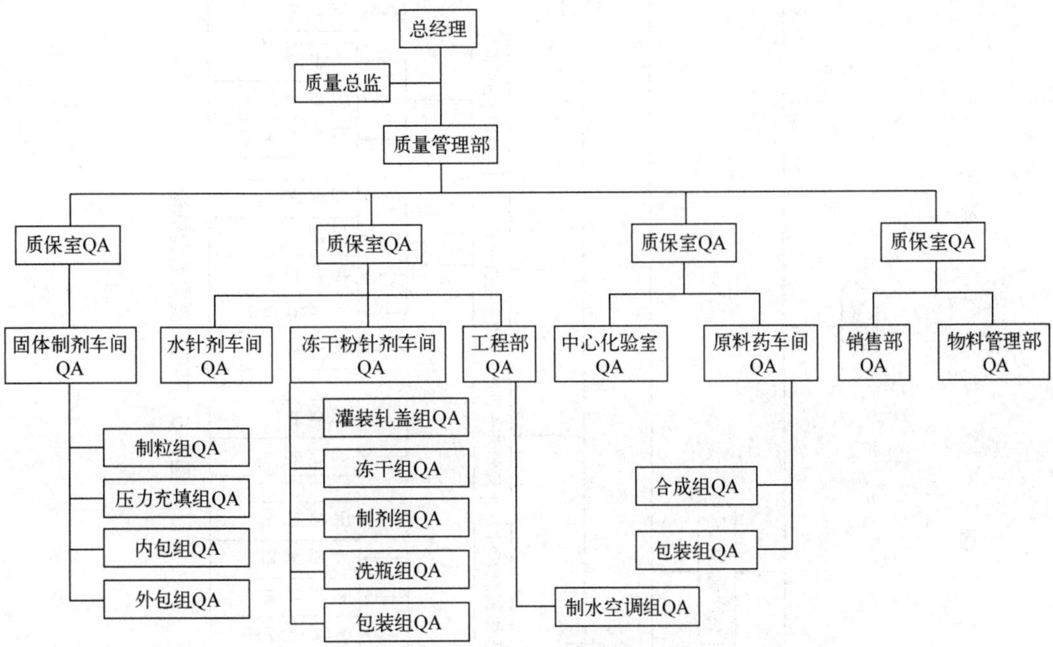

图 7-4　某药厂生产组织机构图

7.3.2.2　质量管理体系

质量管理体系是指为了实施质量管理的组织机构、职责、程序、过程和资源。质量管理体系是深入细致编制质量文件的基础，是使企业内更为广泛的质量活动能够得以切实管理的基础，是有计划、有步骤地把整个企业主要质量活动按重要性顺序进行改善的基础。图 7-5 为某药厂质量管理机构。

(1) 质量保证部门　负责制定、审核和批准药品生产与质量管理的所有文件，并进行培训，监督实施；负责对物料供应企业的质量审计，并负责物料进入企业，进入生产、产品出厂等进行放行；负责对所有与药品质量有关的活动进行必要的监督等。

(2) 质量控制部门　对药品（物料）的取样、留样等活动所涉及的硬件、软件、人员和工作现场进行管理，确保这些活动满足 GMP 要求等。

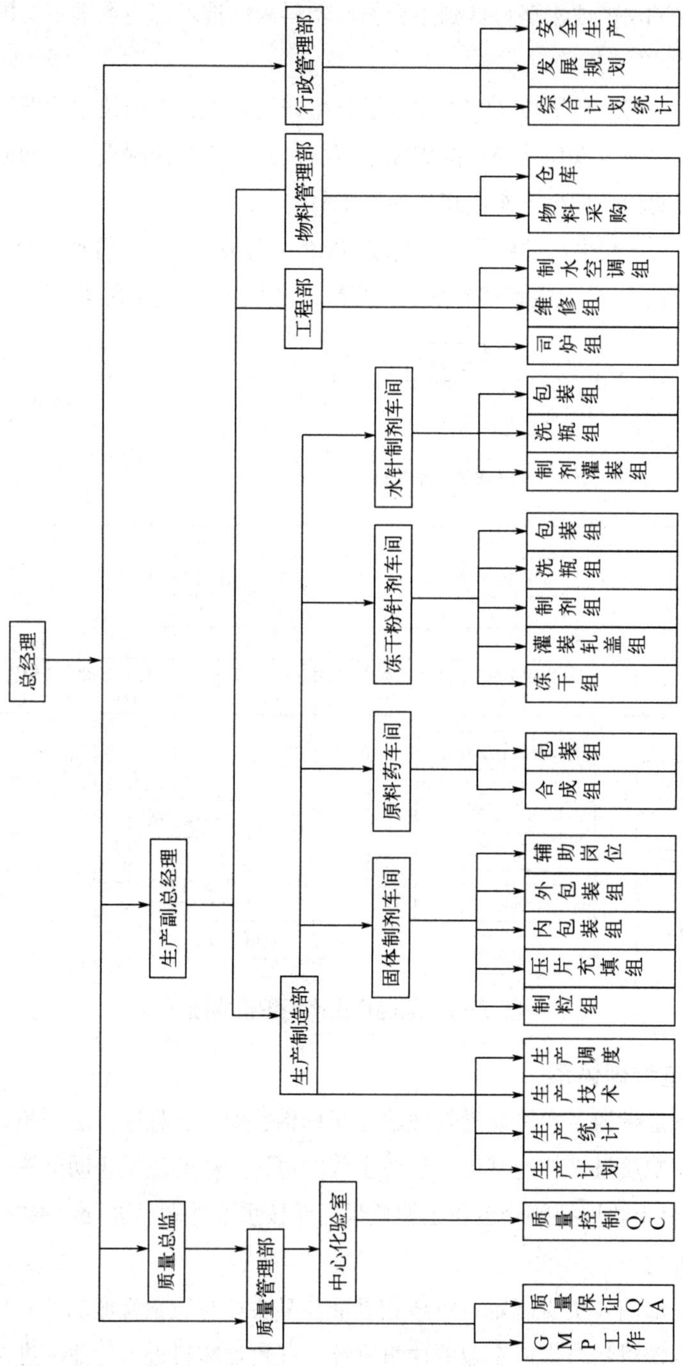

图7-5 某药厂质量管理机构

7.3.2.3 物流管理体系

(1) 采购部门　按照 GMP 的要求和质量管理部门的要求，采购符合规定标准的有关生产与质量活动所需要的物料等。

(2) 运输部门　按照 GMP 的要求，根据所运输物料（产品）的特性，对运输条件进行控制，确保物料（产品）的在途运输质量。

(3) 仓储部门　按照 GMP 的要求，根据物料（产品）的特性，对仓储条件进行控制和区别，进行物料（产品）验收、入库、养护、发货、售后等管理工作，确保物料（产品）的仓储质量。

7.3.2.4 工程维护体系

对企业的硬件装备，包括厂房设施、设备仪器、计量器具等进行维护，确保这些装备在生产等活动中处于被维护的良好运行状态。

7.4 药品生产质量管理的演进与发展

7.4.1 我国的 GMP

7.4.1.1 我国药品生产企业实施 GMP 的特点

我国医药行业 GMP 的实施现状有以下几个主要特点:

第一，我国社会经济发展的过程决定了药品生产企业的质量管理发展的历史。我国药品生产企业从手工者的质量管理阶段，经过了不成熟的检验者的质量管理阶段，跨过了基于统计学的质量检验、质量管理阶段，基本跨过了全面质量管理阶段，直接进入标准化的全面质量管理阶段。而 GMP 是全面质量管理标准化阶段的产物，这就导致我国药品生产企业还不能完全掌握 GMP 的基本理念和核心内涵。

第二，我国药品生产企业发展水平不平衡，主要体现在科技发展水平差距过大和规模发展差距过大，这些不均衡给 GMP 的监管和提升带来困难。

7.4.1.2 我国药品生产企业构建 GMP 体系的主要内容

(1) 结构上完善　完整的 GMP 体系分为 3 个层次: 第一层次是 GMP 通则，规定了药品生产企业质量管理体系必须达到的基本要求；第二层次是 GMP 附录，规定了一些比较重要或特殊产品必须达到的管理标准；第三层次是大量而又具体的 GMP 实施的指南文件，虽然它不具有 GMP 及附录的法定地位，但其制定和修订不需要通过复杂的法定程序，既能及时体现医药科学技术的进步，也能体现药品监管部门或政府其他部门在制药行业倡导的方向及新的管理要求，又能成为药品生产企业在 GMP 实施过程中有价值的参考素材。三者层次分明，纲举目张，在 GMP 通则的统帅下，GMP 附录和 GMP 实施指南互为依托，互为补充。

(2) 内容上完善　药品生产和质量管理技术发展迅速，GMP 管理标准也应保持其先进性和制度的时效性。我们应当借鉴发达国家的经验，在保持 GMP 基本内容稳定的基础上，对 GMP 通则、附录及指南文件定期或不定期修订予以公布，对药品生产企业进行辅导和指引。不断改善 GMP 整个体系，使其成为一个动态的、不断更新、持续改进的体系，不断提高我国的 GMP 管理水平。

(3) 培育合格的 GMP 监管队伍　整个药品监管队伍就是一个专家群。不但能对企业进行有效的 GMP 检查，给企业提出非常有效的意见和建议，还能对企业进行必要的 GMP 管理理念和方向的引导。明确监管部门的意图和期望，引导企业不断提高 GMP 管理水平。

7.4.2　全面质量管理

7.4.2.1　全面质量管理（total quality management，TQM）的概念

TQM 是企业为了保证和提高产品质量，综合运用产品的设计、制造和售后服务等一整套质量管理体系、手段和方法所进行的系统管理活动。具体地说，就是组织企业全体职工和有关部门参加，把专业技术、经营管理结合起来，综合运用现代科学和管理技术成果，控制影响产品质量的全过程和各因素，研制、生产和提供用户满意的产品的系统管理活动。

全面质量管理，是为了能在最经济的水平上，并考虑到充分满足用户要求的条件下活动，构成一种有效的体系。世界各国在将全面质量管理的理论“国产化”时，由于国情不同，对它的认识和做法都不尽相同，但其核心即基本思想、原理和方法是一致的。在所有关于全面质量管理的定义中，国际标准 ISO 8402:1994 的定义最为简洁和科学。该标准中对全面质量管理的定义是:“一个组织以质量为中心，以全员参与为基础，目的在于通过让顾客满意和本组织所有成员及社会受益而达到长期成功的管理途径。”

7.4.2.2　全面质量管理的基本思想

以用户为中心，坚持“用户至上”，一切为用户服务的指导思想，使产品质量和服务质量全方位地满足用户需求。预防为主，强调事先控制，将质量隐患消除在产品形成过程的早期阶段。采用科学系统的方法，建立一套严密有效的质量管理体系，实施产品质量产生和形成全过程质量管理。

保证基础上的质量持续改进是全面质量管理的精髓。任何一个组织都应在实现和保持规定的产品质量的基础上，通过提高质量管理水平，不断地改进产品质量和服务质量。突出人的作用，强调调动人的积极性，充分发挥人的主观能动性。

7.4.2.3　全面质量管理的特点

(1) 全面性　是指全面质量管理的对象，是企业生产经营的全过程。

(2) 全员性　是指全面质量管理要依靠全体职工。

(3) 预防性　是指全面质量管理应具有高度的预防性。

(4) 服务性　主要表现在企业以自己的产品或劳务满足用户的需要，为用户服务。

(5) 科学性　质量管理必须科学化，必须更加自觉地利用现代科学技术和先进的科学

管理方法。

7.4.2.4　全面质量管理的基础化工作

（1）标准化工作　是现代化大生产中各项工作的基础，同时也是质量管理的基础。标准化工作应做到具有权威性、科学性、连贯性、明确性和群众性。

（2）计量工作　包括检测、化验和分析等项工作，它是保证产品质量的重要手段。

计量工作主要包括以下内容:

①正确合理地选择、使用计量器具与仪器;

②严格按照检验规程对所有计量器具进行检查、校验;

③及时修理或报废不合格的计量器具;

④不断改进计量器具和计量方法，实现检测手段的现代化。

（3）质量情报工作　是指反映产品质量和供产销各环节工作质量的基本数据、原始记录和产品在使用过程中反映出来的质量情况数据。它是进行质量管理的原始凭证，反映了影响产品质量的各方面因素和生产技术经营活动的原始状态、产品的使用情况以及国内外产品质量的发展动向。质量情报工作包括情报的收集、整理、分析和管理等。

（4）质量责任制　建立质量责任制，就是明确规定企业中的每一个部门、每一名职工的具体任务、职责和权限，以便做到质量工作事情有人管，人人有专责，办事有标准，工作有检查。实践证明，只有建立严格的质量责任制，才能调动广大职工的质量管理积极性。

（5）质量教育工作　自始至终要进行质量教育工作，通过教育要做到以下几点：克服轻视质量的错误倾向，树立质量第一的思想；掌握全面质量管理的基本知识；学会科学的质量管理方法。

7.4.2.5　全面质量管理的几个工作原则

（1）预防原则　在企业的质量管理工作中，要认真贯彻预防的原则，凡事要防患于未然。例如，在产品设计阶段就应该采用失效模式、效应及后果分析与失效树分析等方法找出产品的薄弱环节，在设计上加以改进，消除隐患；还可以直接采用田口玄一（Taguchi Gen'ichi，日本统计学家与工程管理专家）稳健性设计方法进行设计。

（2）经济原则　全面质量管理强调质量，但无论质量保证的水平或预防不合格的深度都是没有止境的，所以必须考虑经济性，建立合理的经济界限，这也就是所谓的经济原则。因此，在产品设计制定质量标准时，在生产过程进行质量控制时，在选择质量检验方式为抽样检验或全数检验时等场合，都必须考虑其经济效益来加以确定。

（3）协作原则　协作是大生产的必然要求。生产和管理分工越细，就越要求协作。一个具体单位的质量问题往往涉及许多部门，如无良好的协作，是很难解决的。因此，强调协作是全面质量管理的一条重要原则。这也反映了系统科学全局观点的要求。

（4）按照 PDCA 循环组织活动　P 指计划（plan），D 指执行计划（do），C 指检查计划（check），A 指采取措施（action）。PDCA 循环是质量体系活动所应遵循的科学工作程序，周而复始，循环不已。

7.4.3 GMP 发展展望

《药品生产质量管理规范（2010 年修订）》正文共计 14 章 313 条，另外根据需要编制附录，现已有无菌药品、原料药、生物制品、血液制品、中药制剂、临床试验用药品等 15 个附录正式发布，另于 2022 年 10 月颁布了《细胞治疗产品生产质量管理指南（试行）》。

《药品生产质量管理规范》体现了硬件、软件和人员等三个层次上的系统设计。硬件是实施 GMP 和药品生产的平台；软件（尤其是质量体系的建立与良好运行）是药品良好质量的设计和体现；人员是软硬件结合的实施主体，是工作质量的直接表现。

《药品生产质量管理规范》只是政府监管机构对于药品生产企业制定的药品生产的行政性规章，体现的只是对制药企业药品的生产与质量管理活动的最基本或者说最低要求，并且没有给出达成要求的技术途径。企业的生产和质量管理改进永无止境，《药品生产质量管理规范》指示的只是起点，绝不是终点。

纵观 GMP 的产生与发展的历史，结合国际上质量管理标准化的实践，重视质量、发展质量将是一个永恒的主题，正如质量管理大师约瑟夫·朱兰博士所论断的："21 世纪是质量的世纪。"在全球经济一体化的进程中，药品质量管理将显现出以下新的特点。

（1）知识和信息成为数字化时代最重要的生产要素之一　对于组织而言，知识不仅是书本上的理论，还有现场实践经验、专业技能、客户关系、市场策略等。企业将更注重对人力资源的管理，充分开发和激励人员的创造能力和创新能力，通过行之有效的知识管理（knowledge management，KM），帮助企业捕捉、储存、分享和运用知识，让组织的效率和竞争力达到最优。

（2）企业是否具有风险意识，是其管理现代化能否达成的标志之一　风险管理强调的是对危害源主动辨识基础上的事先预防和对根本原因的调查，以确保决策的合理性。质量风险是在产品设计、研发、生产、储运、销售、使用的整个生命周期过程中存在的，可能导致产品质量特性偏离预期要求或目标的负面影响。基于质量在竞争中所起到的关键作用，质量将被置于企业的战略层面，质量风险管理得以广泛应用。

（3）质量管理将更需要文化的支撑　质量文化，是指企业在长期的生产经营活动中形成的有关质量问题的价值取向、规范、思想方式等形态的总和。朱兰指出，质量文化是人们与质量有关的信念、习惯和行为模式。因此，只有通过组织上下对质量信念的内在统一，才能确保员工形成外在的追求质量的工作习惯与行为模式。

（4）重视质量统计技术应用　质量管理人员的工作通常包括管理性、技术性两类活动。在产品实现和测量、分析、改进过程中，要运用到许多统计技术和方法，如描述统计、试验设计、假设检验、测量系统分析、过程能力分析、回归分析、抽样、仿真、统计过程控制、时间序列分析等。

（5）管理体系的建立与整合　各国的 GMP 都强调要建立药品质量管理体系，但并未给出药品质量管理体系的具体架构；实践中通常按照 ISO 9001 模式建立质量管理体系。在全球化和市场经济的背景下，企业根据市场需求和自身发展建立了多套管理体系，如质量管理、环境管理、职业健康管理、安全管理、设备管理、能源管理等，以此不断提升自身的管理水平和核心竞争力。多套管理体系的整合可以实现资源的高效利用、风险的全面控制以及绩效的持续提升；反之，不仅不能发挥整体功能，还会产生负面影响，导致企业管理效能下降，管理成本增加。

参考文献

[1] 朱世斌, 刘红, 殷殿书, 等. 药品生产质量管理工程[M]. 3 版. 北京: 化学工业出版社, 2022.

[2] 马林, 罗国英. 全面质量管理基本知识[M]. 北京: 中国经济出版社, 2004.

[3] 张公绪, 孙静. 新编质量管理学[M]. 2 版. 北京: 高等教育出版社, 2003.

[4] Swann J P. The 1941 sulfathiazole disaster and the birth of good manufacturing practices[J]. PDA Journal of Pharmaceutical Science and Technology, 1999, 41(1): 16-25.

[5] Wong D T, Mihm M C, Boyer J L, et al. Historical Path of Discovery of Viral Hepatitis[J]. Harvard Medical Student Review. 2015. 2(3): 18-36.

[6] 张林爽, 李珏, 郑小玲, 等. 中国无菌药品生产过程控制回顾与展望[J]. 中国药品标准, 2023, 24(6): 573-578.

[7] 尚悦. 无菌药品参数放行国际实施历程及我国现状浅析[J]. 中国医药工业杂志, 2021, 52(9): 1248-1252, 1262.

[8] 陈炜, 葛斯羿, 徐一鸣, 等. 统计过程控制在原料药质量回顾中的应用[J]. 中国医药工业杂志, 2023, 54(1): 148-153.

[9] 朱雨婷, 韩子卫, 韩鹏, 等. 多变量统计过程控制技术在药品生产过程中的应用[J]. 中国药品标准, 2024, 25(3): 227-233.

思考题

7-1. 简述质量、全面质量管理的概念。

7-2. 简述 GMP 的概念及发展。

7-3. 简述药品质量内涵的含义。

7-4. 药品质量体系的组成部分有哪些?

7-5. 简述 GMP 实施的要素。

7-6. GMP 修订过程中体现出的对药品质量管理完善要点有哪些?

第 8 章 药物研究与开发

8.1 概　　述

新药创制是一个漫长而复杂的过程，是一种高技术、高投入、高风险、高回报的产业，它综合反映了一个国家在与生命科学相关的各个领域内的发展，包括生物学、化学、制药学等，以及如何把这些领域的最新发展应用到药物开发中。

近年来，随着药品市场集约化程度的提高、竞争的加剧以及研发成本不断上升，新药研发的速度明显减缓。以研发为主的制药工业的研发投入占总销售额的比重已经成为各行业之首，而且这种投入还在以每 5 年翻一倍的速度持续增长。飙升的研发费用也使全球制药公司面临着巨大的研发压力。同时由于竞争的加剧，新产品的“市场排他期”也急剧缩短，这无疑降低了新药上市后的收益。分析研发成本上升的原因主要有：①需要开发的新产品的复杂程度不断增加；②临床试验的成本不断增加；③日渐严格的新药评审政策法规的影响。

从全球生物医药企业发展的区域来看，欧美和日本等国家和地区处于主导地位，全球前 20 名生物医药企业的销售额见表 8-1。产业研发投入在一定程度上也可以体现全球产业分布格局，2019 年各区域分产业的研发投入数据显示，在生物医药产业，美国和欧盟处于领先地位。进一步对美国和欧盟的生物医药产业研发投入进行分解，欧盟生物医药细分产业投入分布为：制药（30%）、有机精细化学（20%）和医疗技术（13.9%）。美国生物医药细分产业研发投入分布为：医疗技术（36.2%）、制药（23.9%）和有机精细化学（16.1%）。这体现了两个区域生物医药产业不同的发展战略。

表 8-1　2019 年全球前 20 名生物医药企业销售额

排名	企业	国家	销售额/亿美元	排名	企业	国家	销售额/亿美元
1	辉瑞	美国	453.02	4	强生	美国	388.15
2	罗氏	瑞士	445.52	5	默克	美国	373.53
3	诺华	瑞士	434.8	6	赛诺菲	法国	351.21

续表

排名	企业	国家	销售额/亿美元	排名	企业	国家	销售额/亿美元
7	艾伯维	美国	320.67	14	拜耳	德国	182.21
8	葛兰素史克	英国	306.45	15	诺和诺德	丹麦	177.26
9	安进	美国	225.33	16	武田	日本	174.27
10	吉利德	美国	216.77	17	新基	美国	152.38
11	百时美施贵宝	美国	215.81	18	夏尔	英国	149.93
12	阿斯利康	英国	206.71	19	勃林格殷格翰	德国	148.34
13	礼来	美国	195.8	20	艾尔建	爱尔兰	147

资料来源：华经产业研究院。

近年来，随着新药研发投入的不断增加和审批速度的加快，获批的新药数量也大大增加。2023 年美国 FDA 共批准 55 款新药上市，数量为近 5 年最高，获批药物的类型多元，包括小分子化药、单克隆抗体、合成多肽、酶、反义寡核苷酸等；其中小分子化药最多，约占批准药物总数的 55%。表 8-2 为 2019—2023 年美国 FDA 批准新药的类型，表 8-3 为美国 FDA 批准新药的疾病治疗类型。

表 8-2　2019—2023 年美国 FDA 批准新药类型

年份	小分子化学药	生物制品	新分子疗法	其他
2019 年	65%	15%	15%	5%
2020 年	62%	21%	9%	8%
2021 年	56%	24%	16%	4%
2022 年	46%	38%	11%	5%
2023 年	55%	31%	12%	2%

表 8-3　2019—2023 年美国 FDA 批准新药的基本治疗类型

年份	癌症	罕见病	感染性疾病	中枢神经系统疾病	心血管疾病	代谢疾病	其他
2019 年	54%	38%	0%	8%	0%	0%	0%
2020 年	50%	20%	20%	0%	5%	0%	5%
2021 年	43%	29%	7%	0%	0%	0%	21%
2022 年	46%	23%	8%	0%	8%	8%	7%
2023 年	44%	25%	5%	13%	0%	0%	13%

8.2 各类药物的状况及发展趋势

从近年来上市新药的用途来看，仍然以抗肿瘤药物和罕见病药物为主，其次是中枢神经系统药物。

8.2.1 抗恶性肿瘤药物

肿瘤是一种常见的慢性病。从整体上看，2022 年全球恶性肿瘤新发病例 1996.5 万例[除非黑色素瘤皮肤癌（NMSC）外，新发 1873.0 万例]，死亡 973.7 万例（除 NMSC 外，死亡 966.7 万例），发病和死亡前 10 位的恶性肿瘤分别占总体的 63.4%和 69.7%。发病前 5 位的恶性肿瘤中，肺癌位居首位，占 12.4%，其次为女性乳腺癌（11.5%）、结直肠癌（9.6%）、前列腺癌（7.3%）和胃癌（4.9%）。死亡前 5 位的恶性肿瘤中，肺癌仍占首位（18.7%），其次是结直肠癌（9.3%）、肝癌（7.8%）、女性乳腺癌（6.9%）和胃癌（6.8%）。

2022 年全球恶性肿瘤新发病例数男性和女性较为接近（男性 1030.6 万，51.6%；女性 965.8 万，48.4%），死亡病例数男性偏高（男性 542.7 万，55.7%；女性 431.0 万，44.3%）。在男性恶性肿瘤中，肺癌发病和死亡例数分别占男性全部恶性肿瘤的 15.3%和 22.7%，位居首位。女性恶性肿瘤发病和死亡首位则为乳腺癌（分别占女性全部恶性肿瘤发病和死亡的 23.8%和 15.4%），肺癌居第 2 位。值得注意的是，前列腺癌是男性第 2 大高发恶性肿瘤，死亡顺位也在前 5；结直肠癌、肝癌、胃癌这 3 种消化系统肿瘤在男、女恶性肿瘤发病和死亡顺位中均位居前 10 位。

2022 年中国恶性肿瘤新发和死亡病例分别占全球恶性肿瘤发病数和死亡总数的 24.2%（482.5 万/1996.5 万）和 26.4%（257.4 万/973.7 万），而中国人口数量约占全球总人口的 18.3%。

从发病顺位看，中国前 5 位常见癌种为肺癌、结直肠癌、甲状腺癌、肝癌和胃癌，占中国全部恶性肿瘤新发病例的 57.4%。男性前 5 位常见癌种为肺癌、结直肠癌、肝癌、胃癌和食管癌，标化发病率均高于全球平均水平。全球 40%以上的男性肺癌、肝癌、食管癌和甲状腺癌发生在中国。女性前 5 位常见癌种是肺癌、乳腺癌、甲状腺癌、结直肠癌及宫颈癌，肺癌和甲状腺癌标化发病率远高于全球平均水平（肺癌分别为 30.3/10 万和 16.2/10 万，甲状腺分别为 36.5/10 万和 13.6/10 万），乳腺癌则大幅低于全球平均水平（分别为 33.0/10 万和 46.8/10 万）。

从死亡顺位看，中国总体恶性肿瘤死因前 5 位为肺癌、肝癌、胃癌、结直肠癌和食管癌，占中国全部恶性肿瘤死亡病例的 67.5%。男性死亡前 5 位的恶性肿瘤为肺癌、肝癌、胃癌、结直肠癌和食管癌，标化死亡率均高于全球平均水平。女性死亡前 5 位为肺癌、结直肠癌、肝癌、胃癌和乳腺癌，肺癌标化死亡率远高于全球平均水平（分别为 14.7/10 万和 9.8/10 万）。与全球女性恶性肿瘤死因首位为乳腺癌不同，中国女性乳腺癌死亡率低于全球平均水平。

综上所述，当前全球癌症发病率以及死亡率都呈上升趋势，并且男性的发病率及死亡率远高于女性。希望通过目前的药物和非药物治疗方法，及早发现病情，有效降低全球人群的癌症发病率和死亡率，实现早发现、早诊断、早治疗。

蛋白质/多肽类生物工程抗癌药物发展非常迅速，除畅销的“细胞激动抑制剂”类抗癌新药 Herceptin 外，近年来上市的还有：治疗非霍奇金淋巴瘤的 Revlimid，治疗乳腺癌、结直肠癌和复发性胶质母细胞瘤等的 Avastin，治疗晚期结直肠癌的 Erbitux 等。此外，美国一些制药公司已经开发出抗癌疫苗，包括预防前列腺癌的疫苗、预防人乳头状瘤病毒（HPV）所引起的宫颈癌疫苗、预防肝癌的乙肝疫苗等。

国产抗肿瘤药物方面，百济神州的代表产品抗癌药泽布替尼 2023 年全年全球销售额达 13 亿美元，同比增长 129%，成为首个年销售额超过 10 亿美元的国产新药。

泽布替尼于 2019 年 11 月和 2020 年 6 月相继在美国和中国获批上市，是中国本土自主研发、首款在美国获批上市的国产抗癌新药。

泽布替尼并不是一款首创原研药，而是国内为数不多的敢去做“头对头”比较的药物，同时也是成功做出来优效性的同类最佳的差异化药物，从而支撑其在全球市场上的销售，这离不开企业自身的能力、胆识、魄力，以及研发资源和强大的资本能力。

此前，泽布替尼的一项头对头全球Ⅲ期试验的终期分析数据显示，该药成为目前全球首款且唯一一款对比伊布替尼（全球第一款同类抗癌药）取得双重优效性的布鲁顿酪氨酸激酶抑制剂（BTK 抑制剂），并且持续显示出更优异的疗效和安全性。

截至目前，泽布替尼已累计在全球超 65 个国家及地区获批，适应证覆盖慢性淋巴细胞白血病、华氏巨球蛋白血症、套细胞淋巴瘤等，也是获批适应证数量较多的 BTK 抑制剂。

2022 年泽布替尼的全球销售额已达 38.29 亿元人民币。2023 年 1 月，泽布替尼获得美国 FDA 批准用于治疗慢性淋巴细胞白血病或小淋巴细胞淋巴瘤，该药物在 2023 年美国市场的总收入为 11 亿美元，占总营业收入的四成以上。

植物抗癌药也将成为国际抗癌药物市场上的一大类主导产品。紫杉醇注射液自开发上市至今一直畅销国际医药市场。此外，还有多种植物来源的畅销抗癌药物，如喜树碱系列产品（拓扑替康和伊立替康等），经典老药“长春碱”系列，依托泊苷，新开发的中国植物来源的抗癌新药如雷公藤甲素，冬凌草甲素、乙素、丙素等。

此外，免疫疗法通过激活患者自身的免疫系统来攻击肿瘤细胞，这种疗法包括使用单克隆抗体、癌症疫苗以及 CAR-T 细胞疗法等。基因编辑治疗通过改变人类基因组中与癌症相关的突变来治疗癌症，这种技术包括 CRISPR-Cas9 技术等。虽然这些技术已获得临床应用，但高昂的治疗费用使其难以普及。

8.2.2　抗神经退行性疾病药物

随着生活水平的提高、人口的老龄化，对神经退行性疾病如阿尔茨海默病（Alzheimer disease，AD）、帕金森病（Parkinson disease，PD）以及肌萎缩侧索硬化（amyotrophic lateral sclerosis，ALS）等中枢神经系统疾病的治疗需求日益迫切。为了有效地治疗和控制这类疾病，人们在不断地寻找和鉴定新的药物靶点。最近的研究表明，α-突触核蛋白能引起帕金森病，Parkin 蛋白能拮抗α-突触核蛋白的毒性，保护神经细胞，但变异的 Parkin 蛋白则会与α-突触核蛋白一起加剧多巴胺能神经元的毒性损害。而线粒体复合酶I被抑制，可引起α-突触核蛋白的凝聚，造成多巴胺能神经元死亡。另外，腺苷 A2A 受体与多巴胺能神经元变性及拟多巴胺能神经出现的副反应密切相关。因此，根据α-突触核蛋白和腺苷 A2A 受体调控通路的关键靶标，寻找抑制神经元凋亡和修复多巴胺能神经元损伤的小分子神经营养物质，可为研究新一代治疗帕金森病的药物奠定基础。另外，研究表明，淀粉样前体蛋白（APP）代谢和τ蛋白过量磷酸化等因素都与阿尔茨海默病的发生有关。因此，深入研究有效中药与天然药物对 APP 代谢和τ蛋白磷酸化通路的影响，对于获得新一代治疗阿尔茨海默病的先导化合物具有重要意义。

8.2.3　抗病毒性传染病药物

随着艾滋病和病毒性肝炎等疾病在全球迅速蔓延，对治疗药物的需求急剧增加，促进了抗病毒药物的迅速发展。2023 年全球人类免疫缺陷病毒（HIV）-1 疗法市场规模为 1029.88 亿元。预计以 1.37% 的复合年增长率增长，到 2029 年达到 1110.27 亿元。

目前国外研发的主要方向：①利用病毒复制过程中病毒基因组所需的关键性酶作为靶点筛选新药；②寻找和发现病毒新受体，合成其抑制剂，干扰病毒颗粒与宿主细胞的融合及穿透细胞膜侵入宿主细胞的过程；③以病毒颗粒的表面抗原为靶点，合成新的抑制剂。同时，基于干扰素信号转导通路研究治疗肝炎新药和以病毒感染过程的多重受体为靶点进行多靶点平行筛选的工作也取得了初步成果。总之，抗病毒药物研究应以病毒感染宿主细胞途径和增殖循环过程中的重要蛋白（如 HIV 融合蛋白 gp41 和 HBV 衣壳核心蛋白等）为关键靶标，建立基于蛋白-蛋白和蛋白-细胞相互作用的药物设计方法和筛选方法，以发现抗艾滋病和乙型肝炎等药物的先导化合物。

8.2.4　其他治疗新药

今后世界级新药的开发将更加侧重于能改善人们生命、生活质量的新药，如抗糖尿病的新药、减肥新药和治疗精神分裂症的新药均有可能成为潜在的重磅级新药产品。2020 年，随着新冠疫情暴发，世界各国积极应对，批准了几十款灭活疫苗、mRNA 疫苗等防疫药物。

8.3　我国的药物研究

8.3.1　我国新药研究的现状

我国新药研发经历了从仿制为主到自主创新的发展历程。近年来，在政策引导和市场推动下，国内新药研发取得了显著进展。从研发投入来看，根据《中国科技统计年鉴》的数据，2016—2021 年，我国生物医药行业 R&D（研究与试验发展）经费内部支出总体呈加速增长态势。从 2016 年的不足百亿元，到 2021 年，我国生物医药行业研发经费内部支出约 272 亿元，同比增长约 60%。2022 年，中国生物医药行业研发经费内部支出约为 380 亿元。此外，中国新药研发环境日益改善，包括研发人员数量、资本市场和科研基础设施等均有较大增长，政府出台了一系列新药研发的政策，包括新药评审制度改革、医保目录动态调整、税收优惠等。

据不完全统计，2024 年国家药品监督管理局累计批准了 93 款新药上市，与 2023 年 82 款、2022 年 49 款、2021 年 83 款、2020 年 48 款、2019 年 51 款新药批准数量相比，2024 年的新药批准数量呈现出明显的上涨趋势。

2024 年上市的 93 款新药包括 47 款化药（小分子、多肽及核酸）、37 款生物药（单抗、双抗、抗体偶联药物、细胞疗法等）、9 款中药。其中，国产药物共有 43 款，占比达到 46%。涵盖了小分子、抗体类、细胞疗法、中药等多种药物类型。

在疾病治疗领域来看，肿瘤依然是创新药物上市的热门领域。2024 年，共有 31 款针对肿瘤的新药获批上市，占比达到全年新药数量的 37%。其中，非小细胞肺癌成为最为热门的疾病类型，共有 11 款新药获得批准。

8.3.2　国内外药物研究比较

国内有 4000 多家制药企业，年产值与美国相当，然而美国国内主要的制药企业不足 300 家，这就造成了财力的分散，国内没有几家企业拥有大量资金可投入到新药研发。这些都限制了国内新药的研究，拥有自主知识产权的新药不到总数的 3%。与世界大型制药企业相比，它们研究经费充足、开发人员数量庞大，而且人员搭配合理，在企业内部就能完成药物临床前的各项评估。另外，经过长期的发展和积累，处于各期临床阶段的新药数量较多，这就决定了这些企业每年都有新药投入市场。

另外，国外大型制药企业内部新药研发所需各类人才、设备配备全面，能进行很好的组织协调和沟通，创新能力强、研发速度快。而且由于这些大企业在新药研发上的连续性和长期的积累，处于各期临床阶段的新化合物分子较多，于是每年都有新药上市，发展处于良性循环。

相反地，中国国内制药企业及国家级新药创新平台在新药研究方面的资金投入少，分布面广，大多数机构的研发人员数量均不足百人，而且几乎没有一家机构能完全拥有新药临床前研究所需的设备和人才，这也限制了国内新药开发的速度。

另外，国内外专利药物的定价机制也对国内企业开发积极性具有一定影响，同款药物的中美定价差异能带给我们直观感受。截至目前，包括百济神州、传奇生物等公司的多款国内创新药完成出海，交出了出色的商业化成绩单。这主要得益于中美创新药定价差异，比如泽布替尼的海外定价大概是国内价格的 10 倍。眼下，中美定价差异最大的是君实生物的特瑞普利单抗，达到了 32 倍。很显然，基于可观的创新药定价，如果国内药企能够在海外收获出色的业绩，那么对于利润的增厚将是显而易见的。

泽布替尼于 2019 年 11 月正式在美国开售。根据公司招股书，其 2021 年在美国的定价为 117.50 美元/80mg。按照当时的汇率计算，泽布替尼在美国定价约为 840 元/80mg，而在国内，泽布替尼医保谈判后定价为 86.5 元/80mg。

8.4 药物的研究开发原理和方法

8.4.1 新药研发历程

8.4.1.1 机遇和坚持

可以从青霉素（penicillin，盘尼西林）的发展来说明药物开发的长期性和艰巨性。A.Fleming 爵士于 1929 年就发现了青霉素具有抑制细菌生长的作用,并将这一发现公布于众。直到 1938 年，H. Florey 和 B. Chain 在进行文献调研时，由于对这一研究结果感兴趣，便进行了重新研究。他们通过各种分离手段，解决了青霉素的纯化问题，1939 年，他们来到美国，并在制药企业的资助下，以玉米为原料进行发酵，解决了青霉素的大量生产问题。并于 1940 年将这一药物投放市场，挽救了无数的生命。

在 20 世纪 50 年代，研究人员用酰胺裂解酶将青霉素的酰胺键切断，制得了青霉素母核——6-APA，对其进行广泛的酰胺化修饰，从而开始了半合成青霉素时代。同时，在 1958 年，研究人员从淤泥中提取分离出头孢菌素 C，发现该化合物在体外具有较强的抗菌活性，但是在体内活性却很低。经过研究发现，头孢菌素 C 在体内很快被酶分解失去活性。在半合成青霉素的启示下，头孢菌素类抗生素取得了巨大的成功，目前临床应用的头孢类药物数量超过 40 种，超过了青霉素。

再以 2005 年上市的抗生素替加环素（tigecycline，GAR-936）为例，说明新药研究的长期性。该化合物早在 20 世纪 50 年代就被美国氰胺公司经过发酵和结构改造得到，但是一直处于断断续续的研究中。20 世纪 90 年代，甘氨酰四环素（米诺环素）的出现使得四环素类药物在抗菌谱和抗耐药性上都有了新的突破，由于在四环素环的 9 位上增加了 *N*-叔丁基甘氨酰氨基结构，这一独特的结构使得替加环素可以克服由外排及核糖体保护介导的耐药性，从而可以用于治疗四环素耐药菌株所致的感染，研究前后经历了近 50 年的时间。

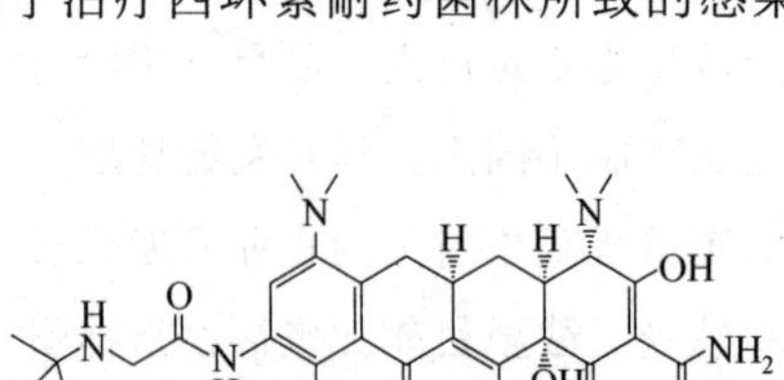

替加环素的结构

8.4.1.2 近代发展方向或设计思路的转变

随着生物学的发展，许多生命过程的阐述，DNA 和 RNA 结构的研究，与疾病相关的各种酶、受体（及受体亚型）、离子通道的发现，甚至是病理过程的发现，为新药的设计和开发提供了大量的靶点，目前，所发现的这些靶点数达到 500 多个，并且新的靶点还在不断发现；同时计算机软件和图形学的发展，使得利用计算机辅助药物设计成为可能。因此，以受体、酶、糖、核酸等为靶点的药物设计已成为当前新药设计和开发中的主要手段，进行新药设计和开发的工作者应该随时追踪生物学的进展，提高新药设计的准确性和研发速度。

近年来，尽管新药研发费用日益攀升，国际上对新药审批监管力度不断加强，新药研发的难度不断加大，使得新药研发生产力有所下降，但是，纵览 21 世纪前 10 年全球新药研发市场，不难发现尽管新药研发的脚步放缓，但仍是方兴未艾，新的药物靶点和作用机制的创新药物不断涌现。2011 年诸多已经上市或在研的“重磅炸弹”级新药的研发成果都可能对相关疾病的治疗产生深远的影响。几大重点治疗领域（肿瘤、心血管疾病、感染性疾病、代谢疾病、风湿疾病等）创新频繁。肿瘤治疗药物的研发重整旗鼓，再掀研究热潮，近年来抗肿瘤药物数量占每年新药数量的比例最大，数个抗肿瘤药物取得突破性进展。半个世纪以来首个抗红斑狼疮新药 belimumab（商品名：Benlysta）弥补了市场上该类药物的相对不足。抗感染药物方面，HIV、肝炎及流感药物市场巨大。抗病毒药物 Telaprevir 和 Boceprevir 使得丙型肝炎的标准治疗方案有了重大的改进，HIV 药物有望迎来新复合物和新种类时代。全球最大的抗艾滋病药物生产商吉利德科学公司在 HIV 药物研发方面表现突出：2011 年 8 月，Complera（3 种抗病毒药物组成的复方片剂）获美国 FDA 批准上市，同时其正处于Ⅲ期临床研究的 Elvitegravir 是新一代整合酶抑制剂，市场前景看好。

8.4.1.3 基础理论研究为新药开发提供了足够的理论支持

新药研究离不开生物学、合成化学、计算机等相关学科的发展，特别是生物学方面的重大发现，如新靶点、疾病发生机制等的发现，为新药设计开发提供了重要的理论支持，在这一方面，国外企业结合得非常好。这与制药企业本身具有的强大的新药设计团队关系紧密，他们能很好地跟踪与新药有关的各个学科的重大发现，有些疾病刚被发现，3～5 年他们就能设计并开发出相应的治疗药物。例如，1981 年世界卫生组织命名“艾滋病”，不到 5 年时间，核苷类和蛋白酶抑制剂类抗艾滋病药物就被推向临床。再如，高血压发病机制的阐明为拟二肽类血管紧张素转化酶抑制剂的开发奠定了基础，陆续开发出十多种该类药物。

8.4.1.4 开发难度和开发费用不断增加

通常研究中的化学药品能够进入市场的成功率非常低，平均需要筛选 5000～10000 个化合物，最终才有一个 NCE（新化学实体）获得批准上市。在美国被 FDA 批准进行临床试验的具有抗感染和神经药理学作用的 NCE 的比率通常仅为 20%～30%，生物技术药物批准的通过率为 30%。有关资料表明，整体上完成Ⅲ期临床试验的 NCE 竟有 1/3 不能获准上市。药品从早期开发到上市销售的成功率：欧洲为 1/4317，美国仅为 1/6155。一个大型制药公司每年可能会合成上万种化合物，但其中能够进入临床试验的只有十几、二十几种化合物，进入Ⅰ期临床试验的 NCE 中，大约只有 71% 能进入Ⅱ期临床试验，31.4% 能进入Ⅲ期临床试验，最后能够通过批准上市的可能只有 1～2 个。新药研发的风险加大，一方面是由于化学药物的开发空间越来越窄，应用目前的知识和方法很难筛选出新药。另一方面，一些容易开发的产品已经基本开发完成，需要开发的大都是针对更为复杂的疾病的新产品，特别是针对慢性疾病和退行性疾病的药物。

新药的研发周期一般为 10～15 年。具体来说，新药研发需要经历以下几个主要阶段。

（1）临床前研究　包括疾病靶点的发现和确定、先导化合物的选择、体外药效试验、体内试验（动物试验）等，这一阶段通常需要 3～6 年时间。

（2）临床试验　分为Ⅰ、Ⅱ、Ⅲ期，需要验证药物的安全性和有效性，这一阶段平均耗时 5～8 年。

（3）审批上市　通过审批后，药物才能正式上市，这一阶段大约需要 1～2 年时间。在整个研发过程中，临床试验阶段耗时最长，占总周期的 60%以上。

新药研发的成本非常高，通常需要数十亿美元。新药研发的平均成本在 10～20 亿美元之间，具体金额因药物类型和研发阶段的不同而有所差异。例如，神经系统药物的研发成本可以达到 7.66 亿美元，而抗肿瘤和免疫调节剂则需要 2.72 亿美元。在全球医药行业的激烈竞争中，研发投入是各大制药巨头保持竞争力的关键。2024 年，这些企业在研发上的投入情况备受关注，这不仅体现了它们的创新实力，还预示着行业未来的发展方向。2024 年制药巨头研发投入前十位分别是默沙东、强生、罗氏、阿斯利康、艾伯维、百时美施贵宝（BMS）、礼来、辉瑞、诺华和赛诺菲。这十家企业的总投入超过 1200 亿美元，展现出对创新研发的高度重视。

根据工信部的数据，2023 年我国研发经费投入总量突破 3.3 万亿元，达到 33357.1 亿元，（全研发型）企业的研发投入约为 120 亿元，尽管产生了 800 亿元的销售额，但尚未转化为利润。这与 2023 年中国医药上市企业在研发领域的投资力度持续增强的情况相符。例如，116 家 A 股医药上市公司 2023 年累计支出研发费用突破 500 亿元，但并非所有研发投资都能立即转化为利润。若早期的高投入与低产出持续存在，将明显不可持续，原因在于两者间的差距悬殊。

2024 年，大企业研发管线的比重逐年下滑，全球前二十大医药企业的研发管线占比已缩减至约 12%。这预示着未来商业化将更加集中，而研发将更加分散。

8.4.2 新药开发的一般过程

8.4.2.1 新药开发的一般方法

新药研究与开发的选题依据主要来源于临床，新药研究的目的是满足临床需要：一是要为临床不断出现的新的病症开发有效的防治药物；二要为临床多发病研发高效低毒的药物；

三要紧密结合现代先进科学技术研发新药，如利用新材料、新设备等。新药研发的一般过程可以用图 8-1 加以说明。

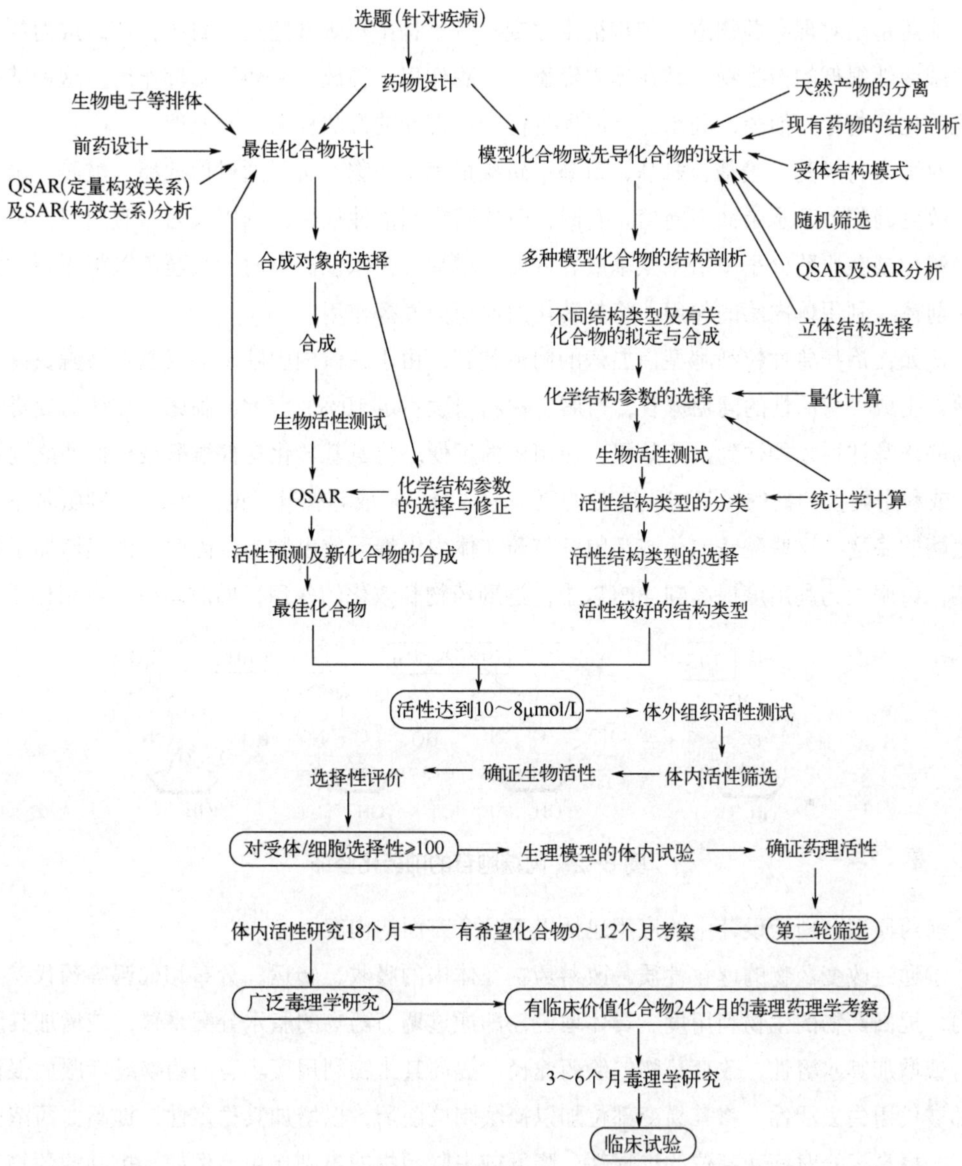

图 8-1　新药研发的一般过程

8.4.2.2　新药评价体系

安全、有效是一切药物必须具备的两大因素，新药筛选、新药评价和临床研究过程很大程度上是围绕安全和有效进行的，因此，安全性评价是新药评价的主要内容之一。

新药的各项研究必须在国家市场监督管理总局制定的一系列规范性法规文件指导下进行，包括临床前体内药效学评价、临床前安全性评价、临床前药学评价，以及《药物非临床研究质量管理规范》（GLP）、《药物临床试验质量管理规范》（GCP）等法规文件。

8.4.3 新药设计的原理和方法

8.4.3.1 前药原理及其应用

前药是指对现有药物进行结构衍生化或对其结构中药效基团进行封闭，使之成为体外无活性或活性很低的衍生物，其在体内经酶或非酶作用，释放出原药而发挥作用，这种结构衍生化的化合物称为前药，利用这一原理进行新药设计的方法称为前药原理。

对于含有羟基、羧基、氨基、巯基、磷酸根等的药物，可以通过形成酯、酰胺、磷酸酯等，改变药物的亲水亲油平衡值。有时，有的药物脂溶性很大，难以成为口服剂型，可以通过磷酸化或在原药分子中引入氨基酸等片段，增加其亲水性。有时，甚至可以将原药变为其代谢前体，利用体内酶的作用，将其转化为原药而发挥作用。

例如，治疗急性粒细胞型白血病的阿糖胞苷，由于在体内胞嘧啶的氨基能被脱氨酶水解脱除，生成没有活性的阿糖尿苷，口服生物利用度不足 10%。因此，临床上往往需要进行长时间的静脉注射才能达到治疗效果，使用极为不便。将氨基转化为棕榈酰或棕榈油酰阿糖胞苷，或利用阿拉伯糖的羟基与胞嘧啶的氨基形成醚，制成环胞苷（见图 8-2），则氨基不再是脱氨酶的底物，这些酰胺前药或环胞苷前药在体内缓慢释放出原药，因此，大大增加了其半衰期，口服生物利用度提高到 40%以上，达到药物长效化的作用，同时减少了毒副作用。

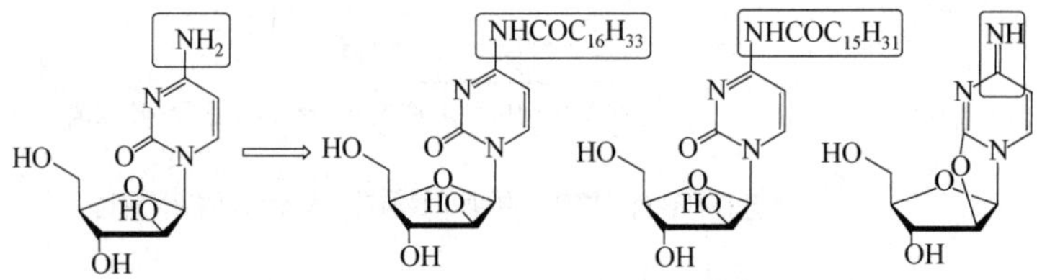

图 8-2 阿糖胞苷的前药化修饰

前药原理在新药设计中的应用包括以下几个方面的内容。

①通过改变药物的理化性质，改善药物在体内的吸收、转运、分布和代谢等药代动力学行为，提高药物的生物利用度。具体地说，即通过调节药物的脂水分配系数，或增加其脂溶性，或增加其水溶性，改变药物的给药途径，提高其生物利用度。有的药物经口服后很快在胃部被代谢失去活性，将其易变部位加以掩蔽制成前药，以增加其稳定性，提高血药浓度。

②提高药物对病变部位的选择性，降低或去除药物的毒副作用。例如，抗肿瘤药物对正常细胞的毒性较大，容易引起严重的副作用，可以利用肿瘤细胞代谢旺盛，消耗大量的糖，从而产生大量的乳酸，使癌变部位的 pH 值较低的特点，将药物设计成对酸敏感的前药，使之在癌变部位经酸水解释放出原药，提高抗肿瘤药物的选择性。

近年来，针对病变部位的特异性受体，以对这些受体具有特殊亲和力的分子为载体，设计出的靶向药物，已成为抗肿瘤药物研究的热点之一，在靶向抗肝癌药物的设计中已取得了成功，目前，至少有两个以上的药物应用于临床。

此外，还可以利用纳米材料作为载体，利用巨噬细胞对粒径的选择性，使得药物仅能进入巨噬细胞内，从而达到选择性的目的。

③掩蔽药物的不适气味。有些药物，特别是含有巯基的药物具有极臭的气味，可以将巯基进行酰化，以改善其气味。

④孪药或结构拼合。将两个药物通过化学键合方式结合在一起，使之成为相互的前药，以获得两者作用的联合功效，这种前药设计称为“孪药”或结构拼合（见图 8-3）。适用于孪药设计的两个药物片段，应尽量满足以下几个条件：一是两个药物治疗疾病类型一致；二是这两个药物能在临床上配伍，最好能具有协同作用；三是作用机制不同，而产生多靶点的药理作用。满足这些条件的药物较多。例如，抗生素头孢菌素或青霉素与抗菌药喹诺酮类药物都是抗菌药物，两者的抗菌机制不同，头孢菌素或青霉素是干扰黏肽转肽酶而阻挠细菌合成其细胞壁，喹诺酮则是干扰细菌核酸的功能，而且其在抗菌谱方面具有一定的互补性，头孢菌素或青霉素抗革兰阳性菌活性强，而喹诺酮则抗革兰阴性菌活性强。这样的药物拼合，可以达到快速杀灭细菌的作用，有利于降低或减少细菌耐药株的出现。

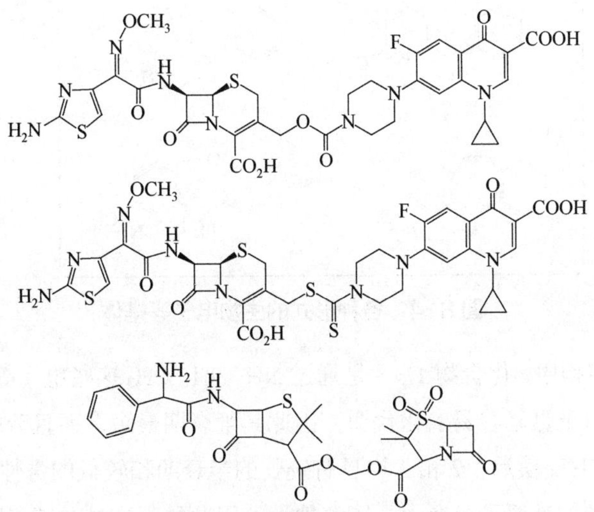

图 8-3　药物结构拼合（孪药）

8.4.3.2　生物电子等排体原理及其应用

电子等排体是指具有相同数目的外层电子的不同分子或原子团。例如，同一族的 F、Cl、Br、I 为一个系列的电子等排体，相邻族的 CH_3、NH_2、OH、F 为一个系列的电子等排体。由于电子等排体的数量较多，而且基团大小或极性相差较大。因此，在药物设计中，对电子等排体作出具体要求，指具有等电性-等疏水性-等立体性的才叫生物电子等排体。这样，以一个电子等排体取代另一个电子等排体时，往往得到具有与母体化合物相似或拮抗的生物活性。采用该规律进行新药设计，被称为药物设计中的生物电子等排体原理。

生物电子等排体具有不同的价态，可以分为一价原子或基团、二价原子或基团、三价原子或基团、四价取代原子或基团，以及环系等价体等经典的生物电子等排体，如苯环、噻吩、吡啶为一个系列电子等排体。此外，环系与非环结构也可以成为电子等排体，如环己基与

—（CH_2）$_{2\sim3}$—为一对电子等排体。

生物电子等排体原理在新药设计中的具体应用可以用图 8-4 中的例子加以说明。

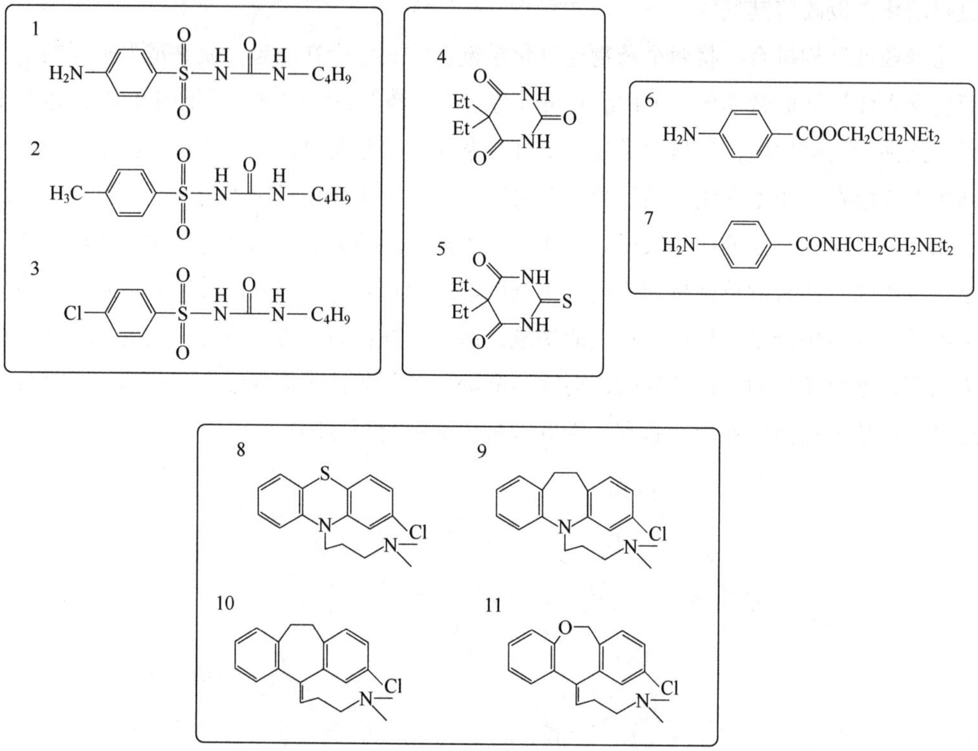

图 8-4　各种形式的生物电子等排体

在图 8-4 所示结构中，化合物 1～3 是通过 NH_2、Cl、CH_3 这些电子等排体间交换得到的，为口服降血糖药。由于氨基容易氧化代谢，因此其半衰期最短，而且芳胺类化合物本身毒性较大，通过 Cl 或 CH_3 交换后，2 和 3 均具有较长的半衰期和较低的毒性。4 和 5 为巴比妥类药物，因 5 为硫原子，其原子半径大，脂溶性大，因此易于通过血脑屏障，同时硫容易氧化代谢，所以 5 具有迅速而短暂的作用，适用于静脉诱导麻醉。

8.4.3.3　先导化合物的发掘、最佳化合物的筛选以及两者的相互关系

在新药研究中，先导化合物的发掘是十分重要的工作，而且也是新药研究的难点之一。所谓先导化合物是指本身具有一定的生物活性，但是由于毒性或代谢快等原因又不能作为药物，可以作为结构修饰的对象，通过对其易变结构部位或产生毒性的基团进行改造，使之成为药物的化合物。例如，从入海口淤泥中提取的头孢烯酸（头孢菌素 C），其在体外具有较强的活性，但一旦进入体内就被酶分解失活，因此不能直接作为药物，但是在半合成青霉素的启发下，首先制备出 7-ACA，然后对其 7 位氨基、3 位乙酰氧（甲基）等进行结构修饰，使得头孢菌素类药物在临床上发挥巨大的作用。在青霉素和头孢菌素都含有β-内酰胺结构的基础上，说明β-内酰胺环是药物的有效结构，从而进一步开发出具有抗β-内酰胺酶产生菌的单环和碳环β-内酰胺类药物（β-内酰胺类抗生素结构衍化见图 8-5）。

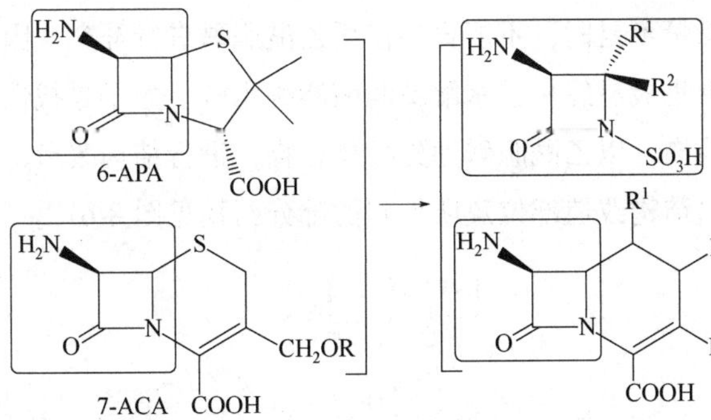

图 8-5　β-内酰胺类抗生素结构衍化

先导化合物的发掘有许多途径，可以来源于天然产物及对受体结构的研究，特别是药物-受体蛋白质晶体结构，从现有药物中提取出有效结构等。

布鲁克海文蛋白质数据库（PDB）是全球最主要的收集生物大分子（蛋白质、核酸和糖）三维结构的数据库。截至目前，该数据库共收录了 192095 个蛋白质/核酸结构，其中人类序列结构 57738 个，含核酸结构 14495 个。它们可以作为新药设计的基础，利用计算机辅助药物设计软件，直接设计出目标化合物，进行活性考察。

相对于先导化合物的发现而言，最佳化合物的设计要简单得多。它是以先导化合物为基础，结合药理作用、现有同类型其他药物的结构特点，先进行 SAR、QSAR 计算，再进行结构修饰，测试活性，对结构修饰化合物的某些部位进行调整，得到最佳化合物。

当然，两者之间是相辅相成的关系，最佳化合物设计是以先导化合物为模型基础，可以直接得到药物，同时，目标化合物结构库的丰富又为先导化合物的设计提供了坚实的结构基础。

8.4.4　新药开发的途径

8.4.4.1　选题的重要性

新药研究中针对目标疾病类型的选择是非常重要的环节，同时也要考虑到生物活性测试用菌种等基础物质是否能够获得。疾病的发生率高，药物的使用量就大，今后获得的利润就高，成本回收周期相应就短。

8.4.4.2　研究方法或途径

（1）基于细胞信号转导物质（递质）的新药设计　基于生物体内细胞信号转导物质的新药设计的例子非常多，例如乙酰胆碱、组胺、肾上腺素等，这些递质在生物体内的产生和发挥作用，都有相应的酶系统进行催化，与相应的受体结合而发挥作用。因此，相应的催化酶或受体均可作为新药设计的靶点，开发出酶抑制剂、受体激动剂或拮抗剂等药物，当这些递质不足或过量时，使用这些药物对其酶或受体进行调节。

例如，乙酰胆碱是躯体神经、交感神经节前神经元和全部副交感神经的化学递质，它是在丝氨酸脱羧酶和胆碱 *N*-甲基转移酶催化下首先合成胆碱，再由胆碱乙酰基转移酶催化而产生的。当体内乙酰胆碱量不足时，不能直接使用乙酰胆碱进行补充，因为乙酰胆碱在胃部极易被酸水解，在血液中也极易经化学水解或胆碱酯酶水解。为了寻找性质稳定的，同时具有较高选择性的拟胆碱药物，以乙酰胆碱为先导化合物，进行结构改造，得到了胆碱受体激动剂和胆碱酯酶抑制剂（结构改造部位及所得到的部分药物见图 8-6）。

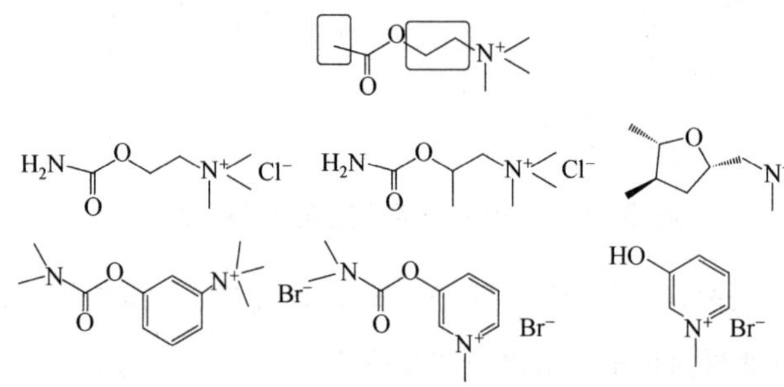

图 8-6　乙酰胆碱结构改造及部分药物的结构

(2) 基于酶促反应的新药设计　生物体内，各种重要的化学物质都是在酶的催化下完成的，当酶的活性不足时，会导致其催化的物质的量不足，当酶活性过于旺盛时，又引起其催化产生的物质的量过剩，这两种情况都会引起机体的病变。因此，对酶的活性进行调节，可以达到治疗疾病的目的。酶激动剂或拮抗剂就是基于这样的目的进行设计的，当然，以酶抑制剂为主。

例如，高血压是由各种因素引起的血压超过正常范围的病变，是一种临床多发病和慢性病。有种原发性高血压，经过生物学研究发现，在正常状况下，人体内肾素-血管紧张素系统（renin-angiotension system，RAS）产生一种十肽血管紧张素Ⅰ（angiotensinⅠ），该化合物不会引起血管的强烈收缩，但是，在血管紧张素转化酶（ACE）作用下失去一个二肽变成一个八肽化合物血管紧张素Ⅱ，该化合物能引起血管强烈收缩，引发高血压。在揭示了这样的作用机制后，设计合成出许多拟肽化合物，这些拟肽化合物是治疗多种血管疾病的重要药物（见图 8-7）。

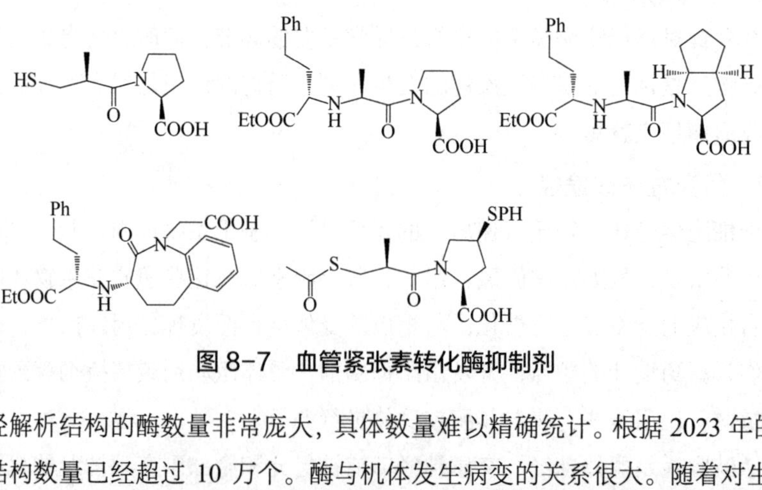

图 8-7　血管紧张素转化酶抑制剂

目前已经解析结构的酶数量非常庞大，具体数量难以精确统计。根据 2023 年的数据，PDB 中收录的酶结构数量已经超过 10 万个。酶与机体发生病变的关系很大。随着对生命活动规律的认识和疾病发生机制研究的不断深入，大量酶的三维结构信息对于理解酶的功能和催化机制至关重要，这些生物学方面的进展为药物化学家设计新药提供了越来越多的选择和机会。

(3) 基于核酸代谢原理的新药设计　在生物体内，核酸的合成是核糖胺与甘氨酸在酶的作用下，首先进行酰化，然后再进行氨基的甲酰化等一系列酶催化过程实现的。那么，如果对其某一中间阶段产物进行修饰，就有可能得到对目标产物合成过程中某种酶具有抑制活性的化合物。

目前作为抗流感病毒药物的利巴韦林 (Ribavirin) 就是基于这样的原理设计出来的 (见图 8-8)。

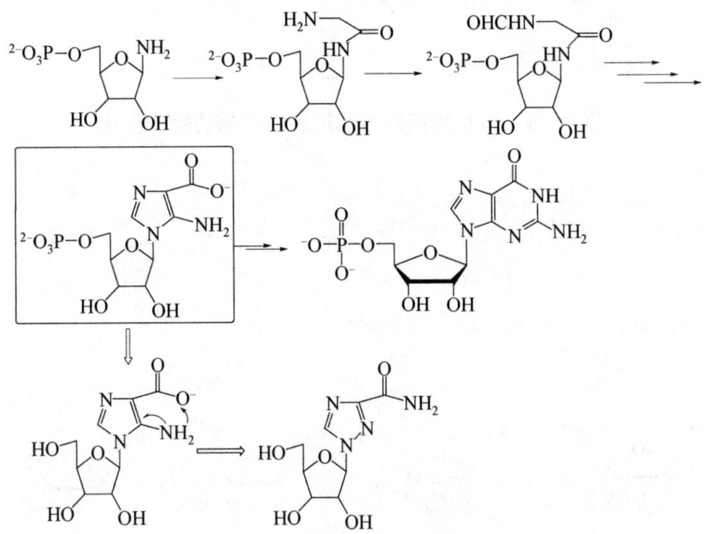

利巴韦林

图 8-8　利巴韦林的结构衍化

此外，许多的核苷类抗病毒、抗肿瘤药物都可以从组成 DNA、RNA 的基本单元核苷或核苷酸的结构进行改造得到。例如，治疗急性粒细胞白血病的阿糖胞苷，是将糖环上 2 位羟基由内转移到外，即变化构型得到的。无环核苷药物中的阿昔洛韦、更昔洛韦、西多福韦等均可以看作是鸟苷开环得到的 (见图 8-9)。治疗艾滋病的核苷类药物是嘧啶核苷脱羟基得到的；其他嘌呤类或嘧啶类抗肿瘤药物，也可以看作是嘌呤和嘧啶的生物电子等排体，如 5-氟尿嘧啶、5-氟胞嘧啶、替加氟、双呋氟尿嘧啶、巯嘌呤等 (见图 8-10)。

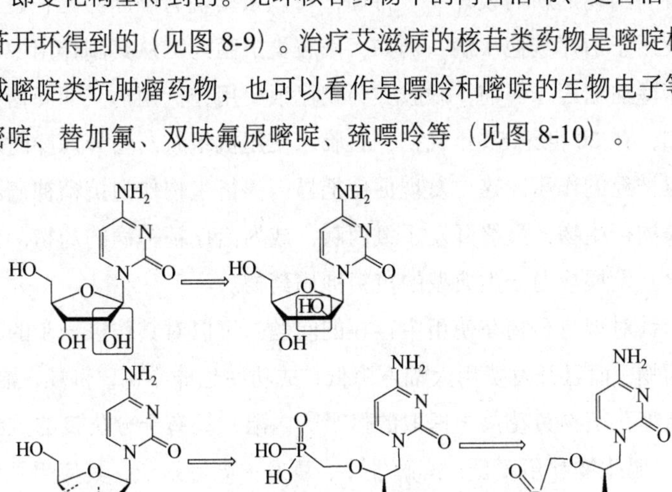

图 8-9

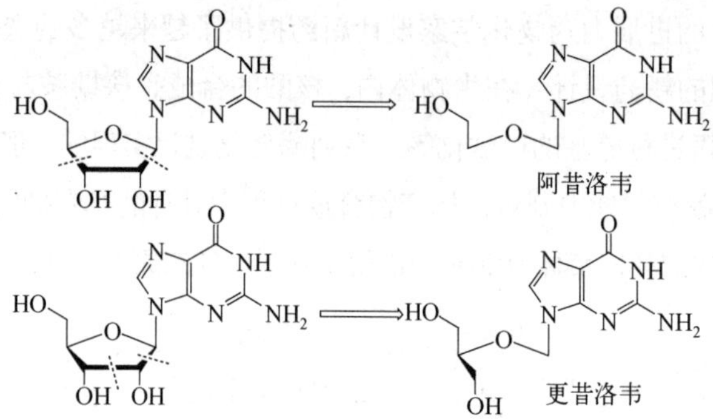

图 8-9　核苷类抗病毒和抗肿瘤药物的结构衍化

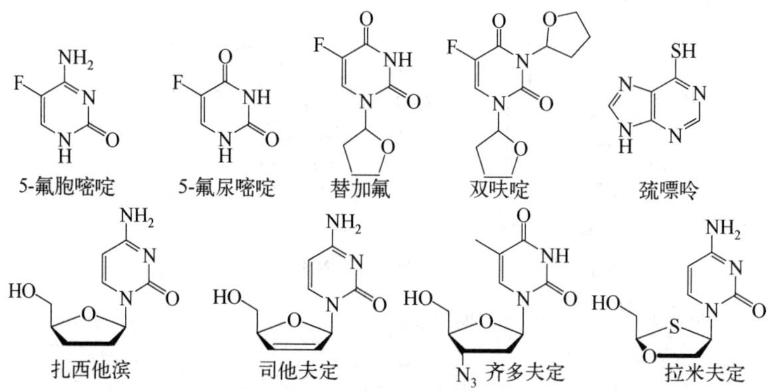

图 8-10　抗肿瘤和抗艾滋病核苷类药物

当然，由于核苷是由一个碱基和一个核糖或 2-脱氧核糖组成的，因此，可以对碱基或糖基分别进行改造或同时在两个位置进行改造，另外，天然的嘧啶或嘌呤核苷的糖部分都是 D-型的，还可以合成 L-核糖核苷。

（4）基于现有药物的新药设计　一方面，可以根据现有临床药物在使用过程中出现的副作用，将其开发用于治疗其他疾病。例如，磺胺类抗菌药，从其副作用中，发现了具有磺胺结构的利尿药和降血糖药。目前，磺胺类药物已很少用作抗菌药，而降糖和利尿作用成为其主要用途。再如，在 20 世纪 50 年代初，在临床使用抗组胺药物异丙嗪时，观察到异丙嗪有较强的抑制中枢神经的作用，这一发现促使把异丙嗪衍生物作为抗精神病药物进行研究，合成了一些异丙嗪的衍生物，最终开发了氯丙嗪，成为治疗精神病的药物，使精神病的治疗发生了很大的变化，发展成为一类典型的抗精神病药物。

另一方面，针对现有药物在使用中存在的问题，可以对其作进一步的开发，这样不仅可以得到创新性药物，而且开发费用大幅度降低，成功率也非常高。例如，治疗疟疾的青蒿素，是我国科学家从菊科植物黄花蒿中提取的倍半萜内酯，具有十分优良的抗疟作用，但存在口服生物利用度低、溶解性小、复发率高等缺点，其应用受到影响。后经结构改造，将内酯羰基还原，得到二氢青蒿素，其抗疟活性比青蒿素强 1 倍，再将其醚化制成蒿甲醚、蒿乙醚，对疟原虫具有较强的杀灭作用，且与氯喹无交叉耐药性。

拓展阅读 8-1

8.5　新药研发中的新技术与新方法

8.5.1　计算机辅助药物设计

8.5.1.1　计算机辅助药物设计的作用

计算机辅助药物设计是药物化学的一个重要方面，是合理设计药物的一种重要手段。该方法是通过假设药物分子与受体、酶、核酸、离子通道等相互作用的诱导-契合原理，将靶点的结构信息与计算机图形学结合起来进行目标药物分子的设计。

其实在新药设计过程中，有时并不知道靶位受体的三维结构，因此又将药物设计过程分为直接设计和间接设计两种。

直接设计是根据受体三维结构直接进行药物分子的设计。二氢叶酸还原酶抑制剂的设计、作用于血红素的抗镰状细胞贫血化合物的设计及根据从布鲁克海文蛋白质数据库和剑桥晶体结构数据库中的数据进行新化合物的分子设计，均属于直接设计。

间接设计是指当受体的三维空间结构未知时，通过计算机寻找出一系列已知作用机制的化合物的共同的三维结构——药效构象，然后推导模型先导化合物，进行药物设计，这种方式是大多数新药设计所采用的方法。

8.5.1.2　基于受体结构模型的新药设计

目前，人类基因组工作草图已经完成，因此，蛋白质的结构和功能研究已成为后基因组时代具有挑战性的课题。可以通过X射线晶体学和多维核磁共振技术进行蛋白质结构测定，根据蛋白质的三维结构是由氨基酸序列唯一决定的这一假定，许多具有同源性的蛋白质结构可以推断出来。

实际上，仅仅知道蛋白质结构还远远不够，还必须知道蛋白质与药物分子可能的结合位点，即蛋白质的活性位点。可以通过探针来探测简单的分子或碎片与生物大分子之间结合的活性位点。活性位点分析一般不能直接得到完整的分子结构，但所获得的活性位点信息对全新药物分子设计和分子对接设计具有指导意义。目前，用于蛋白质活性位点分析的软件有GRID、MCSS和HINT等。

药物分子直接设计的方法最常用的有分子对接和从头设计两种。分子对接是通过研究化合物分子与受体的相互作用，预测其结合模式和亲和力，来预测所设计化合物的活性。根据药物分子与生物大分子（即受体）之间相互作用的“锁-钥关系”，采用分子对接法可以确定与受体在空间和电性互补的小分子结构。目前，已开发的分子对接软件有Gold、FlexX、Affinity、Dock和AutoDock等。在进行设计时，可以将这些软件结合起来使用，这样可以大大减少需要合成的化合物的数量。

从头设计是根据受体活性部位的形状和性质要求，通过计算机自动构建出化学结构和电性与受体互补的小分子。换句话说，首先根据受体活性位点的结构特征（疏水性、电性、氢键等）以及它们之间的距离关系，构建出与受体结构互补的化合物基本结构，再通过计算和数据库搜索，得到与靶点性质和形状互补的分子结构。这样得到的大量分子再用计算配位-受体相互作用能的方法，对每个分子打分，按照得分高低进行排序，选择最佳分子。

8.5.1.3 基于配体结构的新药设计

当靶点的三维结构不清楚时，只能采用间接设计的方法进行药物设计。该方法的核心是研究一系列药物的三维定量构效关系（3D-QSAR），或者构建共同作用于同样靶点的药效团模型。

目前，间接设计常采用的方法有距离几何法（DG）、分子形状分析法（MSA）、比较分子力场法（CoMFA）、比较分子相似因子法（CoMSIA）等。首先要推导出一个共同的药效几何点，从而推导出受体的优势构象，进行药物设计，而活性类似物近似法提供了这种可能性，即通过对作用在相同受体上的一系列化合物的构象关系分析，推导出一个共同的药效几何点。

比较分子力场法（CoMFA）与活性类似物近似法相比，具有某些相近的地方。例如，同样需要对已知药物作能量优化图，比较这些优化图的共同特征。然而，CoMFA 模型引进了一些新的要求和更加严格的计算，从而在设计复杂分子时比活性类似物近似法要优越得多。

CoMFA 模型的建立是基于药物分子与受体间可逆性的相互作用是通过非共价键作用力（氢键、范德瓦耳斯力、静电相互作用）实现的。作用于同一受体的一系列药物分子，它们与受体间的非共价键力场应有一定的相似性。因此在不了解受体三维结构的情况下，研究这些药物分子周围三种作用力场的分布，把它们与生物活性定量地连接起来，既可推测受体的某些性质，又可依此建立一个模型来设计新的化合物，并定量地预测其活性大小。

CoMFA 方法的具体步骤如下。

①计算被研究化合物的优势构象。②确定被研究化合物构象式彼此重叠的原则，即在网格中的定位原则。③设计一个三维的网格，其空间大小能容纳所有被研究化合物的构象式。④以一个探针原子在网格中以一定的步长移动，计算出每个点与化合物构象式间的立体排斥能、静电能和疏水性作用，确定化合物分子周围各种作用力场的空间分布。将它们与各化合物的生物活性共同构成 CoMFA 的 QSAR 数据表。⑤用部分最小二乘法确定可区分被研究化合物的活性的最少网格点，得出 3D-QSAR。⑥用得出的 3D-QSAR 预测未知化合物的活性，指导下一步的合成，并通过生物活性验证判断 3D-QSAR 的正确性，若不正确，则需重复④、⑤步骤，直到得出具有最佳预测功能的 3D-QSAR。

8.5.2 组合化学

8.5.2.1 组合化学法的作用

新药研发不仅要求设计的准确性，研发速度也是非常重要的一个方面。如果按照常规有机合成方法，一个一个地合成单一化合物，然后测试活性，不仅消耗大量人力物力，而且发现具有较好生物活性的化合物的速度也是十分缓慢的。那么怎样快速地建立一类化合物库呢？在20世纪80年代，研究者开创了组合化学法，解决了快速建立化合物数据库的问题，使化合物的合成速度迅速提高。现代组合化学包括了大类化合物的合成与筛选，如“肽库”，即由无数的单个多肽化合物或它们的混合物组成的数据库。

建库的方法或混合物的合成方法通常有以下两种。

（1）单个化合物的平行合成　经过一系列的连接步骤合成化合物，这种平行连接法能够合成不同系列的单一化合物，即传统的有机合成。

（2）组合混合物的组合合成　该方法随着合成步骤的增加，化合物的数量呈指数递增，这种方法就是真正意义上的组合化学。

组合化学法在实际操作上又分为以下三种，下面分别简介。

（1）组分混合法　该方法是建立在Merrifield的固相合成法基础上，其合成过程是以下三个简单步骤的重复：

①将固相载体分成相等的几份；

②将上步的每一份载体分别与一个不同的氨基酸连接；

③均匀地混合所有的组分。

例如，将载体分为3份，经过一次循环后，得到3个化合物；第二次循环后，得到9个组分；经过3次循环后，得到27个组分。因此，根据这种方法，将载体分为N份，经M次循环后，得到化合物的数量将为N^M个。

（2）平行合成法　平行合成法有几种不同的形式：多头法、茶袋法、点滴法等，各种方法各有其优缺点。该方法也主要应用于一系列关联化合物的同时制备。

所谓多头法，就是在配备有多孔反应板的装置中，每个孔位配有与之匹配的聚苯乙烯头，首先将第一个氨基酸连接在聚苯乙烯头上，而空穴放入保护好的氨基酸和耦合剂。合上面板后，反应一定时间，得到二肽。经过洗涤、脱除氨基酸的保护基、洗涤，再重复上述操作。肽的连接顺序取决于加到空穴中的氨基酸顺序。最后聚苯乙烯上的肽无须剥离即可进行生物活性测试。

（3）固相合成法或自动化合成法　所谓固相合成法与组分混合法类似，只不过无须将含有反应起始物的载体分为几等份，而是直接将所要合成的目标化合物中的合成单元一个一个地连接上去，这种方法在多肽、寡核苷酸合成中应用最多。在计算机控制下，设定反应时间、洗涤时间、脱除保护基时间等，可以实现“自动化合成”。其方法过程如下。

首先将要合成的目标分子链中的第一个单元连接在玻璃或其他载体上，然后将其装入反应器中，将要连接的第二个单元化合物的溶液流经反应器，使之反应，一定时间后，通入洗涤液，再通入脱保护溶液，去掉氨基酸或核苷酸上下个连接点上的保护基，再通入洗涤液进行洗涤；将第三个单元化合物的溶液流经反应器；重复以上操作，即可完成目标化合物的合成。将产物从载体上剥离下来，经离子交换树脂分离，具体流程见图8-11。

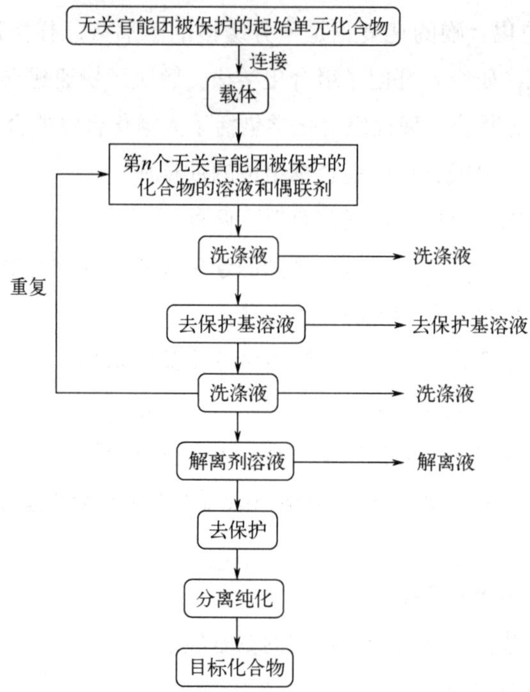

图 8-11 寡核苷酸或多肽固相合成流程图

8.5.3 药物高通量筛选

采用组合化学或其他合成技术，加快了化合物的合成速度，以及已经存在的庞大化合物库，使得样品活性筛选的速度和规模成为药物研发过程的一个瓶颈，因此，采用高通量药物筛选就显得非常重要。

药物高通量筛选技术是在分子水平或细胞水平的实验方法基础上，以微孔板作为实验工具载体，以自动化操作系统执行实验过程，以灵敏、快速的检测仪器采集实验数据，再以计算机进行数据分析处理，在同一时间对大量化合物进行活性检测。

如果用常规筛选技术，那么一个实验室在一年内仅能筛选 75000 个化合物。随着生物学的进展，克隆技术的应用可以获得数量足够的酶等靶点，同时大规模细胞培养技术的建立，为药物高通量筛选创造了条件。到 1997 年高通量筛选发展到可以采用 100 多个靶位，每年的筛选量达到一百万个化合物；发展到 1999 年，每天就可以筛选十万个化合物。目前使用的主要有单孔、8 孔、16 孔、96 孔、384 孔，甚至可以使用 1536 孔板进行测定。

对于如此迅速的筛选速度，化合物库的数量和质量是十分关键的。随着靶位的增加，采用高通量筛选技术可以对已有化合物进行体外随机筛选，一方面有可能发现新的药物，另一方面还可以发现先导化合物。采用高通量筛选技术，活性检测技术是非常关键的技术。针对高通量筛选的特点，一种理想的检测技术应该具有以下特点：高通量，原位直接检测，检测成本低，靶点无须标记，精确反映筛选结果，适合于各种受体、酶、离子通道等多种模型。满足这些要求的检测方法包括光学分析、色谱分析、热分析、电化学分析、质谱分析、核磁共振分析等，以及这些检测方法的结合。

例如，依达拉奉是一种染料中间体，早在 20 世纪 50 年代就已被合成，但其 1991 年才作为自由基清除剂用于脑卒中治疗，这得益于对已知化合物的再筛选。

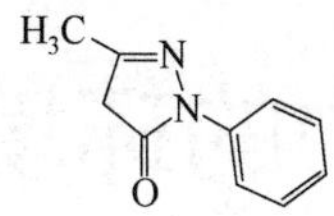

拓展阅读 8-2

药物高通量筛选技术主要包括化合物样品库、自动化操作系统、高灵敏度检测技术、高效率数据处理系统和特异性药物筛选技术。

参考文献

[1] 徐文方. 药物设计学[M]. 北京：人民卫生出版社, 2011.

[2] 徐文方. 新药设计原理与方法[M]. 北京：中国医药科技出版社, 1997.

[3] 张礼和. 以核酸为作用靶的药物研究[M]. 北京：科学出版社, 1997.

[4] C. 马丁. 抗艾滋病病毒类合成药物[M]. 叶挺镐，等译. 北京：科学技术文献出版社, 1992.

[5] 郑虎. 药物化学[M]. 北京：人民卫生出版社, 2006.

[6] 杨波，黄泰康. 世界新药发展趋势[J]. 中国药物经济学, 2009, (1): 44-48.

[7] 陈玲，邹栩，黄文龙. 2011 年 FDA 批准上市新药及全球新药研究最新进展[J]. 中国新药杂志, 2011, 20(23): 2286-2299.

[8] 史菁菁，葛渊源，封宇飞，等. 2010 年美国 FDA 批准的新药[J]. 中国新药杂志, 2011, 20(3): 197-199.

思考题

8-1. 新药申报资料包括哪几大类？中药新药申报还需额外提交哪些特殊资料？

8-2. 什么是前药原理？它在新药研究中有哪些应用？

8-3. 为什么基于生物电子等排体原理的新药设计成功率较高？

8-4. 如何快速建立一类化合物库？

8-5. 可以通过哪些途径来开发新药？

8-6. 新药临床前药学研究内容的技术要求有哪些？

8-7. 什么是先导化合物设计和最佳化合物设计？两者之间具有怎样的关系？

8-8. 有人认为申报新药的研发物质基础越明确越好（例如单体成分），你认为如何？

第 9 章

制药工业中的环境、健康与安全

9.1 概　　述

9.1.1 环境、健康与安全（EHS）的起源与发展

20 世纪 90 年代前后，一些跨国公司和大型的现代化联合企业为强化自己的社会关注力和控制损失的需要，基于“以人为本”的理念，结合工业安全与环境，开始建立自律性的职业健康安全与环境保护的管理制度，并逐步发展形成了比较完善的管理体系。EHS 管理体系是环境（environment）、健康（health）和安全（safety）三个英文单词大写首字母的缩写，是环境管理体系（EMS）和职业健康安全管理体系（OHSMS）的整合。企业的 EHS 管理方针是企业对其全部环境、职业健康安全行为的原则与意图的声明，体现了其在全部环境、职业健康安全保护方面的总方向和基本承诺，是总的指导方向和行动原则，也反映企业最高管理者对全部环境、职业健康安全行为的总承诺。一个积极的、切实可行的 EHS 管理方针，可确定企业在 EHS 管理方面总的指导方向和行动准则，为建立更加具体的 EHS 管理体系目标指标提供一个总体框架。

随着全球经济一体化加速发展及信息技术革命，企业发展 EHS 管理体系已成为世界性的潮流与主题。建立和持续改进 EHS 管理体系已成为现代企业管理趋势，该体系充分体现了“以人为本”的核心管理思想。EHS 事件通常是因技术或/和人为因素造成，人为因素占 80% 以上，有些错误或事故是人为故意或重大过失所致。事故的发生，对员工健康、家庭甚至生命造成不可逆的伤害，同时也给企业自身利益带来诸如经济受损、员工士气低落、客户或订单流失、形象受损等一系列不良影响。世界上许多大公司在 EHS 管理上推行“以人为本”的管理模式，大大降低了人为因素所致的 EHS 事故，从而保证安全生产及人类环境。

目前，EHS 体系审核已向标准化迈进，世界各国的环境立法更加系统，环境标准也更加严格。在制药工业中，跨国大型制药企业的供应商通常优先进行 EHS 审计，且审计结果具有先决性意义。我国于 2000 年前后率先由石油石化企业引入 EHS 管理体系并践行。一些大型制药企业，尤其是具有国际视野的大型制药企业亦不断跟进，中国医药企业管理协会 EHS 专

委会分别于 2016 年、2020 年、2025 年发布了《中国制药工业 EHS 指南》，用于指导中国医药企业 EHS 设计、建设及管理；一些地方政府（如成都市）则起草颁布了《医药化工企业安全管理规范》等地方标准性文件，以规范属地医药化工企业（含医药中间体及农药生产企业）安全管理工作，取得了积极成效。随着社会的进步和人类认知的不断提高，国家、社会和人民对职业健康、安全与环境提出了更高的要求，产品质量、节约资源、保护环境、保障劳动者安全健康既是企业可持续发展的战略需要，也是全人类的共同目标。我国亦出台了系列有关 EHS 方面的法律法规，加之制药企业国际化发展需求，环境、健康与安全（EHS）在制药工业中显得愈发重要，拥有一个良好的 EHS 设计、建设及管理体系，已成为制药工业企业的普遍共识。

9.1.2 EHS 管理的作用

EHS 管理应分阶段设计及实施，通常分为研发、项目建设及生产运作管理等阶段。企业应建立 EHS 变更管理制度，明确部门和人员职责、变更范围等，至少包括变更管理要求、变更类型、变更等级、变更控制程序等内容。变更前应对变更过程及变更后可能产生的风险进行分析评估，制订控制措施，履行必要的备案或审批及验收程序，并告知和培训相关从业人员。

研发阶段的 EHS 管理主要是为产品 EHS 管理做设计，主要是从路线设计、物料选择、工艺操作优化、降低物耗及溶剂回收利用等方面进行研究，为产品以后的 EHS 管理打下坚实基础。新增研发品种，企业应对其 EHS 控制与管理进行评估，对企业现有 EHS 系统的适应性和有效性进行分析确认，并自行对研发新品种的 EHS 控制指标进行检测或监测。

项目建设阶段的 EHS 管理主要是根据研发阶段的 EHS 研究成果，结合企业 EHS 管理需求进行设计与施工。其 EHS 设施应与主体工程同时设计、同时施工、同时投入使用（简称“三同时”），严格按照相关安全、职业卫生、环保、消防等规范和标准组织设计、施工、验收等工作，此阶段的 EHS 管理是企业运作管理阶段 EHS 管理的前提条件。企业应按要求对项目分别做 EHS 预评价，审核通过后需向当地 EHS 主管部门备案后方可实施；评价等级为重大或严重的还须按要求分别做 EHS 设计专篇，经审核通过后按设计方案施工建设；建设完成后，应组织验收（评价等级为重大或严重的还需编制试生产方案并经审核同意后，再组织验收），验收合格后方可投入使用。

生产运作管理阶段的 EHS 管理是按照国家相关法律法规要求，结合企业自身的 EHS 管理目标，建立相应的 EHS 管理制度及规程并实施，此阶段是前两个阶段的结果体现。此阶段的 EHS 管理通常包含 EHS 日常管理、应急管理（组织架构、预案与演练）、风险源识别和评估及其控制、EHS 设施及控制措施符合性审核与再评价及其控制、EHS 变更管理等。

9.2 环境保护管理

制药工业因其生产特点，存在较严重的“三废”治理难题：生产过程中产生废渣量大，且含有生物毒性危险废物；恶臭物质、VOCs（挥发性有机物）种类较多、浓度高；废水排放点多，间歇排放，废水总量大且波动大，酸碱度及温度变化大，污染物成分复杂、浓度波动大，盐含量高、色度高，难生物降解。

9.2.1 废水管理

9.2.1.1 废水来源

根据原环境保护部2008年颁布的26号令，我国制药工业废水主要包括发酵类、化学合成类、提取类、中药类、生物工程类及混装制剂类六大类，包括生产废水（如冷却、浓缩、真空等辅助过程排水、设施设备冲洗水等）和工艺废水。其中，生产废水约占总排废水的90%，工艺废水占约10%，但工艺废水的化学需氧量（COD）贡献大，另外制药工业废水还具有废水量及污染物种类冲击大等特点。

最典型的制药工业废水主要为发酵类及化学合成类废水。其中，发酵类制药废水主要特点为：排水点多、间歇排放、废水量波动大、酸碱度及温度变化大、污染物种类多、成分复杂、污染物浓度波动大、含氮量高（主要为有机氮和氨气及其盐）、BOD（生化需氧量）/COD比值低、可生化性差、硫酸盐含量高、色度高，废水中含微生物难降解或抑制降解作用的物质等。化学合成类废水产生量相对较少，污染物浓度高，难降解。主要特点为：含盐量高、酸碱度变化大、成分复杂、BOD/COD比值低、可生化性差、色度高、微生物营养不足、常具有生物毒性；在多品种交替间歇生产模式下，其废水污染物种类、污染物浓度及产废水量等冲击大。

9.2.1.2 废水减量

废水减量分为总量减排和污染物减排两种。总量减排主要通过节约用水，合理用水，控制生产操作度，废水循环利用，淘汰高耗能、高耗水等落后工艺和设备等方式实现；污染物减排主要通过提高成品转化率，回收使用有机溶剂，使用无毒/无害或低毒/低害的原辅料，减少有毒/有害原辅料的使用及其用量，采用先进、高效的生产工艺和设备，淘汰高污染、低效率的落后工艺和设备等方式实现。

9.2.1.3 废水输送

企业应根据废水来源、特性、数量、排放规律、处置方式等，设计废水收集及输送系统，至少应设置雨污分流、清污分流，有条件的宜设置闭路循环、重复利用或“一水多用”等设施。

企业应根据废水污染物浓度高低，是否含盐、重金属及高生物活性物质情况，经明管/沟分类收集至废水收集池，经分类预处理，再通过高架管路或明管输送至污水处理站处理达标排放。废水收集池及地下输送管网/沟渠，须采取防渗漏和防腐蚀措施，以防在收集及输送过程中泄漏/渗漏。废水收集池多采用池中罐或池中池的方式建设。

厂区、库房及污水处理站等应设置足够容积的应急事故池，日常保持清空，以备紧急情况时使用。厂区雨水排放口应设置带自动控制的三通阀及雨水收集池，三通阀日常开向雨水收集池，收集厂区初期 15min 的雨水及事故污水，并经泵输送至厂区应急事故池暂存；厂区较大时，可在雨水收集管网末端设置雨水应急排放口，用于雨势过大时的雨水应急排放。

9.2.1.4　废水预处理

企业应根据废水成分分类收集、分类预处理。通常在进入污水处理系统前，含高盐废水须进行除盐处理（如蒸发浓缩结晶法、焚烧结晶法等）；含高生物活性物质废水须灭活处理（如强酸强碱水解灭活、氧化灭活、焚烧灭活等）；含重金属废水须降低重金属含量（如物理絮凝沉淀法、化学絮凝沉淀法、电解法等）；含难生化降解或抑制物质的高浓度废水须采用高级氧化预处理方式或其他降低抑制物浓度的方法（如电解、芬顿氧化、臭氧氧化等）。

当废水污染成分复杂时，常采用多种预处理方法如电解+芬顿氧化（或+臭氧氧化）等方式进行预处理。若废水可燃污染物浓度较高，则使用分类燃烧法进行终极处理，并循环利用燃烧产生的结晶盐和冷凝水，比较经济合算。

9.2.1.5　废水处理

企业应根据废水水质、水量及其变化幅度、排水要求等特点设计废水处理设施，优化处理工艺和流程，采用合理的、有针对性的废水处理手段，减少污染物排放。预处理后的高浓度废水，建议采用厌氧生化（或水解酸化）处理（以有效降解难降解的有机物，提高废水的可生化性）后，与低浓度废水混合调节，再进行好氧生化处理及深度处理。污水处理所产生的油泥、浮渣和剩余活性污泥等应按要求处理或处置。

典型的废水治理原则工艺流程如下：

废水分类收集→分类预处理→酸碱调节→厌氧生化（或水解酸化）处理→高、低浓度调节→好氧生化处理→沉淀→深度处理→排水。

废水治理的厌氧生化（或水解酸化）处理阶段会产生硫化氢及甲烷（沼气）等挥发性有机物（VOCs）及恶臭气体，是整个废水治理流程中主要的恶臭产生环节，应有防止中毒的特别措施。同时，根据大气防治要求，这部分装置或设施需要设置集气设施设备，将产生的硫化氢及其他易燃易爆 VOCs 收集，经生物法、等离子法、光氧化催化、燃烧等方法除臭降解处理后，达标排放。

企业应配备一定数量的操作及管理人员，操作规程、日常管理、监测等规章制度应公示；处理工艺流程各单元应配置相应的监测检测设备，监测检测应记录并妥善保存。

9.2.1.6　废水排放

废水排放须按照环境影响评价报告批复、排污许可证、排水许可证等许可要求排放。化学合成类废水须排入污水集中处理系统，其水质应符合与城市综合污水处理厂或园区污水处理站签订的接纳协议要求。排入地表水体时，其水质须符合国家、行业和地方相关污水污染物排放标准。企业循环再利用废水须符合相关废水再生利用系列标准规定的使用水质标准。年排放污水量和主要污染物排放量应符合国家环保部门批准的总量控制指标。

企业应按照环评批复要求设置污水排放口和雨水排放口。排放口应符合相关规范要求，并设置标志牌和相关监控设施。应根据要求安装 COD 等主要污染物在线监测装置，并与环保行政主管部门的污染监控系统联网。

9.2.2 废气管理

9.2.2.1 废气来源

制药工业废气主要包括反应、提取、浓缩、纯化、精制、干燥、包装、污水处理等生产环节所产生的废气，通常含大量 VOCs 和物料粉尘等（有组织排放或无组织排放），这些废气因成分复杂，通常散发出恶臭；尾气，通常为净化装置排放的经处理的如二氧化碳、硫化氢、氮氧化物等无机废气（有组织排放）；烟气，通常为焚烧装置排放的废气（有组织排放）。

9.2.2.2 废气减量

废气减量常通过如下措施实现：

①工艺改进与革新，使用无毒/低毒的原辅料，减少有毒、有害废气及 VOCs 排放；

②生产尾气如有毒有害气体、粉尘、VOCs 等应密闭操作，避免开放式操作；

③开放操作（如收料、放料等操作）或开口部位（如反应釜投料口、热风循环干燥设备出风口、真空泵排风口、储罐呼吸器等）应设置集气罩，以减少无组织排放；

④投料操作宜采用泵送、压料或重力流加上料，以减少 VOCs 及粉尘的无组织排放；

⑤使用真空上料或干燥的，应在真空管路上增加冷凝装置，以减少有机溶剂的排放；

⑥易挥发物质贮存设施，应有防止挥发物质逸出的措施；

⑦尽量采用电、天然气、轻质柴油等清洁燃料，减少燃煤与焚烧产生的烟气排放。

9.2.2.3 废气处理及合格排放

企业应综合分析废气的产生量、组分和性质、温度、压力等因素选择废气治理工艺。

生产车间应优选冷凝、吸附、吸收等工艺进行有机溶剂废气回收，不能回收的应采用燃烧、氧化降解等方式处理；粉碎、混合、干燥、包装等工序应在高效除尘器捕集粉尘后，再进行废气处理；生产车间、污水处理站、动物房等应设置集气除臭设施，经生物法、等离子法、光氧化催化或燃烧等除臭处理后，达标排放；高毒、高致敏、高活性物质的区域，应设置独立的通风系统和带灭活功能的废气处理装置，并对废气进行灭活处理后排放。废气处理设施的处理效果应有效监测，专人操作管理，做好运行和维护保养及记录，并妥善保存。

废气处理合格后的排放，必须符合环境影响评价报告批复、排污许可证的要求，废气排放浓度应符合国家、行业和地方废气污染物排放标准。废气污染物排放总量应符合环保部门控制指标。

废气处理系统排气筒的高度应满足环境影响评价报告批复要求。排气筒应按照相关标准设置监测采样口，安装与环保管理部门联网在线监测设施以及设置相关标志牌和环境保护图形标志。

9.2.3　废渣管理

9.2.3.1　固废来源

固废分为一般固废和危险固废两种。一般固废主要包含生活及办公垃圾、一般废旧包装材料、煤渣、中药药渣、营养性菌渣、一般污泥等。危险固废主要包含高浓度釜残、发酵菌丝废渣、发酵菌渣、报废药品、报废固体化学试剂、过期固体原辅料、废吸附剂、废催化剂、废活性炭、危险污泥、沾染危险化学品的废包装材料、废滤芯（膜）、废实验材料等。

9.2.3.2　固废减量及存放

固废治理应遵循“分类收集、分类治理、循环利用、资源化”的原则。固体废弃物应按其性质和特点进行分类收集、分类处理，能回收及综合利用的则回收循环使用，无回收利用价值的则无害化堆置或焚烧等无害化处理，不得以任何方式排入自然水体或任意抛弃。

固废的装卸、转运、存放应有防止污染环境的措施。输送含水量大的废渣和高浓度釜残时，应用坚固容器密闭储运；有毒有害废渣及易扬尘废渣的装卸和运输，则应密闭和增湿以防污染和中毒。固废（临时）堆场应有防雨、防水、防渗漏及防扬散等措施，必要时应设置堆场雨水、渗出液的收集处理和采样监测设施设备。固废包装应按规定贴好环保专用标签。一般固废和危险废物应分开储存。固废堆场应按规定设标志牌和环境保护图形标志。

9.2.3.3　固废处理

生活、办公垃圾应委托有资质的市容环境卫生管理部门处理；一般废旧包装材料、煤渣、中药药渣、一般污泥等一般固废应委托正规公司处理，并签订委托处理合同。

危险固废应委托持有有效《危险废物经营许可证》的处置单位处理，易燃易爆、遇水反应、剧毒、遇空气自燃、腐蚀性、强氧化性等危险废物应先预处理，再交有资质的处理单位处理。委托处理合同等资料应到地方环保部门备案，变更亦需及时变更备案。

发酵菌渣应根据菌渣的危害情况分析，采取不同处理方式。氨基酸类等营养型发酵菌渣可按一般固废处理，可做成饲料或肥料利用。含有危险化学品的发酵菌渣，有回收利用价值的，可经回收提取有用成分后，再经无害化处理做成肥料使用；无回收价值的，则按危险固废处理，交由有资质的处置单位进行无害化堆置或焚烧等无害化处理。

危险废物的运输单位要有危险货物运输资质，使用危险货物专用运输车辆，驾驶员和押运员要持证上岗。涉及生物安全风险的固废须无害化处置。

此外，还有噪声及其控制管理，详见 9.4.3。

9.2.4　其他环境保护管理

9.2.4.1　土壤与地下水保护

所有含化学品的液态物料（包括废水、废液、液态化学品等）储存均应设置足够容量的围堰防止泄漏，并有防腐及防渗漏处理，以保护土壤和地下水。

企业须设定土壤与地下水状况的监测频率，并监测。改变土地用途时，需按要求开展土壤及地下水污染调查和风险评估及其风险控制。

9.2.4.2 环境中的药物残留

企业应定期对药物残留对生态环境的影响进行检测与评估，给出消除或控制不利影响的措施，并加以控制。检测与评估可委托具有资质的第三方完成。

9.2.4.3 消耗臭氧层物质（ODS）

消耗臭氧层物质（ODS）主要为一类卤代烃，当它们被释放并进入大气平流层后，受到紫外线照射，分解出卤素自由基，并快速与臭氧层发生连锁反应，从而破坏臭氧层。企业在购买制冷设备、灭火器/剂、农药、药物喷雾剂时，尽可能选择对臭氧层破坏程度与温室效应影响小的相关产品，禁购 ODS 作制冷剂/灭火剂的制冷设备/灭火器（如哈龙灭火器）。

9.2.4.4 致癌、致突变或生殖毒性的物质（CMR）

企业应建立 CMR 控制程序和清单，建立化学品安全技术说明书（SDS）。产品（特别是中药产品）中含有 CMR 的，应进行风险评估及控制（使用替代品、禁购含石棉及多氯联苯的设备等），在 SDS 中明确风险和控制剂量，确保 CMR 物质暴露程度控制在安全范围。

9.2.4.5 持续性、生物累积性和毒性的物质（PBT）

企业应进行风险评估，明确 PBT 的安全使用，并使其对人类健康和环境造成的风险得到充分控制，排放控制到最小。

9.2.4.6 能源管理

企业应严格执行国家、地方和行业制定的产品能耗限额标准；对没有能耗限额的产品，自行制定主要产品能耗限额标准；建立主要耗能设备档案（包括设备名称、型号、能耗及效率设计指标、年度实际运行指标、检修情况和存在的问题等）；建立内部能源计量管理和审计制度，对能源生产、转换和消费进行全面计量、检查、监督；定期开展用能评价，积极开展节能工程和节能技改项目。

9.3 安全管理与控制

9.3.1 工业安全

工业安全管理系统是基于风险管理，对设计（产品设计、工艺设计、工程设计等）、研发、项目建设、采购、生产、储藏、运输和使用等全过程、全因素（人、机、料、法、环等）进行安全风险评估与控制而建立的管理系统。主要关注点有：物料与工艺安全信息、机械完整性与安全操作、工业危害分析[包含产品安全信息、工艺危害分析、操作程序与培训、作业人员技能与健康、作业安全、环境影响、变更控制与管理、应急预案与应急反应、事故/事件管理、承包商管理、投产前安全检查（PSSR）、符合性审核等]。

9.3.1.1　物料与工艺安全信息管理

企业应在产品研发、中试放大、试生产和规模生产等不同阶段收集、整理和维护书面的物料与工艺安全信息（包括工厂所有原辅料、中间品、成品、废品的危害信息，工艺技术以及设备信息等），为辨识、掌握工艺系统中存在的危害提供必要的基础信息。

物料危害信息主要包括：物料毒性、允许暴露限值（PEL）、物理参数、反应特性、腐蚀性数据（腐蚀性以及材质的不相容性）、热稳定性和化学稳定性、泄漏化学品的处置方法等。

工艺技术信息主要包括：工艺流程图、化学反应机制、设计物料最大储存量、安全操作范围（温度、压力、流量、液位、组分等）、偏离正常工况后果的评估；工艺设备信息主要包括：材质、工艺控制流程图（PID 图）、电气设备危险等级区域划分图、泄压系统设计、安全系统（如联锁、监测和抑制系统等）。

企业应建立物料与工艺安全信息资料档案及清单，变更应当及时进行风险评估，并更新。

9.3.1.2　机械完整性与安全操作管理

企业应建立机械完整性管理程序，采取技术改进和规范管理相结合的方式来确保关键性设备在生命周期内处于完好状态。机械完整性与安全操作管理涵盖设备设计、安装、安全使用、维护、修理、检验与测试、变更、报废等各个环节，主要内容包括设备分级、清单、技术档案、安全操作规程或安全使用说明书、备品备件与定额、检验和测试、预防性维修维护、缺陷、变更、维修维护记录档案、停用及重新启用、报废与拆除等管理。

9.3.1.3　工业危害分析管理

为消除和减少工业过程中的危害，防止工业安全事故，企业应建立风险辨识管理程序，定期开展危害风险评估，明确工业危害分析方法、评估周期和人员，编制评估报告，并根据评估结果提出改进建议。企业应根据项目工业危害特性，尤其是国家公布的 18 种危险化工工艺目录及要求，在工艺研发、生产线设计及建设、采购、生产、储藏、运输和运行使用等不同阶段进行工业危害风险辨识和评估，并根据评估结果进行风险控制；当发生变更、作业事故和严重未遂事件时，应及时分析，并做预防控制；至少每三年更新一次工业危害分析。

9.3.1.4　危险化学品管理（主要安全危险因素）

制药工业具有化学工业的一般特征，其生产过程中存储、使用的化学品是其主要的安全危险因素。

（1）危险化学品　危险化学品是指具有毒害、腐蚀、爆炸、燃烧、助燃等性质，对人体、设施、环境具有危害的有毒化学品和其他化学品。制药企业在生产过程中存储与使用危险化学品须严格遵守相关法律法规、标准和规范，防止发生事故；其仓库的火灾危险性类别、防火分区、面积、防火等级、允许层数、安全疏散、库间距及仓库与其他建筑的防火间距需符合国家有关要求。易制毒、剧毒、易制爆化学品等专用仓库应严密、坚固、通风、干燥，设置防火、防爆、防潮、防盗、防泄漏等安全设施，并配置相应的应急物资和器材。

化学品安全技术说明书（SDS）　企业应有专（兼）职人员，负责收集、编制、发放、更新 SDS 的工作。应建立化学品及其对应的 SDS 清单，并按要求对每一种危险化学品进行分类；作业现场应当存放 SDS，以便现场人员了解该化学品的危害性质、防范措施和应急措施等；企业无法完成自产化学药品/中间体等 SDS 编制工作的，可咨询或委托专业机构编制，获取相关安全健康信息，如半数致死量、职业接触限值等数据；建立化学品相容性及禁忌矩阵，规范化学品的使用和存储；应按规定在化工管道上标明物料信息和包装容器上标注危险警告信息等；至少每五年需对所有化学品 SDS 进行审核和更新。

拓展阅读 9-1

重大危险源管理　企业应根据 GB 18218—2018 的规定，对涉及危险化学品重大危险源进行辨识与风险评估，确定重大危险源等级，并对辨识确认的重大危险源及时、逐项登记入档，并按规定完成备案工作；根据评估结果进行安全控制，建立完善重大危险源安全管理制度和安全规程。

危险物质运输安全管理　企业应根据当地法律和国际规则中有关危险物质运输管理的要求制订危险物质运输安全管理程序。运输危险物质的种类、数量和方式等均应符合国家运输安全标准要求；危险物质运输单位资质和车辆应符合国家相关要求；参与运输危险物质的装卸人员、驾驶员、押运员应经过培训，参与剧毒、易制爆化学品运输的装卸、驾驶和押运等作业人员须持证上岗，能正确执行发运程序和紧急状况处理等。

（2）易制毒化学品管理　国家对易制毒化学品的生产、经营、购买、运输和进口、出口实行分类管理和许可/申报/备案制度。企业应根据国家发布的《易制毒化学品的分类和品种目录》制订本企业的易制毒化学品清单，制订安全管理制度，从采购、运输、储存、转运和使用各环节进行管控；采购易制毒化学品，应向当地公安部门备案；严禁擅自、非法处置易制毒化学品及废弃物，防止流失及被盗事件发生。应建专库用于储藏第一类易制毒化学品，建立其领用审批制度和溯源台账等。

（3）剧毒、易制爆化学品管理　国家对剧毒、易制爆化学品的生产、经营、购买、运输和进口、出口实行分类管理和许可/申报/备案制度。企业应根据国家发布的《危险化学品名录》《易制爆危险化学品目录》制订本企业的剧毒、易制爆化学品清单，制订安全管理制度，从采购、运输、贮存、分发、转运、使用或处理等各环节进行严格管控。购买和使用剧毒、易制爆化学品应向当地公安部门申报、取得许可，并到持有相应经营许可证的单位购买。企业应建剧毒、易制爆化学品专库，仓库硬件设施条件和安全管理应符合 GA 1002—2012、GA 1511—2018 的要求；建立领用审批制度和溯源台账。

剧毒品、易制毒化学品和易制爆化学品的运输、储藏、分发、转运、使用或处理等环节应严格执行“五双制度”（双人运输、双人收发、双人管理、双锁、双人使用）。

9.3.2　作业安全

9.3.2.1　EHS 标识

作业现场应按要求设置 EHS 标识，标识设置应符合 GB 2894—2008《安全标志及其使用导则》、GB 2893—2008《安全色》等标准规范要求。标识应设在最易看见的地方，且具有足够的尺寸，与背景色对比明显。

9.3.2.2　作业许可证管理

企业应建立作业许可证管理制度，明确工作程序和标准，对高风险作业进行控制。许可作业主要包括：动火、登高、起重吊装、受限空间作业、盲板抽堵、动土、设备检维修安全作业、临时用电、断路。发放的许可证（或副本）须张贴在工作场所。严禁无证进行特殊危险作业。

9.3.2.3　实验室安全

实验室应制订详细、可操作的安全管理制度，责任到人，做到防火、防爆、防毒、防盗。通常应当包括如下内容:

①电气设备应符合防爆要求，仪器/设备和操作台等应接地，采取惰性气体保护、人体静电导除装置等防静电措施；

②保持实验室内空气流通，现场张贴安全标识；

③实验时应穿戴好工作服、护目镜等个人防护用品；

④熟悉所使用的化学反应和试剂的危险特性及其安全操作程序；初始实验反应时，应从最小量开始；

⑤会正确操作气体钢瓶，能辨识各种气体钢瓶的颜色和熟悉各种气体的性质；

⑥应在通风橱内进行易散发有害物质的加热及易产生恶臭和污染环境的实验操作；

⑦严禁实验人员在加热、加压、蒸馏等操作时离开现场，确需暂时离开时，应中止实验或委托他人照看；

⑧严禁使用无标签试剂试药，并严格履行试剂试药领用登记审批手续；

⑨在冰箱中存放可燃易燃挥发性有机溶剂的应当符合防爆要求；

⑩不得敞口存放试剂试药，不相容试剂（如氧化剂与还原剂、酸碱等）须分库存放，液体试剂存放必须有二级防泄漏措施；

⑪实验室内不宜贮存大量危险物品，禁止存放剧毒试剂试药；

⑫实验废液应按化学性质分类收集存放，严禁倒入下水道；

⑬应制订危险实验的防护措施及其应急处理办法，应编制实验室事故应急处理程序或预案，并定期组织演练。

拓展阅读 9-2

9.3.3　防火防爆及消防管理

企业生产、储存和使用易燃易爆化学物品的建筑场所须符合 GB 50016—2014《建筑设计防火规范》要求，安装防雷保护设施，并定期检测。易产生静电的生产设备与装置须设置静电导除设施，并定期检测。须按规定设置消防设施，定期保养、校验和检测。

企业应建立消防管理组织和制度，定期开展消防安全知识培训和考核，按制订的应急预案组织应急疏散演练，开展日常防火巡检和定期检测维护消防设施等；消防控制（值班）人员应经国家消防管理部门培训并取得职业资格证书后，方可上岗（且 24h 在岗）。

9.3.3.1 建筑设计防火防爆

企业新建项目中有关防火防爆设施的设计、施工须满足国家消防技术标准要求，应做到与主体工程“三同时”（同时设计、同时施工、同时投产使用），建成后经消防验收合格，方可投入使用。消防设施变更须重新做消防设计、审核和消防验收。

企业应根据火灾危险性差异，从防火间距、建筑耐火等级、容许层数、防爆墙与防爆门斗的设置、泄爆墙的设置、报警灭火系统等方面采取相应防范措施。

9.3.3.2 电气防火防爆

火灾爆炸危险环境的电气设备须符合国家防爆电气相关标准。一般根据爆炸危险场所的分区及爆炸性物质的火灾类别选用相应的电气防爆类型和等级。

9.3.3.3 防雷防静电

企业应当严格遵守《建筑物防雷设计规范》（GB 50057—2010）要求安装雷电防御装置，并与主体工程“三同时”，每年应检测一次，易燃易爆场所的应每半年检测一次。企业应制订雷电灾害应急救援预案，建立应急抢救组织或者指定兼职的应急抢救人员，落实应急抢救责任。易燃易爆化学品场所应有减少静电产生和积聚的措施，同时应有针对性控制不同形式的静电释放措施。

9.3.3.4 粉尘防爆及惰化处理

企业应委托有资质的单位鉴定生产过程中的粉尘是否为可燃性、可爆性粉尘，并根据粉尘的燃爆特性，采取控制措施，减小粉尘爆炸带来的破坏。

惰化处理是指将惰性气体注入可燃混合气体中，使氧气浓度降低至极限氧浓度（LOC）以下的过程。惰化控制系统常采用在线氧气分析仪监测氧气浓度。

9.3.4 其他安全控制

企业应根据特种设备管理相关法律法规，制订特种设备及操作人员管理制度，建立特种设备安全技术档案（包括设计文件、制造单位、产品质量、合格证明、使用维护说明以及安装技术文件等的资料），作业人员须持证上岗；特种设备的日常使用及维护、保养、校验应记录，发现异常应报告。应在安全检验合格有效期满前 1 个月向特种设备检验检测机构提出检验。

此外，企业安全装置和安全设施应建立清单，并定期检查、检测及维护保养和校验，定期评估其可靠性并加以整改。

9.4 职业健康

9.4.1 职业风险评估、危害因素检测及分级管理

9.4.1.1 职业风险评估

企业必须建立完善的职业健康风险评估系统，识别出生产经营活动中的职业危害因素，

进行风险评估并形成书面记录，采取控制措施将风险控制在可接受范围。每三年需对现有职业健康控制措施、历史的评价结果、检测、监测资料等进行再评价。

9.4.1.2 职业危害因素检测

企业须建立工作场所职业病危害因素监测评价制度，落实专人负责其日常监测，定期（每年至少一次）对工作场所进行职业病危害因素检测，检测结果须存入员工职业卫生档案，并告知员工和报告管理部门。

企业在开展职业危害因素检测时应选取承受最高暴露风险的员工，并按相关原则选取样本；应定点检测和个体采样以检测空气中的危害因子，取样时段应考虑短时容许浓度和加权容许浓度的数据获取；企业应据检测结果制订合适的检测周期，超限项目至少每月检测一次。

9.4.1.3 原料药及其活性中间体职业暴露分级管理

企业应根据药物或中间体的职业接触限值（OEL）采用药物职业暴露分级（OEB）管理制度。

拓展阅读 9-3

控制措施必须经验证后投运，验证常以乳糖为替代物进行模拟操作，采样检测，并开展风险评估，以确认控制措施的有效性。

建立员工呼吸防护用品选择、使用、维护保养的培训和职业健康监护等信息的档案；首次使用应做密封性测试，以后每年至少做一次，并做好记录。

9.4.2 职业卫生工程控制及劳动保护用品

9.4.2.1 职业卫生工程控制

对于职业健康评价等级为严重职业健康危害的企业，应根据相关工业卫生设计指南，结合药品生产特点，在工程设计阶段，须做职业健康设施设备设计专篇。设计专篇通常需考虑如下主要方面：

①《药品生产质量管理规范》（GMP）有关人流、物流、更衣、生产、清洗、沐浴等方面的要求；②降低有毒、有害物料的使用量，操作区应安装有效的通风或隔离装置；③生产区应配置通风空调系统（HVAC），高毒/高活性产品室内空气经高效颗粒空气（HEPA）过滤器过滤灭活后排放；④产尘工作区须设置直排通风系统及防尘装置，并经布袋收集除尘，使用封闭式系统转移物料；⑤合理规划工艺路线，避免交叉污染带来的职业卫生隐患，特别是高活性药物，尤其注意人、物流通道暴露浓度的变化所带来的隐患及需要采取的洗消措施等；⑥采用个人防护用品（PPE）控制职业危害的，宜分别设置出入口，出口设置应有洗消设施，更换的被污染的操作服和 PPE 应密闭收集和处理；⑦清洁时，应使用带有 HEPA 过滤器的真空吸尘设备和湿抹布清理药物粉尘，严禁在干燥情况下清扫或用压缩空气进行吹扫。

9.4.2.2 劳动保护用品

劳动防护用品是从业人员为防护物理、化学、生物等因素伤害所需要的各种防护用品总称，包括头盔、耳塞、面罩、护目镜、空气呼吸器、手套、隔离服、劳保鞋、防坠网等。

企业针对生产经营活动中存在的实际危害，应优先单独或组合配置劳动保护措施，如消除、替代、隔离、工程控制和管理措施等，将劳动防护用品作为人员防护的最后一道防线，并建立管理程序，对劳动防护用品的评估、选择、采购、保管、发放、使用、维护、更换等工作进行管理。

9.4.3 噪声和听力管理

企业应建立噪声和听力管理程序，指定人员负责，并开展符合性检查；作业人员须接受培训并定期复训。

9.4.3.1 噪声污染来源及噪声暴露定量评估

噪声主要来源于设备运行过程中产生的噪声，如锅炉鼓风机、空气压缩机、冷冻压缩机、粉碎机、风机、污水鼓风机、离心机、反应釜等运行噪声。

噪声暴露定量评估包括区域评估与个体评估。

区域评估：每年对作业场所至少检测一次来确定是否存在噪声危害。品种、工艺、设备、作业环境和噪声控制措施发生改变时，应当及时检测噪声。

个体评估：工作全时（8h）暴露等效声级≥80dB（以下简称 LAeq，8h≥80dB）的职工须做噪声调查。

9.4.3.2 噪声污染控制

企业应建立厂界噪声日常监测，生产装置声源辐射至厂界的噪声须低于国家标准厂界环境噪声排放标准。

噪声控制一是充分结合地形、建构筑物等声屏障的作用；二是控制噪声源，选用低噪声的工艺和设备；三是必要时可采取消声、隔声、吸声等降噪声控制措施；四是工艺管道设计应防止振动产生噪声；五是气体放空应安装消声设备。

9.4.3.3 听力保护用品及听力测试

噪声≥80dB 环境的作业人员须佩戴合适的护耳器，使其实际接收的等效声级小于 80dB（只可使用企业提供的护耳器）。

所有噪声接害岗位作业人员体检时应加测听力，作业人员入离职均需做听力体检，在岗作业人员应定期进行听力体检。

LAeq，8h≥80dB，应评估降噪措施的有效性，达不到预期效果的，还应实施管理控制措施，如轮岗制。噪声接害岗位或区域应按规定张贴“必须佩戴护耳器”的提醒标识。

9.4.4 高温和放射卫生管理

9.4.4.1 高温管理

高温作业是指有高气温或有强烈的热辐射或伴有高气湿（相对湿度≥80%RH）相结合的异常作业条件、湿球黑球温度（WBGT）指数超过规定限值的作业。企业应当进行日常高温监测，并对高温危害进行检测与评价，通过合理安排作业时间、轮换作业、适当增加高温作业人员休息时间和减轻劳动强度等措施来降低高温危害。

9.4.4.2　放射卫生管理

企业应建立、健全射线装置相关管理制度，规范放射源装置的使用。辐射设备及作业应取得相关安全许可证，作业人员持证上岗。现场需张贴“当心电离辐射”等警示标识，设置安全连锁、屏蔽装置等。作业人员须佩戴个人剂量计，定期体检和保健休假等。

9.4.5　职业健康监护

职业健康监护主要包括职业健康检查和职业健康监护档案管理等内容。职业健康检查包括岗前、在岗期间、离岗时的健康检查、离岗后医学随访以及应急健康检查。

9.4.5.1　岗前体检

职业危害因素接害员工，需签署职业危害健康告知书，并参加与职业危害因素相关的体检。凡有职业禁忌的员工不得从事其所禁忌的作业。不得安排怀孕期和哺乳期女职工从事有毒有害岗位作业。

9.4.5.2　定期健康检查及离岗体检

企业应委托有职业健康检查资质的机构开展职业健康检查。检查项目和周期参照相应的国家标准执行。企业应及时将劳动者个人职业健康检查结果及检查机构的建议等情况书面告知劳动者。发现疑似职业病患者时，应告知劳动者，并立即开展相关调查分析和改进行动，如调岗脱离接害岗位等。发现职业禁忌的，则及时做调岗安排。女职工的健康保护依照《女职工劳动保护特别规定》执行。

企业应在有职业病危害的作业人员离岗前 30 日内提醒员工进行离岗职业健康检查。离岗前 90 日内的在岗职业健康检查可视为离岗职业健康检查。

9.4.5.3　应急体检及记录保存

作业人员作业过程中出现与职业危害因素相关的不适症状或急性中毒症状，应立即进行应急职业健康检查，并及时报告相关部门。

职业健康体检资料应存档，除本人、授权家属和政府相关部门外，任何单位/组织或部门及个人均不得复印。员工签署的职业危害告知书交由人力资源部门存入人事档案。

参 考 文 献

[1] 沈莹. EHS 管理与我国企业可持续发展[J]. 才智, 2011(30): 355-356.
[2] 周飞, 梁毅. 探讨 EHS 管理体系在制药企业中的运用[J]. 机电信息, 2011(26): 35-39.
[3] 李广. 浅谈 EHS 管理体系在制药工程活动中的运用[J]. 机电信息, 2015(17): 53-58.
[4] 曹晓林. HSE 管理体系[M]. 北京: 石油工业出版社, 2009.
[5] 国家职业安全卫生管理体系认证中心青岛协办. HSE 管理体系概念及国际 HSE 发展历程[J]. 安全、健康和环境, 2001(18): 2-2.
[6] 李成军. 探讨 EHS 管理体系在制药企业中的运用[J]. 中小企业管理与科技, 2017(19): 39-40.

[7] 张婧霞. 浅谈 HSE 管理体系在石油化工行业的应用[J]. 中国化工贸易, 2011, 3(10): 36-36.
[8] 张洪军. 关于 HSE 管理体系在石油行业应用的研究[D]. 黑龙江: 哈尔滨工程大学, 2000.
[9] 蒲博. HSE 管理体系在石油企业中的应用现状[C]//2015 年中国环境科学学会年会论文集. 2015: 734-738.
[10] 中国医药企业管理协会 EHS 专业技术委员会. 中国制药工业 EHS 指南[S]. 2020 版. 2020.
[11] 成都市市场监督管理局. 医药化工企业安全管理规范[S]. 2021.

思考题

9-1. 请根据制药废水特点，用流程图表述制药废水处理工艺流程。

9-2. 简述废气治理原则及其控制措施。

9-3. 基于工业安全管理理念，列举并分析消除安全作业中管理缺陷的措施。

9-4. 简述 EHS 管理体系中环境、健康与安全三者的联系。

9-5. 基于风险管控理念，分析并确认企业 EHS 变更管理的控制要求。

第 10 章

智能制造及其在制药行业中的应用

本书前面九章粗略展示了从药物发现到商品化生产的总体态势，涉及临床前研究、药品与工艺设计、人体临床试验、获得监管批准等药品开发环节，以及商业化生产和上市后不良反应监测等后续环节。将新药推向市场是一个复杂、漫长且昂贵的过程，具有高度不确定性，制药企业面临着以品种竞争、成本控制以及严格监管为特征的巨大压力。

随着“智能制造”“工业 4.0”理念逐渐普及，制药行业正全面进军“制药工业 4.0 时代”。“制药工业 4.0”着眼于降低生产成本，提高工艺效率和能源利用率，降低不良品率，构建高效、可重用、低成本、大规模的药品研发与制造模式，帮助制药企业在加快新药开发与上市、节能降耗减排、优化运营管理、稳定药品质量等领域不断改进，并从现有的大规模生产“重磅炸弹”药品转向针对小规模患者群的小众药品（包括个性化药品）的“敏捷、灵巧”模式。

10.1 智能制造概述

20 世纪 70 年代之前盛行专用制造系统，强调快速、高效地生产单一规格产品，以满足短缺的市场需求。随着生产技术的进步，产品的生命周期随之缩短，传统的专用制造系统无法满足市场需求变化。20 世纪 70 年代提出计算机集成制造（computer-integrated manufacturing，CIM），强调自动化和灵活制造；在产品形态改变时，控制者仍可通过程序化接口，调整系统的功能。在 20 世纪 80～90 年代，制造系统研究的重点从快速制造转换为提升品质、降低成本，这一转换导致精益制造（lean manufacturing）、敏捷制造（agile manufacturing）成为主流。前者指降低制造活动所需资源，后者更进一步将企业组织与产品形态变动融为一体。

CIM 是一种先进的理念，但限于计算机硬件、软件等技术条件，长期未被制造领域重视并采用。进入 21 世纪，在市场竞争的激励与相关技术进步的推动下，CIM 理念及其技术才在实践中不断充实、完善与发展，在智能制造阶段得以重生。早期的智能制造是基于数字技术和智能装备的制造，亦称数字化制造。此后，智能制造理念逐渐得到重视，并随着信息技术的发展而不断演进。

目前，intelligent manufacturing（IM）、smart manufacturing（SM）均翻译为“智能制造”，但二者在英文中含义不尽相同，北美地区更多使用 SM，常常可见诸如 artificial intelligence in smart manufacturing 的表述；而中、日等东亚国家较多采用 IM。本章不对 IM 和 SM 进行区别，认为它们均属于智能制造的不同阶段或不同层次。

10.1.1 智能制造的主要特征

智能制造具有以智能工厂为载体，以生产制造关键环节和主要流程智能化为核心，以端到端数据流为基础，以工业互联网为支撑等特征。具体分述如下。

其一，智能制造以智能工厂为载体。智能制造以制造为本，智能是实现制造的手段。智能工厂是实现智能制造的载体，是构建高效、节能、绿色、环保、舒适的人机协同系统的主要组织单元。

其二，智能制造以生产制造关键环节和主要流程的智能化为核心。生产制造关键环节包含产品、装备、生产过程、管理、服务等内容，主要流程涉及从原材料采购到最终产品交付的全过程，各环节和各流程的智能化协同推进、相互融合，保障整体生产过程的高效和智能运作。

其三，智能制造以工业互联网为关键支撑。工业互联网就像一座桥梁，连接着智能制造的各个关键环节，实现设备、机器、人员、控制系统与信息系统之间的互联互通，数据能够实时传输、共享和分析。

其四，智能制造以端到端数据流为基础。正如人类大脑需要信息来做出决策，智能制造也需要数据来指导生产。通过工业互联网和大数据分析，可以更好地了解生产过程中的每一个细节，从而更好地优化生产，提高效率和质量。图 10-1 形象地展示了中国智能制造体系架构。

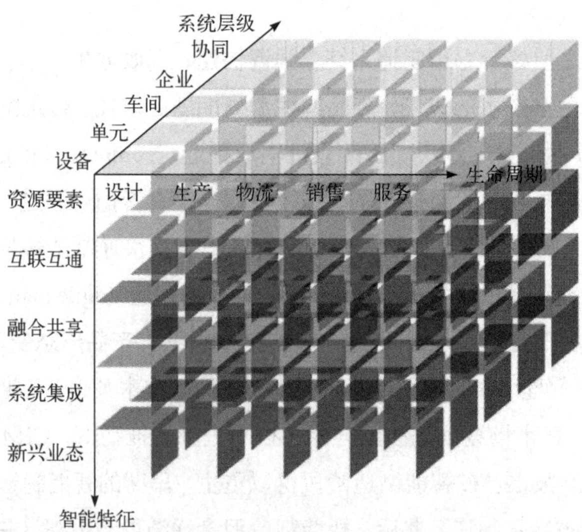

图 10-1 中国智能制造体系架构

10.1.2　关键理念与技术发展

在智能制造的发展历程中，涌现出了一系列关键理念和技术，如计算机集成制造（CIM）、敏捷制造、并行工程、大批量定制（MC）等。这些理念和技术为智能制造的发展奠定了坚实基础。

智能制造的发展经历了数字化制造、网络化制造和智能化制造三个阶段。

(1) 数字化制造　数字化制造是智能制造的初级阶段。它主要通过数字化技术[如 CAD（计算机辅助设计）、CAM（计算机辅助制造）、CAE（计算机辅助工程）等]实现产品设计、工艺规划和生产过程的数字化。数字化制造提高了生产效率和产品质量，为后续的智能制造发展奠定了基础。

(2) 网络化制造　网络化制造是在数字化制造的基础上发展起来的。它通过网络技术实现生产设备的互联互通和信息的即时传递与共享。网络化制造使得生产过程更加灵活和高效，为智能制造的深入发展提供了有力支持。

(3) 智能化制造　智能化制造是智能制造的高级阶段。它集成了人工智能、大数据、云计算等先进技术，实现了生产过程的智能化决策、优化和控制。智能化制造不仅提高了生产效率和产品质量，还实现了生产过程的透明化和可追溯性，为企业的可持续发展提供了有力保障。

人类历史上经历了三次工业革命。以蒸汽机和基于机械作用原理的反馈调速器等为代表的相关技术推动了第一次工业革命；第二次工业革命中，电力成功替代传统动力，并发展出了基于电气技术的控制系统等核心技术；第三次工业革命是由可编程逻辑控制器（PLC）和集散控制系统（DCS）等自动化技术的应用推动的。

欧美国家的智能制造是在完成工业 1.0 蒸汽化、工业 2.0 电气化、工业 3.0 信息化基础上的顺序发展，而我国传统制造还处于“2.0 补课、3.0 普及、4.0 示范”的并行发展的复杂阶段。智能制造与传统制造的几个方面的基本对比如表 10-1 所示。

表 10-1　智能制造与传统制造的基本对比

分类	传统制造	智能制造	智能制造的影响
设计	常规产品； 面向功能需求设计； 新产品周期长	虚实结合的个性化设计，个性化产品面向客户需求设计； 数值化设计、周期短，可实时动态改变	设计理念与使用价值观的改变； 设计方式的改变； 设计手段的改变； 产品功能的改变
加工	加工过程按计划进行； 半智能化加工与人工检测； 生产高度集中组织； 人机分离； 减材加工成型方式	加工过程柔性化，可实时调整； 全过程智能化加工与在线实时监测； 生产组织方式个性化； 网络化过程实时跟踪； 网络化人机交互与智能控制； 减材、增材多种加工成型方式	劳动对象变化； 生产方式的改变； 生产组织方式的改变； 生产质量监控方式的改变； 加工方法多样化； 新材料、新工艺不断出现
管理	人工管理； 企业内部管理	计算机信息管理技术； 机器与人交互指令管理； 延伸到上下游企业	管理对象变化； 管理方式变化； 管理手段变化； 管理范围扩大

续表

分类	传统制造	智能制造	智能制造的影响
服务	产品本身	产品全生命周期	服务对象范围扩大； 服务方式变化； 服务责任增大

10.1.3 智能制造在制药行业中的应用

制药行业具有高技术密集型、高投入、高风险和高收益的特点。同时，制药行业也面临着激烈的市场竞争、严格的监管要求以及不断提升的生产效率和质量需求。这些特点使得智能制造在制药行业中的应用显得尤为重要。

10.1.3.1 智能制造在药品研发中的应用

研发是药物生命周期的起点，智能制造系统能够基于公开和半公开的科研大数据指导药物研发，并且对研发过程中产生的海量数据进行储存、分析和管理，缩短研发周期、降低研发成本、提高新药研发效率。

(1) 数据分析与挖掘　利用生成式人工智能大模型的文本处理能力实现海量文本的机器阅读、快速检索和总结，如对公开文献、医院病案等的利用以发现新活性、新靶点等，又如基于机器学习而形成的“逆合成+反应预测”辅助药物合成路线设计，以此处理和分析海量数据，加速新药开发过程，提高新药研发成功率。

(2) 药物仿真与模拟　利用大规模基因与蛋白质组数据构建能够理解生物结构的大模型，结合现有的计算机模拟和仿真技术，对药物在人体内的作用过程进行模拟和评估，开展“虚拟筛选”“虚拟测试”，提前预测和分析药物的疗效和安全性。

(3) 智能化实验设备与设施　应用智能制造技术于实验设备和设施中，如智能化的高通量实验设备，加速药物筛选过程，降低研发成本。

10.1.3.2 智能制造在药品生产中的应用

生产阶段是智能制造体系的关键，也是决定药物质量的最关键、最复杂的环节之一。在智能制造系统的支持下，能够增强流程的透明性和合规性，实现精益化管理以提高效率，并进行更加高效的风险管理。

(1) 生产过程自动化　通过智能制造技术实现药品生产过程中的自动化操作，提高生产效率和精确度。

(2) 数据集成与监控　利用智能制造系统集中存储和分析监测到的数据，为制药公司提供全面的生产过程监控和分析。

(3) 智能仓储与物流管理　应用智能制造技术于仓储和物流管理中，实现药品库存管理和分发的高效和准确，同时实现药品批次追溯，保障药品质量和安全。

(4) 质量控制与质量保证　通过智能制造系统确保严格依照操作规程进行生产，实时监测药品生产过程中的各种参数和指标，及时处理偏差；实现物料、药品的溯源和防伪，确保药品的质量和安全。

10.1.3.3　制药智能工厂

智能制造在制药行业的应用不仅推动了药品研发、生产和质量控制的全面升级，更通过制药智能工厂的构建，实现原料至仓储的全面智能化、自动化、高效化生产。

智能工厂是实现智能制造的载体。图 10-2 为美国国家标准技术研究院（NIST）Lu Yan 等 2016 年 2 月撰写的 *Current Standards Landscape for Smart Manufacturing Systems* 中给出的模式图，展示了智能工厂、智能企业在药品、数字化生产设施设备和企业运营三个维度在其生命周期内的活动。

数字化生产设施设备：从设施设备设计开始，经过建造、交付、运行、维护直到停用、报废的全周期均依托数字文档、数字模型提供高效支持。

药品：从药物发现、药品开发、工艺开发，经过生产过程监控直到药品使用、退市以及不良反应监测的全周期均采用智能技术支持。

企业运营：从供应商管理经过内部计划、排产到客户服务的全环节均采用数字化、智能化技术强化。

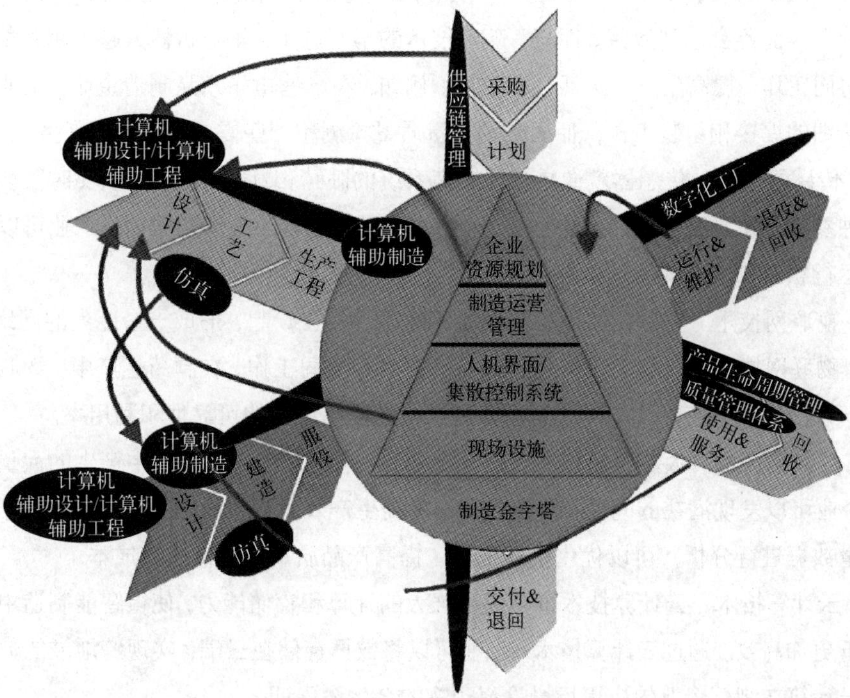

图 10-2　NIST 智能制造体系

对于制药企业来说，建设智能化工厂的目标主要包括：设备、生产过程、产品和管理全方位满足 GMP 等现行法规要求；用智能化生产设备实现更高效、高质量的生产；利用机器人技术实现代替人工化，提高效率，节约成本，满足洁净、无菌生产环境的需求；智能化管理系统与设备的融合，实现柔性化、节能化，保证企业批量生产盈利；利用大数据分析，进一步优化生产，提高企业整体运营效率；产品智能化，实现周期可追溯；利用云计算及互联网技术实现远程智能服务、智能物流；实现工厂之间、工厂内部生产全流程高度集成。

10.2 智能制造关键技术及信息的数字化转型

10.2.1 智能制造关键技术

智能制造关键技术主要包括人工智能、工业机器人、物联网、大数据等。这些技术使得制造系统能够实现设备间的互联互通、数据的实时采集与处理、智能化的决策支持，以及自适应的生产调整。

(1) 人工智能技术　在智能制造中，人工智能就像是一个智慧的大脑。它可以通过机器学习算法对大量的生产数据进行分析，预测设备的故障，提前进行维护，避免生产中断。人工智能可以用于药品研发中的药物设计、临床试验数据分析等领域，加速新药研发的进程。

(2) 工业机器人技术　工业机器人是智能制造的得力助手。它们可以精准地完成各种复杂的任务，如汽车组装、电子产品制造等。工业机器人具有高精度、高速度和高可靠性的特点，可以连续工作而不会感到疲劳。而且，随着技术的不断进步，工业机器人越来越智能化，可以与人类协同工作，提高生产的灵活性和效率。例如，在一些电子产品制造企业，工业机器人可以完成精细的焊接和组装工作，而人类则负责质量检测和一些需要创造力的任务。

(3) 传感器技术　传感器就像是智能制造系统的眼睛和耳朵。它们可以实时监测生产过程中的各种参数，如温度、压力、湿度、振动等。通过传感器收集到的数据，企业可以了解生产设备的运行状态和产品的质量情况，以便做出及时的调整。

(4) 物联网技术　物联网将所有的设备和物品连接在一起，形成一个庞大的网络。在智能制造中，物联网技术可以实现设备之间的信息共享和协同工作。在制药生产中，物联网可以实现对生产设备的远程监控、故障诊断和预测维护，提高设备的可靠性和利用率。

(5) 大数据技术　大数据是智能制造的重要资源。通过对生产过程中产生的大量数据进行分析，企业可以发现潜在的问题和优化空间，提高生产效率和质量。通过对制药生产过程中产生的大量数据进行分析，可以优化生产工艺、提高产品质量、降低生产成本。

(6) 云计算技术　云计算技术可以提供强大的计算和存储能力，使得智能制造中的数据处理和分析更加高效。通过云计算技术，企业可以将数据存储在云端，实现跨地域的数据共享和协同。云计算在制药企业的应用场景贯穿药物的全生命周期。

10.2.2 智能制造的信息数字化转型

物料在制造系统的不同加工设备之间流转，经过一道道工序的加工，由原材料转变为产品，制造系统的这种物料流转过程称为物料流。能量来自制造系统外部，一部分用以维持各个环节或子系统的运行，另一部分通过传递、损耗、储存、释放、转化等有关过程，以完成制造过程的有关功能。这种制造系统中的能量运动过程，称为制造系统的能量流。制造系统中的信息，以一定的流程形式在制造系统内部处于连续的动态变化之中，不断地被使用、保存、更新、删除等，形成了制造系统中的信息流。智能制造利用信息技术，实现制造业各种资产的数字化、网络化，进而提升其自动化、自主化能力，逐步实现智能化。

10.2.2.1　实验室信息数字化

传统的纸质版数据记录和手工管理方式使得各个项目、各个研究者、各个生产过程、各批产品的数据都是一个个的孤岛，数据的获取、保存和分析非常不便。

20 世纪 80 年代，一些高等院校、研究所和化学公司开始研究和使用计算机和局域网络系统处理实验室数据，实验室信息管理系统（laboratory information management system，LIMS）应运而生。传统的 LIMS 是以样品为核心，将实验室的业务流程、环境、人员、仪器设备、标物标液、化学试剂、标准方法等实验室数据进行收集、分析、报告和管理的系统。其后，逐步发展、衍生出了电子实验记录本（electronic laboratory notebook，ELN）或实验室执行系统（laboratory execution system，LES）。

拓展阅读 10-1

LIMS、ELN 和 LES 是实验室信息管理系统的不同类型。它们在功能和应用方面有一些区别，但也存在一些重叠和交叉。LES 应用于高度规范化的环境，如 QC 实验室，包括遵循 G*x*P、ISO 17025 和美国 FDA 法规要求的实验室。LES 功能强大，能确保遵循标准操作规范（SOP）所规定的所有实验准备和执行步骤；能及时记录满足规范要求所需的所有操作信息和数据，对出现的偏差进行规范管理。ELN 主要应用于制药研发实验室，系统可提供功能全面、操作便捷的智能电子实验记录，支持科研人员根据实际情况自由组合电子实验记录。

10.2.2.2　生产信息数字化

参考 ISA-95 模型和《中国制药工业智能制造白皮书》中的制药智能制造总体系统架构，粗略划分药品生产信息化层次，见图 10-3。

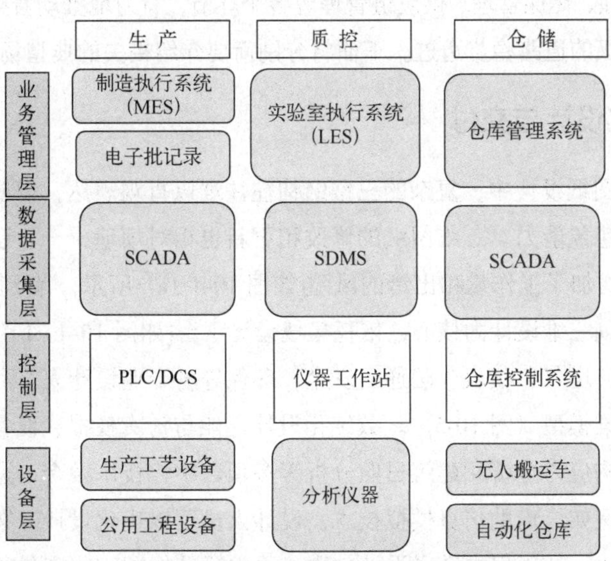

图 10-3　药品生产信息化层次

拓展阅读 10-2

数据采集与监视控制系统（supervisory control and data acquisition，SCADA）软件内建多种通信配置文件，能够与种类繁多的设备、仪表实现互联互通，将海量生产数据及时保存在时间序列数据库中，并通过图形界面直观展示现场设备的运行状态数据，如温度、压力、流量、报警等，并生成相关的报告和图表。科学数据管理系统（science data management system，SDMS）可实现仪器运行过程、实验操作过程以及最终结果的管控。

10.2.2.3 数据分析自动化

数据分析主要包括历史数据分析和实时数据分析。历史数据分析是指对设备运行过程中积累的数据进行分析，找出设备的运行规律和故障模式。实时数据分析则是对当前设备的运行数据进行分析，及时发现异常情况。通过这两种数据分析方法，系统能够全面掌握设备的运行状态，做出科学的维护决策。

预测维护的实现依赖于先进的数据分析算法和模型，如机器学习、深度学习等。系统通过对大量设备运行数据的学习，建立起设备的健康状态模型。对于设备的维护，系统不仅能够预测出设备的故障时间，还能够提出具体的维护建议，如更换零部件、调整运行参数等。这种主动的维护方式极大地提升了设备的运行效率，延长了使用寿命，降低了设备故障率和维护成本。

10.3 制药智能制造典型应用场景

制药智能制造在其广阔的领域内拥有着众多极具代表性的典型应用场景，这些场景从工厂设计、产品研发、工艺开发和优化、计划调度、生产作业、仓储配送、质量管控、设备管理、安全管控、能源管理、环保管理、供应链管理等各个环节，有力地推动着整个制药行业向数字化转型与智能化升级的道路稳步迈进。下面将分别简要介绍相关的典型场景及案例。

10.3.1 数字化设计与交付

在传统的二维图纸设计中，复杂的三维结构往往难以直观表达，需要设计人员和施工人员具备较强的空间想象能力。二维图纸的修改和更新也相对烦琐，一旦设计发生变化，就需要重新绘制图纸，增加了工作量和出错的风险[如图 10-4（a）所示]。有别于传统的二维 CAD 设计，数字化设计以三维设计为核心，依托集成设计平台[如图 10-4（b）所示]，工艺、土建结构、管道及设备、电气、仪表、暖通、安全、环保等各专业设计人员利用可视化三维设计软件，构建复杂三维模型（图 10-5）。数字化设计还能与仿真模拟、设备选型、流体力学仿真模拟、管道与结构应力分析和建筑日照分析等多项数字化技术融合，进一步提升了设计的高效性与精准性。例如，借助仿真模拟技术，设计人员可以优化设计方案，减少实际生产中的试错成本。数字化设计不仅提升了设计效率，更为后续的数字化交付和智能化生产打下了坚实基础。

(a) 传统设计成果　　(b) 集成设计成果

图 10-4　传统设计成果与集成设计成果

图 10-5　局部三维模型图

在数字化设计的基础上，将设计、采购、施工、调试等阶段产生的数据、文档、模型以三维数字化的形式进行表达和传递，可实现工程建设全过程的数字化管理和交付。数字化交付是智能工厂的基础，也是打造数字制药的关键环节之一。

拓展阅读 10-3

10.3.2　智能化生产作业

在制药智能制造中，智能化生产作业是一个重要的应用场景。智能化生产作业通过引入先进的信息技术和自动化设备，实现对整个生产流程的精确控制和优化。

口服固体制剂是最常见也是应用最为广泛的药品剂型，其生产主要包含原辅料预处理、称量、制粒、干燥、总混、压片、包衣、包装等一系列工序。在传统生产模式中，各生产单元之间的物料转运和流程衔接往往成为制约生产效率和质量的瓶颈。引入先进的信息技术和自动化设备，能够实现对整个生产流程的精确控制和优化。从生产到包装、转运、检验，直至最终入库，每一个环节都可实现全自动化，最大程度减少人工参与，降低劳动强度，提高生产效率，避免人物流交叉污染，提高产品质量。

例如，在制粒阶段，自动化设备能够精确控制原料配比和工艺参数，从而生产出符合标准的颗粒。随后，这些颗粒被送入压片机，通过精确的压力和模具形状，自动压制成片剂。

在物料转运环节，自动化物流系统，如输送带、AGV（自动导引车）等，能够高效、准确地将物料从一个工序运送到下一个工序，减少了人工搬运的繁琐和发生差错的可能性。其中，失重式给料机、螺杆混合机、螺旋输送机、移动料斗是实现固体颗粒、粉体的自动称量—混合—密闭输送的关键技术手段。

拓展阅读 10-4

在包装阶段，机器能够自动完成药品的装盒、贴签、装箱等任务，大大提高了包装效率和准确性。在质量检验环节，引入自动化检测设备和智能分析系统，能够实时监测和分析产品质量数据，确保每一批产品都符合质量标准。

最后，在入库环节，自动化仓库系统能够高效、准确地完成产品的入库、储存和出库任务，为药品的仓储管理提供极大的便利。

10.3.3 精细化生产管控

在制药智能制造中，精细化生产管控是一个不可或缺的应用场景。它涵盖了可视化生产、设备设施运行状态管理、智能排产、运营计划管理、人员培训以及安全智能巡检等多个方面。

通过制造执行系统（MES）、数据采集与监视控制系统（SCADA）、视觉成像技术等，对成品、包装进行高速视觉成像比对，实时进行质量管控，同时生成工艺数据对比曲线及耗时耗能对比图等。将制药生产各环节的人员、设备、物料、环境、法规有机结合，实现生产过程的处方管理、工艺数据监控、设备管理、质量管理、物料跟踪等，自动记录各种数据，自动审核确认，自动偏差报警等，实现过程的规范化、电子化、可视化、可追溯，确保生产数据的可靠性和完整性。

视觉成像技术与轨道机器人的结合，已经用于药厂夹层和夹道内设备的日常巡检和监测；视觉成像技术与轮式机器人的结合，已经用于石油化工企业防爆生产区的设备、仪表日常巡检和监测，有望用于化学原料药、中药提取等领域。

规范化制造过程：通过 MES/EBR（制造执行系统/电子批记录）提供现场可视的电子化操作指导，确保每步操作按照规定的 SOP 进行。

精细化质量控制：实时自动采集生产设备的批运行数据及报警信息等，杜绝人工记录差错； 实现批次生产过程可追溯，自动记录批次生产过程中每个操作的关键数据和结果；确保批数据的完整性和可靠性；控制用户权限，实现不同等级用户的授权和操作管理。

智能化质量管理：减少人工繁复的对比确认操作，防止差错；实现生产全过程的审计追踪和报警管理；具备实时的批次数据分析，为药品质量分析和优化改进提供依据。

拓展阅读 10-5

生产过程的数字化转型，为生产过程控制技术提供了便捷，通过脚本，实现关键参数超限报警与偏差的自动记录、报告，实时进行质量管控、设备综合效率（OEE）监测，同时生成工艺数据对比曲线及耗时耗能对比图等，优化数据驱动工艺流程，不断提升生产现场的质量管理能力。在数字化数据采集的助力下，批生产记录电子化得以实现，过程数据自动比对审核，显著缩短审核时间，提高准确性，为产品参数放行提供数据支持。

10.4　加快研发速度-实验室自动化

新药研发拥有“三高一长”的突出特点，即高技术、高投入、高风险、长周期。作为一种特殊的商品，药品市场竞争主要是基于“以患者为中心”“满足未被满足的临床需求”的创新药品，而成本-价格、品牌居于次要地位。“黄金有价药无价”充分诠释了创新药的市场价值。因此，加快新药研发速度，缩短测试周期，成为制药行业不懈的追求。

实验室自动化通常是指利用各种仪器、设备和计算机等手段实现测量、实验（包括样品制备、前处理等）和数据处理的自动化，借以减轻实验人员的手工操作，提高科研工作效率。

尽管计算机模拟技术在人工智能的支持下加速发展，新药开发的基础模式仍是首先合成一系列可能有用的化合物，然后进行快速筛选（如物理分析、生物分析方法等），快速分析其在体内的代谢过程、靶点结合和反应、毒性反应等。供试样品的高通量合成、测试始终是新药研发中的瓶颈与成本关键环节。

10.4.1　测试自动化

自动化技术的引入使得化学分析仪器能够自主完成复杂的操作步骤，从而减少了人工干预和操作错误的概率。自动化技术可以实现样品的自动注入、反应过程的自动控制和数据结果的自动输出等功能。通过自动化技术，实验者可以更好地管理和控制实验过程，提高工作效率，并减少实验误差。

拓展阅读 10-6

测试实验室自动化在技术上已经成熟，就是通过不同的技术模块，以工作流的形式，将离散的实验过程与设备整合起来，核心包括：①样本采集和传输模块；②前处理模块；③分析模块；④后处理模块等。有机分析仪器自动化的里程碑包括：①自动积分器替代手工剪图-称重“积分”；②自动进样器实现“无人值守”自动测试；③基于计算机的数据工作站实现了仪器控制与数据记录-处理自动化。

临床检验实验室是测试仪器自动化的集中体现，通过传送带、机械手、磁悬浮轨道、AGV等手段将各类自动化分析仪器连接，形成自动化检验流水线，配备进样、离心、开盖、分析、闭盖、储存等前处理模块，具有标本前后处理、标本传输、标本分析的全自动化功能，还具有数据审核和分析功能。

临床实验室自动化共经历了两次大的改革。第一次是手动操作向机械化操作的转变，也被称为狭义的临床实验室自动化，第二次是实验室自动化系统（lab automation system，LAS）的导入，完成了从标本分析自动化到标本

拓展阅读 10-7

分析信息处理自动化的转变。目前，临床实验室流水线的样本处理能力通常在 400～800 个/h。唯一的人工操作在于“患者采样”环节，目前也已开始尝试引入机器人采样。

10.4.2 合成生物学自动化平台

由于生命系统过于复杂，且对其认识有限，所以在研究中需要海量的工程化试错性实验，即需要快速、低成本、多循环地完成“设计-构建-测试-学习”（DBTL）这一闭环，从而让合成生物变得更加直接和可预测，提高研究效率。传统的“手工作坊”式、劳动密集型研究难以满足海量的实验和不断试错的需求，标准化更高、效率更高并且可以不停工作的自动化平台将成为趋势。基于合成生物学主要在水相进行实验的特点，采用机械手+轨道方式将各种实验所需装备（如液体操作平台、PCR 仪、酶标仪、自动培养箱、离心机等）整合起来，能够提高精准、快速制造生物的能力。通过高通量培养、筛选，大幅缩短实验周期。统计分析软件、通路设计软件则对大量数据解析以优化实验，从而启动新的一轮 DBTL 循环，实现高速而智慧的迭代。合成生物学自动化平台的关键模块是自动移液器、微孔板、PCR 仪、菌株自动挑选、高通量培养等。图 10-6 展示了生物实验室自动化典型技术发展历程。

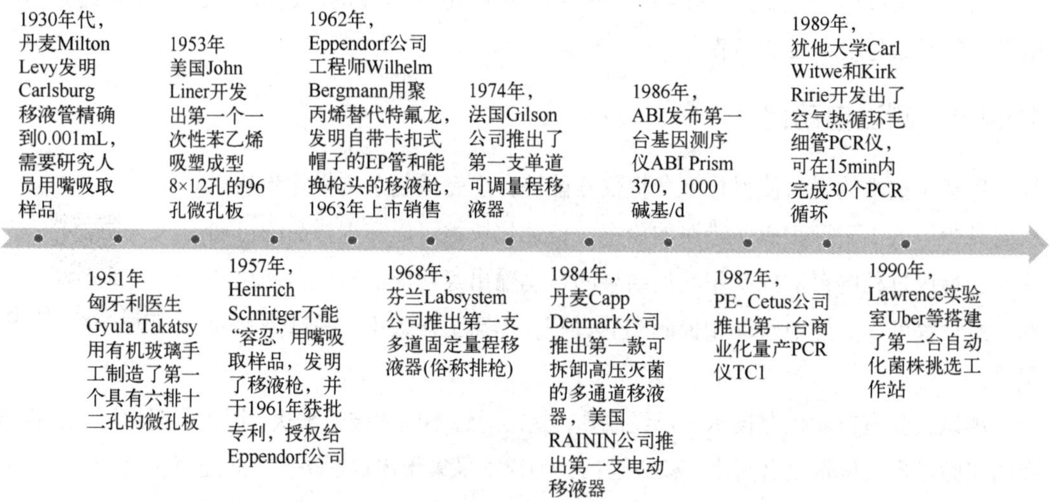

图 10-6 生物实验室自动化典型技术发展历程

“移液枪+EP 管”使实验室液体处理由“毫升时代”进入了“微升时代”，而电动移液器到移液机械手的升级推动了全自动液体处理工作站的成型；96 孔板开启了大规模微量平行实验，其应用领域已经拓展到各种条件筛选实验，如晶体培养、免疫分析等。核酸测序仪、PCR 仪、质粒提取-制备工作站支撑了大规模的核酸技术应用。全自动菌株（克隆）挑选仪将图像识别与机械手技术整合，每小时可检查并转移出 400～4000 个菌落，显著降低了实验菌株挑选的工作强度。

不论是菌种筛选还是工艺开发，其工作量都是巨大和复杂的，也非常耗时。传统方法主要基于摇瓶或小型发酵罐进行。但 2 种方法存在着客观的缺陷和瓶颈。摇床一次可以容纳几十到几百个培养瓶，但自动化程度低，效率低，无法动态监测发酵过程，也无法在实验过程中精确调控 pH 和持续补料，同时重复性差，放大易失败，试剂耗材、人力成本高。平行发酵罐可以配备 24 个 8～12mL 微型生物反应器进行并行流加式微生物发酵，但小型发酵罐组合系统的通量是极其有限的，同样也有耗费人力、试剂耗材成本高的问题。

当前的改进聚焦于培养瓶。一是改变培养瓶造型，在简单的圆锥体内表面增加特殊凸起，以强化振摇流场的传质混合效果；二是设计基于微孔阵列（孔径 20～50μm），采用分离式上盖板通过机械方式实现密封，盖板上可以安装多种管线、探头。这样的微反应器阵列模块通过振摇进行传质混合，上盖连接的管线可以进出料，无须多点机械或磁力搅拌布置，保持了摇床培养的简捷和高通量。

必须指出，生物实验室自动化使用大量塑料耗材，易产生大量一次性塑料废弃物。应当考虑使用无毒试剂洗涤微孔板、液体吸头以便重复使用。

10.4.3　合成自动化

10.4.3.1　自动化有机合成的发展方向

自动化合成是化学合成发展到现代高度工业化自动化时代的必然结果。有机化合物的自动化合成的一个目标是算法预测通往所需化合物的可行路线，另一个目标是在几乎不需要人工干预的平台上实现已知的反应序列。由此形成自动化有机合成的三大发展方向：①增加反应吞吐量，归结为这个目标方向上的系统通常被称为高通量实验（HTE）系统；②尽量拓展自动化合成系统的功能，直至全面覆盖甚至取代传统合成的工作，这个方向上的系统称为多功能自动化合成系统；③增加自动化设备的自主性，在尽可能多的合成实验过程中实现自动化和自主化。

10.4.3.2　流动化学技术

有机合成实验主要使用有机溶剂，必须采用密闭模式以减少对操作者和环境的危害。因此，基于小口径流道连接的连续流模式成为硬件基础。

流动化学（flow chemistry）技术是一种在连续流动的流体中进行的化学反应的技术。反应物被泵入一个混合装置中,然后流至温度受控的管路、管道或者微结构反应器中直至反应完成。流动化学合成具有很多玻璃烧瓶反应体系不具备的优点：①进程可视可控；②混合效应强，重现性好；③操作空间更广（高温高压）；④热传导高，光透性好；⑤安全；⑥易放大，自动化程度高等。流动化学的主要不足包括：①需要管路清洗；②出现固相时容易堵塞且疏通不易。

10.4.3.3　微反应器系统

20 世纪 80 年代，“微通道散热器”的概念首次被提出以来,微设备就开始高速进入化学化工领域，逐步将常规流动化学转变为以微反应系统为核心的微化工技术。微化工技术的核心是微反应器，目前主要有两种构型，一是通过微细加工获得的板式微通道阵列，二是直接采用 HPLC 毛细管。前者可以经由精细加工获得更高效的混合传质微构造，后者则价廉且可自制。

微通道系统后端可连接组分自动收集器或直接连接在线分析仪器，前端连接固体药品自动处理工作站实现自动称量-配液，从而实现微量、半微量有机合成的无人值守模式，尤其适合于摸索、优化反应条件。

固体药品自动处理工作站是合成自动化的关键环节，其原理是机械手夹持固体粉末小仓，通过强制振动出料到置于精密电子天平上的称量瓶中。称量完成后，可以自动加液并振荡混匀为溶液，再转到液体处理模块，最后接入微通道系统。

需要强调的是，微通道化工技术的引入不能仅仅视为现有间歇工艺的单纯平移。微通道系统在耐压、换热上的优异特性，允许研究者将实验条件筛选范围从玻璃烧瓶的 0.1MPa、180℃拓展到 3MPa、250℃且同时具有极大的安全裕度（微通道系统的耐压安全限在 30MPa 以上）。

拓展阅读 10-8

10.5　迈向智能制造

德国国家工程院发布的报告《工业 4.0 成熟度指数》中用六个阶段（计算机化、连接性、可见性、透明性、预测性、自适应性）构造了工业 4.0 的成熟度模型（图 10-7），并且说明了达到每一阶段实现的企业效益。报告强调，工业 4.0 的发展路径以数字化为开端，而计算机化和连通性是实现数字化的基本要求。这两个初始阶段之后的四个更高阶段，才是工业 4.0 发展所需的进一步能力。

必须指出，智能制造中的“manufacturing”一词通常更多地对应离散制造业，而药品生产通常更多属于流程制造业，更多对应“processing”一词。正因为如此，目前关于智能制造研究多围绕机电类离散制造。

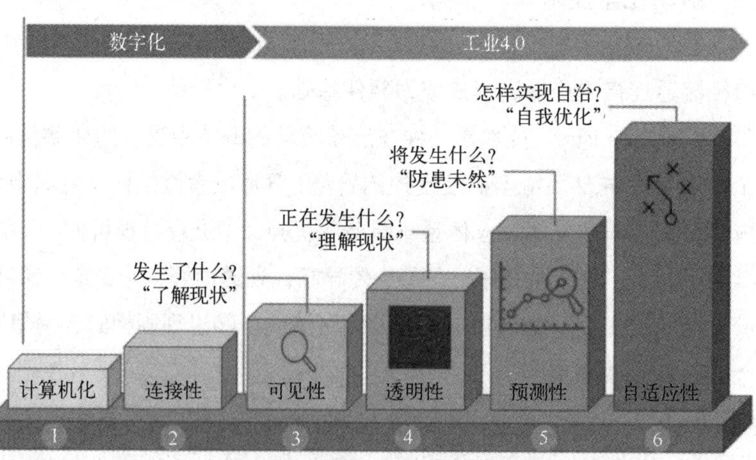

图 10-7　工业 4.0 的成熟度模型

尽管流程制造领域的智能制造研究相对“平静”，但以金属冶炼、炼油、化工、造纸和建材为代表的流程行业走在了自动化的前列。流程型制造业自身的行业特点，使得企业在流程化管理、自动化改造方面持续投入，因而在智能化上具备良好的基础和优势。20 多年前，上海交通大学自动化系熊刚等开展了“计算机集成流程系统”（CIPS）的探索。美国的智能制造也是诞生于智能流程制造概念的。10 年前，美国自动化行业人士有种说法：“在实现工业 4.0 的进程中，流程工业已经在飞行，而离散制造业还在办登机手续。”

对于制药企业而言，主要生产设备的计算机化基本实现（设备大多采用 PLC 控制），网络连接正在实施，可视化、透明化仅在起步阶段。因此，处于“自动化补课，智能化起步”的态势中。多数中小制药企业实际上处于“自动化补课，数字化起步”阶段。既然要补课，就需要看得更深、更广。

为了实现自动化、数字化、智能化，企业需要在技术管理、生产管理中首先完成简单化、标准化、流程化、文档化，即复杂的操作通过分解实现简单化，简单的操作固定下来实现标准化，标准化单元操作构成规范的作业流程，最后将行之有效的流程以简明的方式写入文档便于学习和实时查阅。只有这样，人工作业才能顺利转换为计算机控制的自动化操作，在数字化技术的支持下，逐步演化为具有自主决策特征的智能化。

有关专家认为，推进智能制造的关键是找到经济性合适的场景。经济性好的场景不能局限于让机器代替人的工作，而是要有其他的“附加值”。例如机器做得比人更好或帮助人做得更好。在这些场景里，人的工作效果往往受制于生理约束，尤其是脑力约束。一般来说，企业对质量效率要求越高、业务涉及范围越广、复杂性越高、信息变化越快，对脑力的挑战就越大。越是复杂的场景往往越适合推进智能化。所以，先进企业往往容易找到合适的场景，而落后企业却较难找到。

应该特别指出的是，本章所提到实验室自动化的超过半数的发明，都是由化学、生物、医学专业研究者发起、推动的。这些兼具工具自动化理念和强大动手热情的前辈值得我们学习和追随。未来的实验室自动化、制药智能化应该由制药工程专业人员推动、实施。

智能制造技术正引领着制造业的变革。在未来，智能化程度将持续提升。人工智能与机器学习的深度应用，会让生产设备具备更强的自主决策能力。比如，机器能够根据实时数据自动调整生产参数，优化生产流程，极大地提高生产效率和产品质量。柔性化生产也将成为重要趋势。随着市场需求的多样化和个性化，智能制造系统能够快速切换生产模式，适应不同产品的生产要求。无论是小批量的定制产品，还是大规模的标准产品，都能高效完成。数字孪生技术会得到更广泛的应用。通过在虚拟空间中构建与现实生产环境一模一样的模型，可以对生产过程进行模拟和预测，在实际生产前发现潜在问题，减少试错成本，提高生产的可靠性。同时，绿色制造理念将贯穿智能制造始终。采用节能环保的生产技术和设备，降低能源消耗和污染物排放，实现制造业的可持续发展，既满足经济需求，又保护环境。总之，智能制造技术正引领全球工业进入一个全新的发展阶段，推动制造业向更高层次迈进。

拓展阅读 10-9

参考文献

[1] 王健, 罗香. 制药智能制造技术与应用实践[M]. 北京: 人民卫生出版社, 2022.
[2] 汤继亮. 脚踏实地探索制药行业“智能化”方向[J]. 自动化博览, 2016(1): 38-41.
[3] 工业和信息化部, 国家标准化管理委员会. 国家智能制造标准体系建设指南[Z]. 2021 版. 2021.
[4] Lu Y, Morris K, Frechette S. Standards Landscape and Directions for Smart Manufacturing Systems[C]// IEEE International Conference on Automation Science and Engineering. 2015.
[5] 工业和信息化部产业发展促进中心, 中国医药企业管理协会. 中国制药工业智能制造白皮书[Z]. 2020 版. 2020.
[6] 中国医药企业管理协会, 工业和信息化部产业发展促进中心, 中国药品监管研究会药品监管信息化研究专委会. 制药企业智能制造典型场景指南[Z]. 2022 版. 2022.
[7] 熊刚, 许晓鸣, 张智波. 化学实验室自动化问题的初步研究[J]. 电子技术应用, 1999(2): 25-28.
[8] 凌誉, 林昶旭, 周达, 等. 自动化和智能化的化学合成[J]. 中国科学: 化学, 2023, 53(1): 48-65.
[9] Khang M, Suryaprakash S, Kotrappa M, et al. Manufacturing Innovation to Drive Down Cell Therapy Costs[J]. Trends in Biotechnology, 2023, 41(10): 1216-1219.
[10] 郭朝晖. 智能制造的技术与经济逻辑[J]. 中国工程科学, 2018, 20(4): 97-100.
[11] 刘建丽, 李娇. 智能制造: 概念演化、体系解构与高质量发展[J]. 改革, 2024(2): 76-88.
[12] 周华. 军工智能工厂建设的理论与实践[M]. 北京: 北京理工大学出版社, 2020.

思考题

10-1. 智能制造的主要特征有哪些?

10-2. 智能制造与传统制造的主要差异有哪些?

10-3. 智能制造在制药行业的应用主要有哪些方面?

10-4. 智能制造的关键技术包含哪些?

10-5. 智能制造技术在制药研发中有何应用?

10-6. 基于机械手的实验室自动化系统与基于微通道的实验室自动化系统各有什么优缺点?

10-7. 为什么不能把智能制造简单理解为“机器取代人”?